Check Valve

# 체크밸브

# A to Z

대표저자 박한영박사.수원과학대학교 이태희교수

공동저자 (주)대영밸브.(주)플로우테크.(주)리벤타코리아

공감북스

# 서문

저자는 상하수도분야에서 사용되는 밸브와 관련하여 2005년 『밸브핸드북』, 2013년 『밸브작동기 A to Z』, 수자원분야에서 사용되는 밸브와 관련된 2020년 『밸브포켓북』을 저술하였지만 여전히 밸브에 대한 지식의 허전함을 채울 수 없었다.

인체의 판막과 같은 역할을 하는 관로시스템에서 체크밸브의 형식은 다른 밸브의 형식 보다 더욱 다양하며 기능은 더욱 중요하다. 특히, 체크밸브의 동작 특성에 따라 water hammer 발생시 보다 더욱 큰 압력변화를 유발하는 slam 현상, 급속한 폐쇄시 관로 내부 압력저하시 진공에 따른 증기 포켓 형성, 압력상승시 증기 포켓의 파괴에 따른 압력 스파이크(pressure spike) 발생 등과 같은 현상이 발생한다.

불행하게도 현재 관로 유동해석 전용 프로그램은 이러한 복잡한 현상을 구현하는 것은 거의 불가능하지만 저자는 이러한 어려움을 극복하기 위한 단초를 제공하기 위해 본서를 집필하였다.

마지막으로 저의 마지막 26번째 본서가 출판될 수 있도록 물심양면으로 도움을 주신 ㈜대영밸브 오이석대표님, (주)플로우테크 양재구대표님, ㈜리벤타코리아 조금숙대표님께 진심어린 감사를 드립니다.

기상관측이래 최장의 열대야가 마지막 기승을 부리는 2024년 여름 어느날

Park H. Y.

# 명명법

본 도서의 수식 및 그림에서 사용할 기호들의 의미는 다음과 같으며, 알파벳 순서로 기호들을 나열한다.

## 알파벳

| | |
|---|---|
| $a$ | 압력파 전파속도 또는 파속$(m/s)$ |
| $A$ | 배관 또는 체크밸브 플랩 단면적 |
| $A_0$ | 밸브 100% 개방시 단면적 |
| $A.C$ | 년간 에너지 비용$(\$/yr)$ |
| $A_F$ | 유동단면적 |
| $A_0/A_F$ | 밸브 단면적비 |
| $A_{CF}$ | 체크밸브 플랩 면 단면적 |
| $b_c$ | 콘크리트 보호공 폭 |
| $C_D$ | 항력계수 |
| $C_F$ | 관로 마찰계수$[C_F = fL/(2gD)]$ $(s^2/m)$ |
| $C_v$ | 유량계수$(m^3/hr)$ |
| $C_{vi}$ | 고유유량계수$(m^3/hr)$ |
| $C_{ve}$ | 유효유량계수$(m^3/hr)$ |
| $C_P$ | 전력단가$(\$/kW \cdot h)$ |
| $D$ | 배관 또는 밸브 직경 |
| $d_c$ | 콘크리트 보호공 깊이 |
| $dec$ | 감속도 |
| $dec_m$ | 평균 감속 |
| $E$ | 탄성계수 |
| $f$ | 관로마찰계수 |
| $f_c'$ | 콘크리트 압축강도$(MPa)$ |
| $F$ | 충격력 또는 힘 |
| $F_C$ | 콘크리트 전단력$(N)$ |

| | |
|---|---|
| $F_D$ | 항력 |
| $F_h$ | 수압에 의한 추력 |
| $F_t$ | 온도응력에 의한 추력 |
| $g$ | 중력가속도 |
| $G$ | 가동부 중량 |
| $H$ | 수두 |
| $H_0$ | 정상류 절대초기수두$(m)$ |
| $H_A$ | 실수두$(m)$ |
| $H_{cut}$ | 체절수두 또는 실수두$(m)$ |
| $H_d$ | 설계수두$(m)$ |
| $H_L$ | 손실수두 |
| $H_{LV}$ | 밸브 통과시 손실수두 |
| $H_{LT}$ | 관로시스템 전체손실수두 |
| $H_M$ | 여유수두 |
| $H_{max}$ | 업서지 최대압력$(m)$ |
| $H_{min}$ | 다운서지 최소압력$(m)$ |
| $H_{pump}$ | 펌핑수두$(m)$ |
| $H_{pipe}$ | 관로수두$(m)$ |
| $H_R$ | 저수지 수두차(=실수두 $H_A$) |
| $i$ | 충격량 |
| $I$ | 관성모멘트 |
| $I_M$ | 모터 관성모멘트 |
| $I_P$ | 펌프 관성모멘트 |
| $I_T$ | 펌프 · 모터 관성모멘트 |
| $j$ | 부정류 크기$[j = \triangle H_J / H_0]$ |

| | |
|---|---|
| $K$ | 체적탄성계수 |
| $k$ | $\triangle h_r = k/v_0$의 반비례 계수 $[k = g(H_{max} - H_0)/a]$ |
| $K_f$ | 마찰손실계수$(K_f = fL/D)$ |
| $K_m$ | 미소손실계수 |
| $K_p$ | 관로손실계수$(K_p = K_m + K_f)$ |
| $K_R$ | 관로 길이방향이동에 대한 관로지지형식 |
| $K_{system}$ | 시스템 손실계수$(K_{system} = K_v + K_m + K_f)$ |
| $K_v$ | 밸브손실계수 |
| $L$ | 관로 또는 체크밸브 힌지부터 길이$(m)$ |
| $L_C$ | 매설관로 안전구속 직선길이 |
| $m$ | 질량 |
| $\dot{m}$ | 질량유동율$(kg/s)$ |
| $Mach$ | 마하수 |
| $M$ | 회전 모멘트 |
| $N$ | 분절 수 |
| $N_S$ | 펌프 비속도 |
| $N_t$ | 시간 $t$ 함수의 회전속도$(rpm)$ |
| $N_0$ | 펌프 정격회전속도$(rpm)$ |
| $N_{cut}$ | 펌프 체절회전속도$(rpm)$ |
| $p$ | 압력 |
| $p_m$ | 운동량 |
| $P_L$ | 동력 |
| $Q$ | 유량 |
| $Q_d$ | 설계유량 |
| $Q_{in}$ | 유입유량 |
| $Q_P$ | 펌핑유량 |

| | |
|---|---|
| $Q_{out}$ | 유출유량 |
| $Q_{year}$ | 년간 펌핑유량$(m^3/yr)$ |
| $R$ | 이상기체상수 |
| $s$ | 유선방향 또는 이동 거리 |
| $e$ | 배관 두께 |
| $t$ | 시간 |
| $t_c$ | 밸브폐쇄시간 |
| $t_{cav}$ | 공동지속시간 |
| $t_{cr}$ | 압력파 관로 1회 왕복 소요시간 또는 관로주기$(2L/a)$ |
| $t_{cro}$ | 상대공동지속시간$(t_{cro} = t_{cav}/t_{cr})$ |
| $t_{cut}$ | 수주가 정지되는 시간 |
| $t_d$ | 체크밸브 디스크 낙하시간 |
| $t_{dev}$ | 최대공동성장시간$(s)$ |
| $t_r$ | 역류시간 |
| $t_{rc}$ | 역방향 정상류 형성시간$(s)$ |
| $T_{abs}$ | 절대온도 |
| $T$ | 토크 |
| $T_m$ | 평균 토크$(kg_f \cdot m)$ |
| $v, V$ | 유속 또는 속도 |
| $v_0$, $V_0$ | 정상류 유속$(m/s)$ |
| $v_c$ | 폐쇄속도 |
| $v_d$ | 낙하속도 |
| $v_p$ | 수평속도성분 |
| $v_r$ | 특정 시간에서의 역류유속 |
| $v_{r0}$ | 역방향 정상류 유속 |
| $v_v$ | 수직속도성분 |

| | |
|---|---|
| $W$ | 중량 |
| $z$ | 위치 수두 |
| $Z/Z_m$ | 밸브 스템 선형이동비 |

## 접두사 & 그리스어

| | |
|---|---|
| $dh$ | 수두차 또는 손실수두 |
| $dp$ | 압력차 |
| $dt$ | 미소시간증분$(dt = \triangle t)$ |
| $dv$ | 속도차 |
| $d\rho$ | 밀도차 |
| $\triangle h_r$ | 무차원 상대최대과압$(\triangle h_r = \triangle H_{max}/\triangle H_J)$ |
| $\triangle H$ | 손실수두$(m)$ |
| $\triangle H_J$ | 자이코프스키식에 따른 수두변화$(\triangle H_J = a\triangle V/g)$ |
| $\triangle H_{max}$ | 부정류 과압$(\triangle H_{max} = H_{max} - H_0)$ |
| $\triangle H_S$ | 슬램으로 인한 수두변화 |
| $\triangle H_W$ | 수격으로 인한 수두변화 |
| $\triangle P$ | 압력변화 |
| $\triangle Q$ | 유량 변화 |
| $\triangle s$ | 미소 길이 |
| $\triangle t$ | 미소시간증분 |
| $\triangle x$ | 미소 길이 |
| $\alpha$ | 가속도$(m/s^2)$ |
| $\alpha_w$ | 중량에 의한 가속도$(m/s^2)$ |
| $\alpha_d$ | 하부 방향 가속도$(m/s^2)$ |
| $\alpha'$ | 합성가속도$(m/s^2)$ |
| $\rho$ | 밀도 |

| | |
|---|---|
| $\eta_t$ | 펌프모터 조합효율 |
| $\mu_p$ | 배관 재질의 포아송비 |
| $\gamma$ | 비중량 |
| $\lambda$ | 라그랑지 상수 |
| $\lambda'$ | 보정계수(일반 콘크리트=1, 경량콘크리트=0.85) |
| $\xi$ | 모멘텀 |
| $\theta$ | 플랩 인양 각도(유동방향으로부터 수직) |
| $\theta/\theta_m$ | 밸브 스템 회전이동비 |
| $\forall$ | 비체적 |

## 목 차



CHAPTER 01

# 기본 이론 / 1

CHAPTER 05

# 체크밸브에서 발생하는 현상 / 139



CHAPTER 06

# 수주 분리 및 재결합 / 165

CHAPTER

# 07 체크밸브에서 발생하는 문제 / 181



CHAPTER

# 08 체크밸브 선정기준 / 189

## CHAPTER 09 유압식 볼 체크밸브 / 201



## CHAPTER 10 체크밸브 보호 및지지 / 219

CHAPTER

# 01 기본 이론

## 1.1 충격파와 음속

### 1.1.1 충격파(shock wave)와 음속소음(sonic boom)

충격파는 파동의 한 종류이다. 파동이 액체, 기체, 플라즈마 등의 유체 속을 음속보다 빠르게 지나갈 때 그 파동을 충격파라고 한다. 충격파도 일반 파동과 마찬가지로 에너지를 운반하며, 매질을 통해 전달될 수 있다. 충격파는 갑작스럽고 매질의 압력, 온도, 밀도에 불연속적인 변화를 일으키는 것이 특징이다.

충격파는 폭발 등에 의해 발생하고 기체 속의 음속보다 빨리 진행하는 파이다. 비행기 등과 같은 물체가 정지된 기체 속을 음속보다 빠른 속도로 진행할 때 물체에 의해 발생된 기체의 압력변화는 충격파에 집중된다. 이 파면(波面)에서는 기체의 밀도와 속도가 불연속적으로 변화한다. 초음속 제트기의 경우는 마하 원뿔이라고 하는 원뿔 내에만 제트기에 의한 압력변화가 전달되고 원뿔면 위는 충격파가 된다.

물체가 없어도 기체 자체가 음속 이상으로 흐를 때는 밀도와 속도가 불연속적으로 변화하는 충격파가 발생한다. 예컨대 핵폭발이 일어나면 그곳의 기체는 가속되어 초음속으로 확산하기 시작하고 충격파가 발생한다. 이 경우를 폭풍파라고 하며 고압기체의 파가 되어 전파된다.

충격파면에서 보면 상류 쪽에서는 초음속 유동이 들어오고 하류 쪽으로는 아음속의 유동이 나간다. 이때 상류 쪽 유동의 운동에너지의 일부가 열에너지로 변해 하류 쪽에 고온 고압상태가 만들어진다.

소닉붐(sonic boom) 또는 음속폭음(音速爆音)은 보통 항공기의 초음속 비행에서 발생하는 폭발음을 의미한다. 소닉붐은 큰 에너지를 발생시키며, 폭발음처럼 들린다.

대기 중 소리의 속도는 약 340m/s인데 비행기가 음속 이상으로 비행하면 비행기 보다 먼저 진행하고 있던 소리와 만나게 된다. 즉, 매질(공기)의 밀도가 급격하게 압축되면 이와 같은 불안정한 상태에서 안정한 상태로 가기 위해 공기가 폭발하게 되며 이 과정에서 엄청나게 큰소리가 발생하며 수증기의 띠가 발생하는 것을 소닉붐이라 한다.

**그림 1.1** 풍동실험에서 발생하는 충격파

**그림 1.2** 음속 폭음

물 위를 달리는 배의 뱃머리에서 V자형의 파도가 일어나듯이 비행기가 초음속으로 날면 기체의 앞머리와 꼬리 끝에서 충격파라는 파도가 생긴다. 이 충격파가 지면에 부딪치면 압력 상승이 일어나서 꽝하는 소리가 들린다. 심할 때에는 폭풍으로 유리창이 깨지는 수도 있다.

비행기가 높이 날수록 기체에서 발생한 충격파는 지면에 이르는 동안에 세력이 약해진다. 따라서 소닉붐의 피해를 작게 하려면 가능한 비행기가 높이 날면 된다. 현재의 제트 수송기는 고도 10,000m 정도, 초음속여객기는 18,000~20,000m의 고공에서 비행한다. 천둥은 자연적으로 발생되는 소닉 붐이며, 번개의 방전에 따른 급격한 공기의 가열과 팽창이 그 원인이 된다.

항공기가 기체의 앞과 뒤를 통과할 때 기체는 압력파를 만든다. 이 압력파는 배에서 만들어지는 선미파와 충격파와 유사하다. 이 파동들은 음속의 속도로 이동하고 물체의 속도가 증가하면 서로의 파동이 빠져 나올 수 없기 때문에 이 파동들은 압축된다. 결과적으로 하나의 충격파로 합쳐지고 소리의 속도로 이동하게 되며 이는 마하 1로 잘 알려진 임계속도로서 해면에서 약 340m/s이다. 그림 1.3과 같이 아음속에서 생성된 음파 충격에 의한 수증기의 급격한 응축으로 원뿔 모양이 만들어진다.

압력파(Pressure Wave)는 압력 크기가 변화할 때 매질을 통해 전달되는 파동으로서 폭발, 번개, 초음속 비행기가 공기, 물 또는 고체와 같은 탄성체 내에서 그리고 송수관로상 펌프 및 밸브 등이 물과 같은 탄성체 내에서 급격한 압력차를 발생시킬 때 발생하는 충격파의 일종이다.

**그림 1.3** 충격파 발생시 나타나는 현상

### 1.1.2 파동(wave)

물리학 혹은 수학에서 파동(wave)은 공간상에서 평형 상태로부터의 변화 혹은 진동이 전달되는 현상이다. 파동은 진동수와 파장을 가지며 시간과 공간에서 가지는 주기성은 파동방정식으로 표현될 수 있다.

**그림 1.4** 물방울에 의한 파동

고전역학에서 파동은 주로 탄성파와 전자기파를 의미하며 탄성파는 매질에 변형이 가해졌을 때 매질의 복원력에 의해 매질 상에서 전달된다. 이때 매질은 에너지를 전달하기만 할 뿐, 매질 자체의 위치는 변하지 않는다. 예를 들어, 평형 상태의 기타 현을 잡아당긴 후 손을 놓으면, 현의 탄성력에 의해 그 변화가 현을 따라 전달되면서 현이 진동한다. 이 외에도 공기를 매질로 하는 소리(음파), 땅을 매질로 하는 지진파, 물을 매질로 하는 수면파 등이 있다.

전자기파는 전기장과 자기장의 상호작용으로 전자기장의 변화가 공간상으로 퍼지는 현상이다. 전기장과 자기장의 상호작용은 맥스웰 방정식에 의해 결정된다. 전자기파는 매질 없이 빛의 속도로 전파되며 일부 유전체를 통과하기도 한다. 전자기파는 그 파장의 길이에 따라 분류되며, 파장이 긴 순서로 전파(라디오파), 적외선, 가시광선, 자외선, X선, 감마선 등이 있다.

양자역학에서는 파동의 개념이 널리 사용된다. 물질 또한 파동성을 가지는 물질파로 설명되고, 나아가 양자역학적 계는 슈뢰딩거 방정식으로 결정되는 하나의 파동함수로 설명된다. 파동함수 자체는 물리적 의미가 없으며, 파동함수에 다양한 연산자를 적용한 채로 계산을 수행하면 원하는 물리량(위치, 운동량, 에너지 등)에 대한 확률진폭을 얻을 수 있다. 이 외에도 상대성 이론에서 시공간의 변화가 전달되는 중력파 등이 있다.

한편 파동은 파동의 진행 방향과 매질 혹은 장의 변동 방향의 관계에 따라 횡파 혹은 종파로 나뉘기도 한다. 전기장과 자기장이 각각 전자기파의 진행 방향과 수직으로 진동하는 전자기파는 대표적인 횡파이며, 공기가 압축과 팽창을 반복하며 전달되는 음파는 대표적인 종파이다.

### 1.1.3 음속(sonic)

음속은 소리가 매질을 통과하면서 전파되는 속도이고, 매질(medium)은 파동을 전달하는 물질을 의미한다. 음속을 쉽게 표현하면 소리에 의해 생긴 파동이 이를 전달하는 물질을 통과할 때 갖는 속도라고 볼 수 있다. 이때, 소리를 발생시키는 물체의 이동속도가 매질의 전파속도와 같으면 마하 1이라 부르며 이를 음속(sonic)이라고도 한다. 액체에서의 음속은 다음 식과 같다.

$$a = \sqrt{\frac{dp}{d\rho}} = \sqrt{\frac{K}{\rho}} \tag{1.1}$$

기체에서의 음속은 다음 식과 같다.

$$a = \sqrt{\frac{dp}{d\rho}} = \sqrt{RT_{abs}} \quad \text{등온} \tag{1.2}$$

$$a = \sqrt{\frac{dp}{d\rho}} = \sqrt{kRT_{abs}} \quad \text{단열} \tag{1.3}$$

체적탄성계수 $K$는 액체가 압력을 받았을 때, 압축에 저항하는 정도를 나타내는 값으로, 이 값이 크면 압축이 되지 않는 비압축성 성질을 갖는다. 대부분 액체가 비압축성이므로 $K$가 크다.

$$K = -\frac{dp}{d\forall/\forall} = \frac{dp}{d\rho/\rho} \frac{N}{m^2} \tag{1.4}$$

체적탄성계수 $K$는 스프링 탄성계수 $K$와 유사한 특징이 있으며 차이점은 스프링 탄성계수는 길이변화에 대한 것인데 비해 액체의 체적탄성계수는 체적변화에 대한 계수인 점이라는 것이다. 스프링 탄성계수가 클수록 길이 변화가 작은 것과 같이 체적탄성계수가 클수록 체적변화가 작다.

## 1.2 보존법칙

### 1.2.1 검사체적(Control Volume)

검사체적(Control Volume)은 쉽게 말해서 우리가 관심을 가지고 관찰하는 범위로서 공학에서 질량보존법칙이나 에너지보존법칙을 설명하기 위해 설정하는 가상공간으로서 유동상태를 해석하기 위해 설정한 임의의 공간이다.

검사체적은 공간상에 고정된 체적인 반면 계(system)는 물질로 이루어진 물질 자체의 집합체를 의미한다. 쉽게 말해 주위와 구분될 수 있는 경계로 둘러싸인 공간이다. 계는 고립계, 밀폐계, 개방계로 구분되며 이 개방계를 검사체적과 혼돈하는데 이 둘은 다른 개념이기 때문에 정확히 알아 두는 것이 중요하다.

개방계는 주위와 구분되는 경계로 둘러싸인 공간에 질량과 에너지가 출입하는 공간이다. 즉, 질량유동과 일량, 열량이 경계를 통해 이동하는 계인데 검사체적과 비슷한 개념처럼 여겨질 수 있지만 엄밀히 다르다. 유체가 흐르면 개방계이며 이 개방계에서 검사체적을 사용한다고 보는 것이 조금 더 이해하기 쉽다.

검사체적과 계의 차이에 대해 예를 들어본다. 우리 주변에서 흔히 볼 수 있는 자동차와 공은 물질의 경계가 명확하다. 이런 경우 계(system)가 명확하기 때문에 관찰할 때 이 계를 따라가기만 하면 된다. 그러나 공기의 흐름과 같은 것은 물질의 경계가 뚜렷하지 않고 계속 변화하기 때문에 계를 따라가면서 관찰하는 것이 불가능하다. 따라서 공간상에 검사체적을 설정하고 이 공간을 지나가는 공기의 상태를 관찰하여야 한다. 검사체적은 시간에 따라 부피는 변하지 않으나 질량, 운동량, 에너지 등의 물리량은 유동적인 가상의 체적(부피)이다.

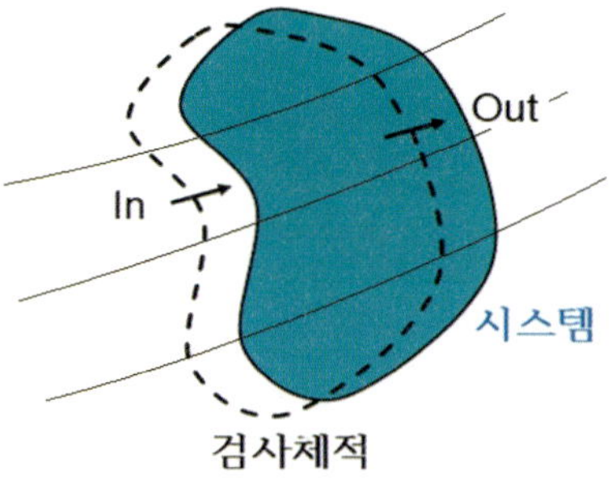


**그림 1.5** 검사체적과 계(system)

### 1.2.2 운동량(momentum)과 보존법칙

운동량(momentum)은 물리학 특히, 뉴턴 역학에서 물체의 질량과 속도의 곱인 $p_m = m \cdot v$ 으로 나타내는 물리량이다. 운동량의 국제단위는 $kg \cdot m/s$ 또는 $N \cdot s$ 이고, 통상적인 기호는 라틴 소문자 $p_m$ 이다.

$$p_m = mv \tag{1.5}$$

운동량을 통상적으로 선형운동량(linear momentum) 혹은 병진운동량(translational momentum)이라고도 부른다. 예를 들어 빠르게 움직이는 무거운 트럭 같은 물체의운동량이 크다. 무거운 트럭을 빠른 속도까지 가속시키기 위해서는 큰 힘을 한참 동안 가해야 하고, 반대로 그 트럭을 정지시키기 위해서도 큰 힘을 오랫동안 가해야 한다. 트럭이 가볍다거나 느리게 움직인다면 그만큼 운동량도 작아진다.

선형운동량은 보존되는 양으로서 외부에서 가해지는 힘이 없으면 폐쇄계의 선형운동량의 합은 바뀌지 않는다. 고전역학에서는 선형운동량 보존법칙이 뉴턴의 운동 법칙에 포함되어 있다. 하지만 특수 상대성 이론에서도 공식을 약간 수정한 형태로 선형운동량 보존법칙을 충족시킬 수 있으며, 선형운동량 보존법칙은 적절한 정의를 이용하면 전자기학, 양자역학, 양자장론, 일반 상대성 이론에도 적용할 수 있는 보존법칙이다. 운동량 보존법칙이란 두 물체가 충돌할 때 외부에서 힘이 작용하지 않으면 충돌 전후의 두 물체의 운동량이 일정하게 보존되는 현상을 말한다.

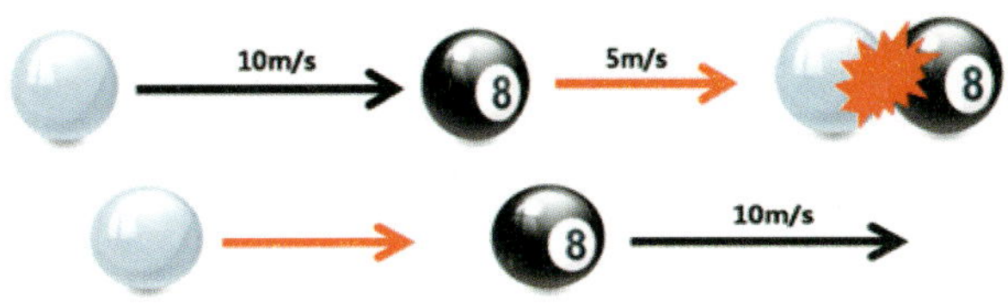


**그림 1.6** 운동량 보존법칙

**[예제 1.1] 운동량 보존법칙**

**문제** 외력이 가해지지 않는다는 가정 아래 흰 당구공과 8번구의 질량 $m=0.5kg$이라면 흰구와 8번구가 아래와 같은 속도로 굴러가다 충돌하여 충돌 후 8번구의 속도가 $v=10m/s$가 되면 흰 구의 속도는 얼마일까?

**풀이** 충돌 전 흰 구의 운동량 $p_{m1}$와 8번구의 운동량 $p_{m2}$는 다음과 같으므로 두 당구공의 운동량의 합은 $p_m=7.5kg\cdot m/s$이다.

$$p_{m1}=0.5\times 10=5kg\cdot m/s$$

$$p_{m2}=0.5\times 5=2.5kg\cdot m/s$$

충돌 후에도 두 물체의 운동량의 합은 같아야 하므로 충돌 후 8번구의 운동량 $p_{m2}$와 흰 구의 운동량 $p_{m1}$은 다음과 같으므로

$$p_{m2}=0.5\times 10=5kg\cdot m/s$$

$$p_{m1}=p_{total}-p_2=7.5-5=2.5kg\cdot m/s$$

흰 구의 속도는 다음과 같이 된다.

$$v_1=\frac{p_{m1}}{m_1}=\frac{2.5}{0.5}=5m/s$$

## 1.2.3 충격량과 충격력

충격량 $i$란 물체가 외력에 의해 충격을 받을 때 받는 힘 $F$에 충격이 가해지는 시간 $t$를 곱한 것으로 충격량 $i$의 단위는 운동량 $p_m$의 단위와 동일한 $N\cdot s$ 또는 $kg\cdot m/s$이다.

$$i=F\cdot t=m\cdot \alpha\cdot t=m\cdot \frac{v}{t}\cdot t=m\cdot v \tag{1.6}$$

상기 식에서 가속도 $\alpha$를 속도의 변화로 고치면 다음과 같고, 충격량은 결국 운동량의 변화량

이란 뜻이 되며, 관로 내 수주의 질량은 다음과 같다.

$$i \equiv m \cdot \frac{v_f - v_i}{t} \cdot t = m(v_f - v_i) \tag{1.7}$$

$$m = \rho A L$$

충격량과 충격력의 개념을 살펴보면 충격력은 말 그대로 충격을 받는 힘 $F$이다. 아래 그래프의 $y$ 축이 충격력이고, 충격을 받는 중 한 순간의 힘이 충격력이다. 충격량은 이러한 충격력의 합으로 아래 그래프에서 두 개의 곡선의 면적이 각각의 충격량이다. 빨간 그래프의 면적과 파란 그래프의 면적이 같다면, 빨간 그래프는 충격력이 큰 대신 충격을 받은 시간이 짧은 반면 파란 그래프는 충격력이 작은 대신 충격을 받은 시간이 길다. 야구공을 받을 때 손을 뒤로 빼면서 충격을 길게 하는 동작 그리고 점프 후 착지시 무릎을 굽히는 동작은 충격력을 완화시키는 예이다.

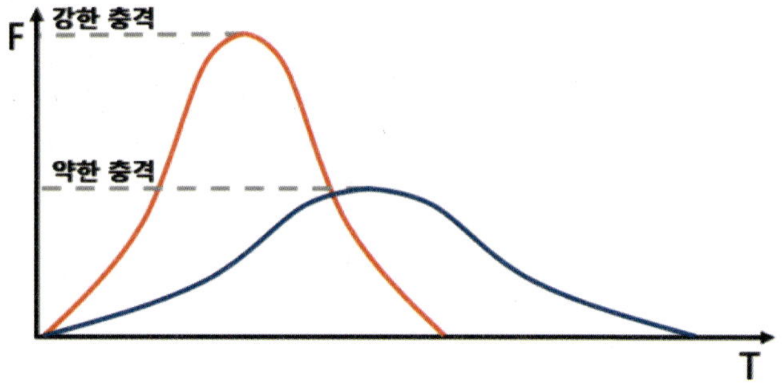


**그림 1.7** 충격력과 충격량

상기 이론에 따라 관로에 설치된 체크밸브의 신속한 폐쇄로 인한 슬램현상 발생시 체크밸브에 작용하는 충격력을 다음 식으로 표현할 수 있다.

$$F = \frac{i}{t} = \frac{mv}{t} = \frac{\rho A L v}{t} \tag{1.8}$$

상기 식의 충격력 $F$를 수두 $H$로 표현하기 위해 $F = PA = \gamma HA$이므로 이를 상기 식에 대입하여 정리하면 다음과 같다.

$$H = \frac{L}{g}\frac{v}{t} \tag{1.9}$$

다음 그림의 곡선 I과 II는 게이트밸브와 버터플라이밸브 폐쇄시 수두 또는 충격력-시간선도를 보여주며, 곡선 Ⅲ은 동일한 전체 충격력을 최소 서지압력으로 분포시키기 위한 이론적인 압력-시간선도를 보여준다. 즉, 급개방 또는 완폐쇄특성을 갖는 게이트밸브는 폐쇄 초기에 유속변화는 크지 않고 최종 개도에서 유속변화가 커서 식 1.9에 따라 최종 폐쇄시 최대 충격력이 작용한다. 등비특성을 갖는 버터플라이밸브는 게이트밸브와는 상대적으로 폐쇄 초기에 유속변화가 다소 크고 최종 개도에서 유속변화가 다소 적어 최종 개도 이전에 최대 충격력이 발생한다. 곡선 Ⅲ은 관로 내 유속을 선형적으로 변화시켜 전체 폐쇄시간에 걸쳐 균일한 충격력이 밸브에 작용하는 것을 보여준다.

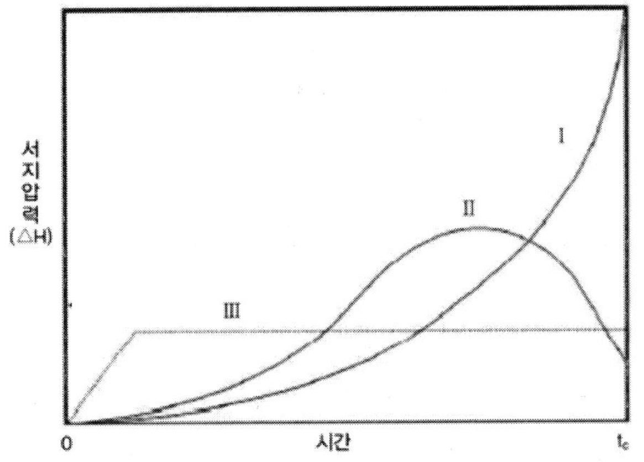


**그림 1.8** 밸브 급폐쇄시 운동량 곡선

전술한 바와 같이 이상적인 체크밸브는 역류유속 $v_r = 0$일 때 폐쇄되면 식 1.5로부터 $p_m = mv = m \times 0 = 0$이 되어 슬램이 전혀 발생하지 않는다. 그러나 어느 정도 역류유속이 형성되면 체크밸브가 순간적으로 폐쇄되면 식 1.8로부터 충격력 $F$가 상당히 크게 되어 심각한 슬램이 발생할 수 있다. 따라서 체크밸브가 역류 발생 직후 신속하게 폐쇄되지 않아 큰 역류유속 $v_r$이 형성되어도 오일 대시포트 등을 사용하여 폐쇄시간 $t$를 길게 하여 충격력 $F$를 감소시켜 슬램을 완화시킬 수 있다.

**[예제 1.2] 충격량과 충격력**

**문제** 직경 $D = 0.3m$, 길이 $L = 1000m$에 설치된 체크밸브가 폐쇄되기 시작하는 역류유속 $v_r = 0.18m/s$이고, 체크밸브가 0.085초 동안 완전폐쇄시 디스크에 작용하는 충격력을 구하라.

**풀이** 식 1.8로부터 다음과 같이 충격력을 구할 수 있다.

$$F = \frac{102 \dfrac{3.14 \times 0.3^2}{4} \times 1000 \times 0.18}{0.085} = 15{,}260 kg_f$$

### 1.2.4 질량(유량)보존법칙

질량보존법칙(質量保存法則, law of conservation of mass)은 닫힌 계의 질량이 화학 반응에 의한 상태변화에 상관없이 변하지 않고 계속 같은 값을 유지한다는 법칙이다. 물질은 갑자기 생기거나 없어지지 않고 그 형태만 변하여 존재한다는 뜻을 담고 있다. 물을 수송하는 관로의 경우 다음 식과 같이 한 절점에서의 유입량과 유출량의 합은 동일하다. 질량보존법칙은 비상대론적인 법칙이며 상대성이론을 고려할 경우 상황은 조금 복잡해지며 상대론을 고려할 경우에도 에너지 보존법칙은 성립한다.

$$\sum Q_{in} = \sum Q_{out} \tag{1.10}$$

---

## 1.3 부정류

진정한 부정류를 해석하기 위해서는 반드시 유체의 관성은 물론 유체와 관로의 압축성과 탄성을 포함시켜야 한다. 두 경우 모두 부정류를 해석하기 위해서 오일러식을 유도하는 뉴튼 제2법칙을 적용하여야 한다. 1.3.1절에서는 오일러식을 유도하고 1.3.2절에서는 별로 중요하지 않은 탄성력을 생략할 수 있지만 반드시 유체의 관성력을 고려하여야 하는 강성주유동에 대해 기술한다. 1.3.3절에서는 추가로 탄성 영향을 고려하는 수격해석방법에 대해서 기술한다.

### 1.3.1 오일러 공식

그림 1.9에서 배관 중심부 유체의 조그만 원통형 검사체적에 뉴튼 제2법칙을 적용하여 오일러식을 유도할 수 있다. 단면에서의 유동 특성 또는 유체의 변화를 무시하면 관로의 1차원 유동에 결과식을 적용할 수 있다. 더욱이 이 식은 유체의 밀도 변화와 관계없이 적용할 수 있으므로 강성주유동과 수격(water hammer) 모두에 유효하다. 유선 방향 $s$에 따른 뉴튼 제2법칙은 다음과 같다.

$$\sum F_s = ma_s = m\frac{dv}{dt} \tag{1.11}$$

여기서 $m$은 원통형 유체의 질량이다. $dv/dt$ 항은 통상적으로 유체 유속의 상미분 또는 본질적으로 도함수가 된다. 작용하는 힘을 상기 식에 대입하고 질량을 밀도와 체적으로 표현하면 다음과 같이 된다.

$$pdA - \left(p + \frac{\partial p}{\partial s}ds\right)dA - dWsin\theta - \tau\pi d(ds) = \frac{dW}{g}\frac{dv}{dt} \tag{1.12}$$

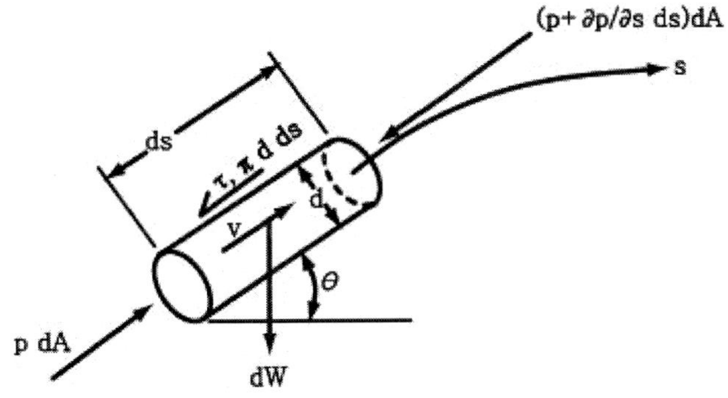


**그림 1.9** 모든 힘들을 보여주는 원통형 유체 요소

단위 중량으로 표현되는 무차원의 식으로 만들기 위해 상기 식을 $dW\left(\gamma\frac{\pi}{4}d^2ds\right)$로 나누고 관로의 경사를 길이와 고도의 항 $sin\theta = \partial z/\partial s$로 표현하면 다음과 같은 1차원 오일러식에 도달한다.

$$-\frac{1}{\gamma}\frac{\partial p}{\partial s} - \frac{\partial z}{\partial s} - \frac{4\tau}{\gamma d} = \frac{1}{g}\frac{dv}{dt} \tag{1.13}$$

유체부분의 단면적을 배관 단면적의 크기로 확대하고 평균 유속 $V$를 도입하면 다음과 같이 더욱 유용한 식이 되며 여기서 $\tau_0$는 배관 벽에서의 전단응력이다.

$$-\frac{1}{\gamma}\frac{\partial p}{\partial s} - \frac{\partial z}{\partial s} - \frac{4\tau_0}{\gamma D} = \frac{1}{g}\frac{dV}{dt} \tag{1.14}$$

대부분 원통형 배관에 대해 고찰하기 때문에 관 벽에서의 전단응력은 중요한 관심사가 아니며 달시-바하식 마찰계수 $f$를 이용하여 다음과 같이 표현할 수 있다.

$$\tau_0 = \frac{1}{8}f\rho V|V| \tag{1.15}$$

전단응력은 유체 유동방향과 반대 방향으로 작용하는 것으로 간주하는 것이 타당하기 때문에 상기 식과 같이 유속의 형태로 표현하는 것이 바람직하다. 식 1.15를 1.14에 대입하고, 위치 $s$의 단독 함수로 관로의 임의 부분의 고도를 표현할 수 있으므로 다음과 같은 오일러식을 얻을 수 있다.

$$\frac{1}{g}\frac{dV}{dt}+\frac{1}{\gamma}\frac{\partial p}{\partial s}+\frac{dz}{ds}+\frac{f}{D}\frac{V|V|}{2g}=0 \quad (1.16)$$

피에조미터수두 $H$를 $p=\rho g(H-z)$로 표현하고 전미분식(total derivative)의 형태로 확장 표현하면 다음과 같다.

$$\frac{dV}{dt}=\frac{\partial V}{\partial t}+V\frac{\partial V}{\partial s} \quad (1.17)$$

전미분식은 유동장(flow field)에서 유체 입자의 가속을 표현하는 특별 미분식으로 유동장에서 이동하는 유체입자는 다음 두 원인 중 하나로 인해 가속을 하게 된다. 유체입자는 공간에서 유속이 빠른 또는 느린 영역으로 이동(convect)되면서 가속 또는 감속되며 노즐을 통한 정상유동은 대표적인 사례이다. 정상유동은 시간의 함수가 아니기 때문에 속도장(velocity field)도 시간의 함수가 아니다. 유체 입자는 유속이 높은 영역인 노즐로 이동하면서 가속된다. 만일 유동장이 비정상유동일 경우 속도장(velocity field)은 시간의 함수이기 때문에 유체입자는 추가적인 부분 가속도(local acceleration)가 발생된다. 3차원 전미분식의 실질적인 의미는 다음과 같다.

$$\overline{a_p}=\frac{d\overline{V}}{Dt}=u\frac{\partial \overline{V}}{\partial x}+v\frac{\partial \overline{V}}{\partial y}+w\frac{\partial \overline{V}}{\partial z}+\frac{\partial \overline{V}}{\partial t} \quad (1.18)$$

상기 식에서 두 번째 항인 $d\overline{V}/Dt$는 전체 가속도, 3~5째 항은 위치변화에 따른 가속도, 마지막 항은 시간변화에 따른 가속도를 나타낸다. 이제 오일러식을 다음과 같은 형태로 표현할 수 있다.

$$\frac{1}{g}\frac{\partial V}{\partial t}+\frac{\partial}{\partial s}\left(H+\frac{V^2}{2g}\right)+\frac{f}{D}\frac{V|V|}{2g}=0 \quad (1.19)$$

상기 식 중간 항인 피에조미터수두(정압 수두)와 속도수두의 합은 통상적으로 에너지선 $EL$로 표시된다.

### 1.3.2 강성주이론

강성주이론은 단면적이 일정한 배관 내의 유체와 배관의 탄성을 무시하는 것은 이론상으로 관로 전체에 걸쳐 유속이 동시에 변화한다고 가정하는 것이다. 더욱이 정상유동형태의 질량보존식을 관로 전체에 걸쳐 적용하면 관로 내 어디서든지 유속은 항상 같다. 본 절에서는 기본원리를 강조하기 위해서 단순관로에서의 유동만을 연구한다.

단순관로의 제약에도 불구하고 폐쇄된 형태의 식 1.16 또는 1.19에 대한 해법은 상대적으로 거의 없다. 이러한 해법들 중 하나는 다음 그림과 같이 수위가 일정한 저수지로부터 수평 관로를 통해 유동이 정지된 상태로부터 안정된 상태에 도달하기까지 소요되는 시간에 대해 기술한다.

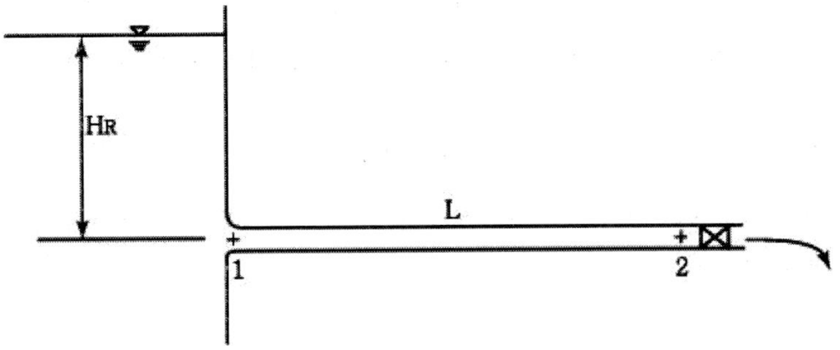


**그림 1.10** 하류측에 밸브가 설치된 수평관로

### ① 관로 마찰손실 미고려시

유동 안정화 문제의 간단한 예제로 유체가 비점성 즉, 마찰이 없다고 가정하면 식 1.19의 마지막 항을 생략할 수 있고 따라서 오직 유체의 관성력만이 중요하게 된다. 먼저 거리 $s$와 관련한 적분 범위를 정하여 식 1.19의 풀이를 시작한다. 비록 이 부분에서의 압력이 급변하고 유속은 사실 등류가 아니라도 관로의 상류측 말단부를 1로 지정하고 밸브의 직 상류부를 2라고 지정하고 저수지 상류 1 지점으로부터 밸브 2 지점까지 거리 $s$에 관해 적분한다.

$$\frac{1}{g}\int_1^2 \frac{\partial V}{\partial t}ds = -\int_1^2 \frac{\partial}{\partial s}\left(H + \frac{V^2}{2g}\right)ds \tag{1.20}$$

연속식으로부터 관로 내 모든 유체의 가속도는 동일하므로

$$\frac{L}{g}\frac{\partial V}{\partial t} = -\left(H + \frac{V^2}{2g}\right)_2 + \left(H + \frac{V^2}{2g}\right)_1 \tag{1.21}$$

상기 식 좌변의 가속도 항은 우변의 유체의 단위 중량당 에너지의 차이며 두 말단 지점사이의 에너지선 적분 수치의 차이다. 밸브는 $t = 0$에서 순간적으로 완전 개방되고 이후로 유동이 형성된다. 밸브가 완전 개방되면 지점 2에서의 $H_2$는 0으로 저하되어 그 상태를 유지하며 그 지점에서의 유속 $V_2$는 시간 $t = 0$부터 정상유동 유속 $V_0$ 가 될 때까지 증가한다. 만일 베르누이식을 저수지와 지점 1 사이에 적용하고 에너지 손실이 없다고 가정하면 지점 1에서의 두 항의 합은 단순히 단위 중량당 저수지 에너지 또는 수두로서 상수이다. 따라서

$$\frac{L}{g}\frac{dV}{dt}= H_R - \frac{V^2}{2g} \tag{1.22}$$

여기서 남아 있는 미분은 오직 시간의 함수이며 상미분식이다. 유동이 안정되면 즉, 정상류가 되면 상기 식의 좌변 항은 0이 되며 정상유동 유속 $V_0$는 다음과 같이 된다.

$$V_0 = \sqrt{2gH_R} \tag{1.23}$$

유동이 안정화될 때까지의 거동을 시간의 함수로 결정하기 위해서 식 1.22에서 $dt$를 구하여 적분하면 다음과 같다.

$$\int_0^t dt= \frac{L}{g}\int_0^V \frac{dV}{H_R - \frac{V^2}{2g}} \tag{1.24}$$

또는

$$t = 2L\int_0^V \frac{dV}{V_0^2 - V^2} \tag{1.25}$$

상기 적분식은 다음과 같이 변화된다.

$$t = \frac{L}{V_0} ln\left(\frac{V_0 + V}{V_0 - V}\right) \tag{1.26}$$

상기 식으로부터 엄밀히 말하면 $V$가 $V_0$에 근접하면서 로그는 제한되지 않는 상태가 되므로 유동 안정에 필요한 시간은 무한함을 알 수 있다. 따라서 이러한 결과는 실용적이지 못하므로 통상적으로 $V = 0.99\,V_0$가 될 때 정상유동이라고 가정한다.

### ② 관로 마찰손실 고려시

배관 마찰손실과 미소손실이 존재하는 곳에서 유동 안정화를 고려하는 것이 더욱 현실적이므로 이 문제에 대해 기술하기로 한다. 간략화하기 위해 마찰계수는 상수라고 가정한다. 배관의 마찰을 고려한 경우 식 1.19를 적분하면 다음과 같이 되며 $V$는 항상 (+) 부호를 갖는다.

$$\frac{L}{g}\frac{\partial V}{\partial t}=-\left(H+\frac{V^2}{2g}\right)_2 + \left(H+\frac{V^2}{2g}\right)_1 - f\frac{L}{D}\frac{V^2}{2g} \tag{1.27}$$

상기 식은 식 1.22와 유사하지만 유입부와 유출부에서 손실이 발생하기 때문에 지점 1과 2에서의 에너지는 변화한다. 지점 1과 저수지 사이에 에너지 식을 작성하면 지점 1에서 항의 합으로 $H_R - K_E V^2/2g$가 된다. 다른 표현으로 저수지의 에너지는 유량이 유입 지점 1을 통과하면서 발생되는 손실수두에 의해 감소된다. 하류 유출 지점과 지점 2 사이에서 손실수두는 밸브에서 발생되며 수두는 기준선보다 $H_2 = K_v V^2/2g$ 만큼 상부에 위치한다. 이러한 것을 대입하여 다시 정리하면 다음과 같이 된다.

$$\frac{L}{g}\frac{\partial V}{\partial t} = H_R - \left(1 + K_E + K_v + f\frac{L}{D}\right)\frac{V^2}{2g} = H_R - K_p\frac{V^2}{2g} \tag{1.28}$$

여기서 $K_p = 1 + K_E + K_v + f\dfrac{L}{D} = K_i + f\dfrac{L}{D}$

관로 손실을 고려할 경우 정상유동상태의 유속 $V_0$는 다음과 같다.

$$V_0 = \sqrt{\frac{2gH_R}{K_p}} \tag{1.29}$$

식 1.27을 적분하는 것은 식 1.24와 1.25를 적분하는 절차와 거의 유사하지만 식 1.25에서 $2L$을 $2L/K_p$으로 대체하면 다음과 같이 된다.

$$t = \frac{L}{V_0 K_p} ln\left(\frac{V_0 + V}{V_0 - V}\right) \tag{1.30}$$

정상유동에 도달하기 위해 소요되는 시간은 무한대임을 알 수 있으나 정상유동 상태의 유속 그 자체는 배관의 마찰손실과 미소손실의 영향으로 감소된다. 이러한 실제 유체의 영향을 무시하면 $K_p = 1$이고 식 1.26과 동일하게 된다.

식 1.28을 사용하여 그림 1.10과 같은 관로시스템의 유동의 정지를 모의하는 것은 밸브 급개방하는 조건으로 유동의 시작을 모의하는 것보다 더욱 어렵다. 유동정지 모의시 주된 애로 사항은 밸브가 폐쇄되면서 변화하는 밸브의 손실 계수 $K_v$을 정확하게 나타내는 것이다. 배관에 설치된 밸브를 폐쇄하기 시작하면 이 밸브의 손실계수와 손실수두가 점차적으로 증가하고 궁극적으로는 밸브가 완전 폐쇄되면서 유동은 정지하게 된다.

동일한 유속에서 정상유동에서 비정상유동(unsteady-flow)으로 변할 때 모든 손실계수들은 변하지 않는 것으로 가정한다. 식 1.28의 달시-바하식으로 관로시스템에서 발생하는 제반 손실수두를 나타내었다. 시간에 따라 사전에 결정된 방법으로 밸브 개도와 $K_v$가 변화하므로 식 1.28의 상미분식에 대한 폐쇄형태해를 구하는 것은 불가능하다. 따라서 반드시 수치해석법으로 비선형식을 해결하여야 한다. 배관 내 마찰손실과 미소손실을 고려하면 식 1.27의 점 1과 2에서 다음의 관계가 성립되고,

$$\left(H+\frac{V^2}{2g}\right)_1 = H_R - K_E\frac{V^2}{2g}, \quad H_2 = \frac{p_2}{\gamma} \tag{1.31}$$

상기 식을 식 1.27에 대입하면 다음과 같다.

$$\begin{aligned}\frac{L}{g}\frac{dV}{dt} &= \left(H_R - K_E\frac{V^2}{2g}\right) - \left(\frac{p_2}{\gamma} + \frac{V^2}{2g} + K_v\frac{V^2}{2g} + f\frac{L}{D}\frac{V^2}{2g}\right) \\ &= H_R - \frac{p_2}{\gamma} - K_p\frac{V^2}{2g}\end{aligned} \tag{1.32}$$

상기 식으로부터 점 2에서의 수두를 유도하면 다음과 같다.

$$H_2 = -\frac{L}{g}\frac{dV}{dt} + H_R - K_p\frac{V^2}{2g} \tag{1.33}$$

상기 식으로부터 압력수두는 밸브에서의 유속이 감소되면서 증가하며 밸브 폐쇄 순간 ($V=0$) 최대치에 도달한다.

이제 밸브 개폐 스케줄에 따른 밸브 개도와 손실계수 $K_v$의 상관관계를 알면 수치적분법을 바로 적용할 수 있다. 그러나 여기서 밸브가 폐쇄되는 순간에 복잡한 상황이 발생한다. 즉, 밸브가 완전 폐쇄되는 순간 유속이 0이 되면서 손실수두는 무한으로 되면서 압력수두를 결정할 수 없게 된다. 이 경우 최선의 상황에서도 수치해석 절차로는 신뢰할만한 결과를 얻을 수 없지만 통상적으로 최대압력은 밸브가 완전 폐쇄되기 직전에 발생하므로 밸브폐쇄완전 종료 직전 1~2번째 전단계에서 최대압력을 결정하여야 한다.

**[예제 1.3] 강성주이론을 이용한 수격해석**

**문제** 직경 $D=0.3m$, 길이 $L=1000m$에 설치된 체크밸브가 폐쇄되기 시작하는 역류유속 $v_r=0.18m/s$이고, 체크밸브가 0.085초 동안 완전폐쇄시 디스크에 작용하는 충격력을 구하라.

**[표 1] 시간에 따른 밸브 개도와 손실계수**

| $t(s)$ | 0 | 1 | 2 | 3 | 4 | 5 | 6 | 7 | 8 | 9 | 10 |
|---|---|---|---|---|---|---|---|---|---|---|---|
| 개도(%) | 100 | 90 | 80 | 70 | 60 | 50 | 40 | 30 | 20 | 10 | 0 |
| $K_v$ | 0.17 | 0.30 | 0.64 | 1.80 | 4.20 | 10.9 | 29 | 101 | 724 | 13,549 | 5.E+09 |

**풀이1** 댐 수두차 $H_R = 20m$ 가 손실수두 $H_L$로 변화하므로 식 1.29로부터 정상류 유속을 구할 수 있다.

$$V_0 = \sqrt{\frac{2 \times 9.8 \times 20}{0.17 + 0.016\frac{5,000}{0.3}}} = 1.2120m/s$$

**풀이2** 밸브 폐쇄 $t = 1.0s$ 후 개도 90%에서 손실계수는 $K_v = 0.30$이므로 이를 상기 식에 대입하여 유속을 구하면 다음과 같다.

$$V_1 = \sqrt{\frac{2 \times 9.8 \times 20}{0.30 + 0.016\frac{5,000}{0.3}}} = 1.2118m/s$$

상기 수치들을 식 1.33에 대입하여 밸브에서 압력수두를 구하면 다음과 같다.

$$H_1 = -\frac{5,000}{9.8}\frac{1.2120 - 1.2118}{1} + 20 - \left(0.3 + 0.16\frac{5,000}{0.3}\right)\frac{1.2118^2}{2 \times 9.8} = 0.15m$$

상기와 동일한 방법으로 밸브가 완전폐쇄되는 10초 동안 유속과 밸브에서 수두는 다음 표 및 그림과 같다.

[표 2] 밸브 폐쇄시간에 따른 유속과 수두 변화

| $t(s)$ | 0 | 1 | 2 | 3 | 4 | 5 | 6 | 7 | 8 | 9 | 10 |
|---|---|---|---|---|---|---|---|---|---|---|---|
| $V(m/s)$ | 1.21 | 1.21 | 1.21 | 1.21 | 1.20 | 1.19 | 1.15 | 1.03 | 0.63 | 0.17 | 0.00 |
| $H(m)$ | 0.00 | 0.15 | 0.39 | 1.34 | 2.74 | 7.45 | 18.8 | 60.6 | 206 | 235 | 86 |

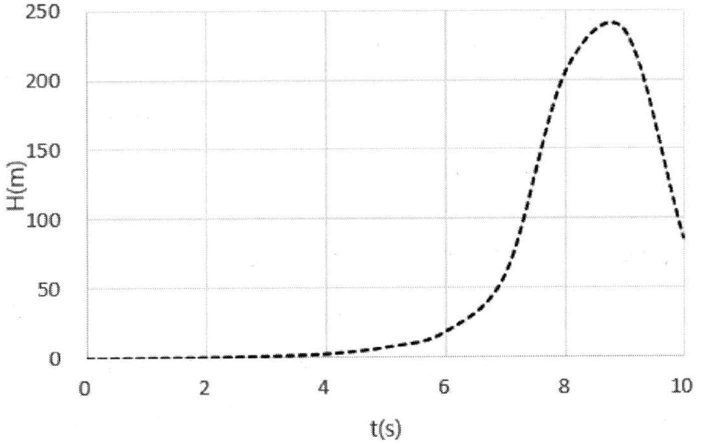


그림 1 밸브폐쇄시간에 따른 수두변화

### 1.3.3 수격(Waterhammer)

관로시스템 내 유속이 급속히 변화하는 사례를 해석하려면 반드시 배관과 유체의 탄성 특성을 고려하여야 하며 통상적으로 이러한 수력적 부정류를 수격이라 한다. 이와 같이 탄성이론에 기초한 수격해석은 강성주해석보다 더욱 복잡하다. 다음 절에서 이러한 수격현상을 광범위하게 연구하기 전에 단순 관로에서 발생하는 수격현상의 물리적 개념을 살펴보며 이는 유속이 급변할 경우 관로 내에서 발생하는 이벤트를 고찰하여 수격현상을 이해하는데 중요한 기본 개념을 제공한다.

다음 그림과 같이 단순한 관로와 밸브가 저수지에 연결되어 있는 상황에서 단순화된 일련의 절차에 따라 수격파가 시간에 따라 어떻게 전개되는지 관찰할 수 있다. 관로 내 정상유동시 관로 내 유속을 $V$라고 가정한다. 마찰이 없다면 관로 내 전 구간에 걸쳐 피에조미터의 수두는 $H$이다. 만일 어떤 방법으로든 밸브 개도가 변화하게 되면 밸브의 상류측과 하류측 관로에서 수격현상이 발생하지만 여기에서는 관로 상류부에만 집중하기로 한다.

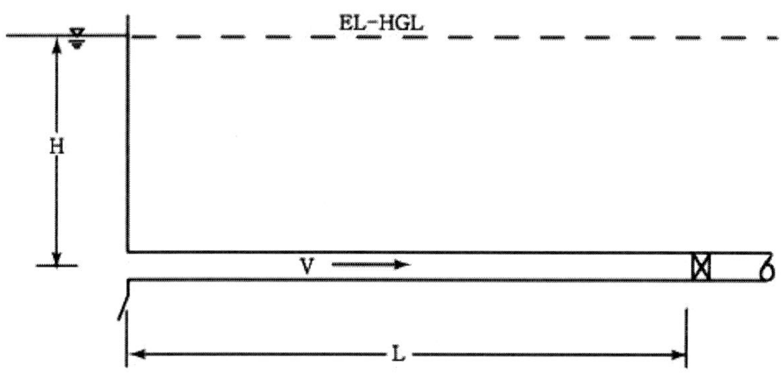


**그림 1.11** 마찰이 없을 때 관로 내 정상유동

정상유동상태에서 밸브 개도를 조작하면 유속이 변화하고, 유속이 변화하는 곳에서는 압력파(pressure wave)가 발생하며 이 압력파는 유속변화가 발생한 지점을 중심으로 상류측과 하류측으로 음속에 가까운 속도 $a$로 전파된다. 밸브가 급속하게 100% 폐쇄된다고 가정하면 밸브에서 물은 급속히 힘을 받아 유속은 $V=0$이 되며 밸브에서의 수두는 자이코스키식 1.37에 따라 $\triangle H_J = a\triangle V/g$로 급작스럽게 증가한다. 이 수두증가 $\triangle H_J$는 유동하는 물의 모멘텀을 충분히 감소시켜 유속을 0으로 만든다. 이와 같이 밸브에서 증가된 수두는 관로를 약간 확장시키는 동시에 유체의 밀도를 증가시킨다. 배관의 팽창량은 배관의 직경, 두께, 배관재질과 액체의 압축성에 따라 결정되지만 통상적으로 1.5% 보다 적으며 그림 1.12에서의 관로변형은 과장된 것이다.

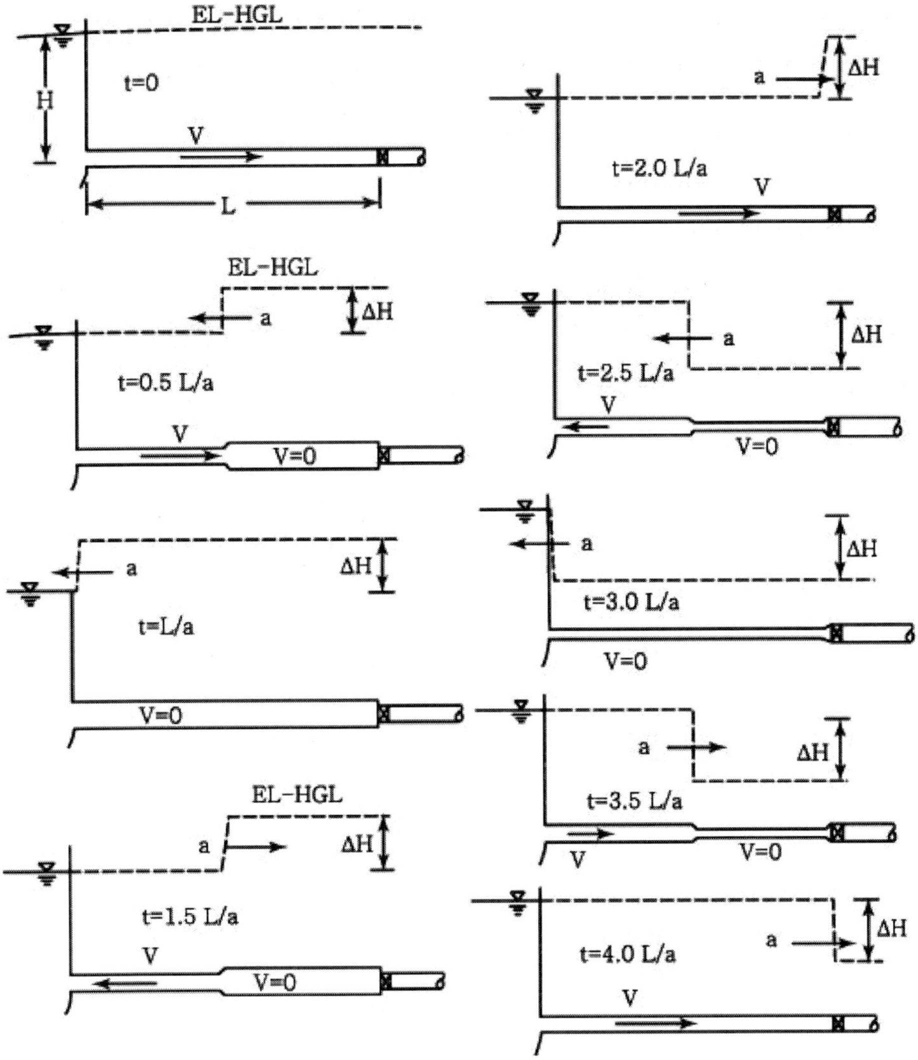


**그림 1.12** 시간에 따른 관로 내 압력파의 거동

압력수두의 상승은 전면이 예리한 압력파를 속도 $a$로 상류측으로 전파시키며 $a$의 크기는 관로와 액체 특성의 함수이다. 밸브가 폐쇄되고 $L/a$초 후 압력파의 전면은 저수지에 도달하며 이 순간 관로 전체에 걸쳐 유속은 0이 되며 관로 전체에 걸쳐 압력수두는 $H+\triangle H_J$로 형성되며 관로는 확장되고 액체는 압축된다. 또한 저수지에 도달한 압력파는 저수지에서 반사되어 방향이 반전된다.

$L/a$초에서 저수지에서의 압력수두는 항상 $H$이지만 저수지와 연결된 관로 내 압력수두는 $H+\triangle H$가 되어 부분적으로 불평형이 되어 물은 압력이 높은 곳에서 낮은 곳으로 즉, 관로로부

터 저수지 방향으로 유동이 시작된다. 마찰이 없으면 저수지 방향으로 향하는 유속의 크기는 수두 증가 $\Delta H$에 의해 유발되는 정상유동상태의 유속과 같다. 증가된 압력수두에 의해 팽창된 관로에 압축 저장된 액체는 이러한 유동을 대한 에너지의 근원이 된다. 상기 절차는 시간과 함께 계속하여 전개된다. 시작점으로부터 시간이 $2L/a$초 경과하면 관로 전체에 걸쳐 압력은 원래의 수치로 회복되며 유속 방향은 직전 방향과 반대가 된다. 이 순간 압축 저장된 액체가 모두 배출되고 압력파는 폐쇄된 밸브에서 반사되면서 압력수두는 원래 정상유동상태에서의 수두보다 $\Delta H$ 만큼 감소되고 이 저하된 압력과 폐쇄된 밸브는 압력파 뒤에 있는 유속을 0으로 만든다. 이러한 압력파 뒤의 관로 단면은 수축되며 액체는 팽창한다.

압력파는 시간 $3L/a$초에 저수지에 도달하여 반사되며 모든 관로에서 유속은 0이 된다. 그러나 저수지 근방 관로 내 압력수두 $H-\Delta H$는 저수지 수두 $H$와 불평형 상태가 되어 물은 유속 $V$로 저수지로부터 관로 방향으로 유입되며 이 압력파 뒤의 관로 내 수두는 저수지 수위와 평형이 된다.

압력파는 시간 $4L/a$초에 밸브에 도달한다. 이 순간 모든 변수들은 밸브 폐쇄 전의 정상유동상태로 복귀한다. 이 시간 간격 $4L/a$은 수력적 부정류의 완전한 한 주기가 되며 마찰이 존재하지 않으면 이러한 과정은 감소 없이 무한히 반복된다. 그러나 현실적으로 관로에는 항상 마찰과 부차적손실이 존재하고 저수지가 아닌 배수지에서는 압력파는 일부만이 반사되기 때문에 이러한 수격현상은 발생된 후 일정 시간이 경과하면 정상유동상태로 복귀한다. 시간에 따른 상기 수격현상의 진행과정과 그림 1.12로부터 다음 결론에 도달할 수 있다.

- 압력파와 유속이 마주보는 방향으로 진행할 때의 압력파를 상승 압력파 또는 업서지(up-surge)라 하며 이는 관로 내 압력을 상승시킨다.
- 압력파가 유속을 따라가는 방향으로 진행할 때의 압력파를 하강 압력파 또는 다운서지(down-surge)라 하며 이는 관로 내 압력을 감소시킨다.
- 압력파와 유속이 서로 반대 방향으로 진행하거나 또는 유속이 압력파를 따라가는 방향으로 진행하면 관로 내 유동은 정상유동상태로 복원된다.
- 업서지로 인해 상승된 압력이 밸브에 작용하는 시간은 $t=0L/a \sim 2L/a$, 다운서지로 인해 감소된 압력이 작용하는 시간은 $t=2L/a \sim 4L/a$이다.

만일 관로 길이에 따라 선정된 지점에서 피에조미터의 수두 변화를 시간의 함수로 작성하면

그림 1.13과 같고, 이 결과를 이용하여 여러 개의 기본적인 특징을 추론할 수 있다. 한 예로 임의 지점에서 수두는 시간 단독이 아닌 $L/a$ 단위 시간의 주기로 변화한다는 것을 분명하게 보여준다. 밸브에서의 수두는 그림 1.13a와 같이 $H+\triangle H$와 $H-\triangle H$ 수치를 취하고, 관로의 중간 지점에서의 수두는 그림 1.13b와 같이 $H$, $H+\triangle H$, $H-\triangle H$ 수치를 취하고, 저수지에 연결된 관로에서의 수두는 그림 1.13c와 같이 순간적으로 $H$, $H+\triangle H$, $H-\triangle H$ 수치를 취한다.

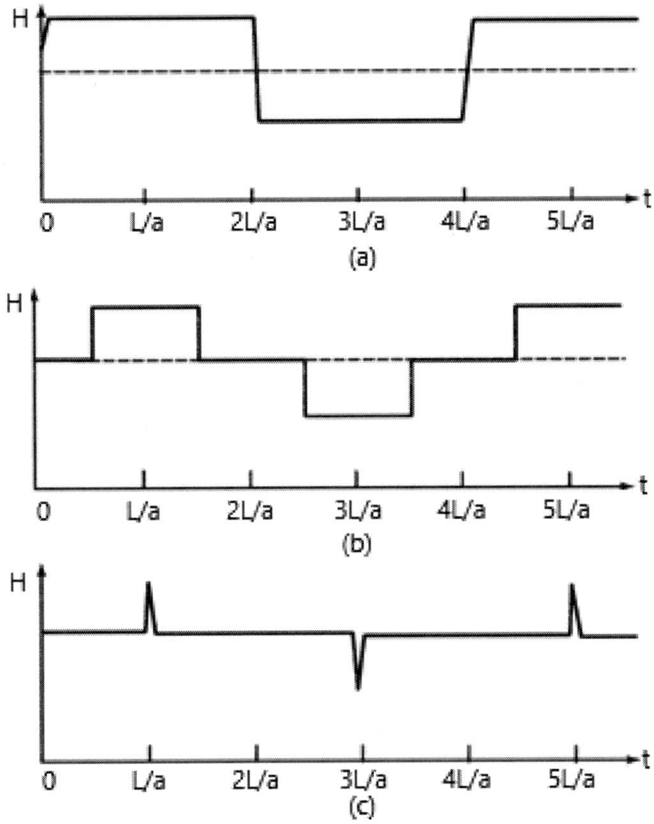


**그림 1.13** 관로 지점과 시간에 따른 수두변화(a.밸브, b.관로 중간, c.저수지)

그림 1.13b와 1.13c로부터 수두 차 $\triangle H$는 초기에는 발생하지 않으나 밸브가 급폐쇄되면 압력파가 발생하고 이 압력파는 파속 $a$로 다른 지점으로 이동한다. 관로 전 구간을 이동하는데 필요한 시간의 절반이면 압력파가 관로의 중간 지점에 도달한다. 그림 1.13a와 같이 밸브에서의 증가된 수두는 압력파가 1 왕복하는 시간동안 계속 유지되고, 저수지로부터 돌아오는 압력파에 의해 수두는 감소된다. 사실 밸브에서 발생하는 수두 증가는 순간적으로 완전하게 $\triangle H$로 발달될 필요는 없다. 즉, 이 수두 증가는 1 왕복하는 시간보다 적은 시간 동안에 작은 수두 증가가 더해져

서 완전히 발달된 수두 증가 $\Delta H$로 점진적으로 발달할 수도 있다. 관로에서 토출 유량을 감소시키기 위해 밸브에서 커다란 손실 수두를 발생시킬 때 발생할 수 있는 수격을 방지하기 위해서는 충분히 여유를 갖고 밸브를 폐쇄할 필요가 있다는 것을 나중에 살펴보기로 한다.

## 1.4 탄성주이론

관로 내 유체 특성이 변화할 때 관로 내 유체를 비압축성으로 가정하여 부정류를 해석하는 강성주이론과는 반대로 탄성주이론에서는 관로 내 유체는 압축성이고, 배관도 팽창 수축한다고 가정하여 부정류를 해석한다.

탄성주이론으로 부정류 해석시 관찰자가 유체 입자와 함께 이동하는 좌표를 사용하는 라그랑지표현법으로 해석할 때를 파특성법 WCM, 지표면에 고정된 좌표를 사용하는 오일러표현법으로 해석할 때를 특성법 MOC로 분류한다.

파특성법 WCM(Wave Characteristics Method)에서는 라그랑지표현법을 사용하여 관로의 마찰손실과 시간변수를 무시하여 단순히 유속변화에 따른 압력변화만을 고려하며 통상적으로 Joukowsky 식을 사용한다. 반면, 특성법 MOC(Method of Characteristics)에서는 마찰손실, 공간변수와 시간변수를 고려하며 수치해석을 위해 유한요소법 FEM(Finite Element Method)을 사용한다.

### 1.4.1 라그랑지표현법

임의 물체의 거동을 공간상에서 표현하기 위해 기준이 되는 좌표 설정법에 따라 라그랑지표현법(Lagrange description)과 오일러표현법(Euler description)으로 분류된다.

라그랑지표현법은 입자 하나 하나에 초점을 맞추어 각각 입자를 따라가면서 그 입자의 물리량(위치, 속도, 가속도)을 나타내는 표현법으로서 각 입자의 시발점을 $x_0$, $y_0$, $z_0$로 가정하면 위치 $s(x_0, y_0, z_0)$, 속도 $V(x_0, y_0, z_0)$, 가속도 $\alpha(x_0, y_0, z_0)$로 나타낸다.

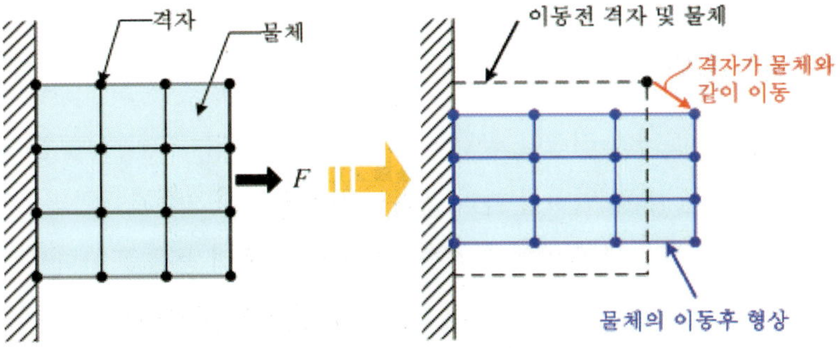


**그림 1.14** 라그랑지표현법

예를 들어, 진동하고 있는 구조물의 동적 변위는 구조물 내 각 지점이 시간에 따라 얼마나 이동하고 있는가를 나타내는 것으로 라그랑지표현법을 사용한다. 하지만, 공기나 물의 흐름에 있어서 유속이나 압력은 공간상의 각 지점에서의 값을 나타내는 것으로 오일러표현법을 사용한다.

유한요소해석(finite element analysis)과 같은 수치해석에서 구조물의 강도나 진동해석을 위해 구조물 자체에 요소망을 생성하는 것은 라그랑지표현법을 채택한다는 의미이고, 유체나 열해석을 위해서 물체 그 자체보다는 물체가 차지하고 있거나 물체로 둘러싸인 공간에 요소망을 생성하는 것은 오일러표현법을 채택한다는 의미이다. 유체-구조 연계해석(fluid-structure coupled analysis)과 같은 연성해석에서는 두 매질의 특성에 따라 서로 다른 운동학적표현법을 채용하기도 한다.

### 1.4.2 오일러표현법(Euler description)

오일러표현법은 입자를 따라가는 라그랑지표현법과 다르게 공간상에서 고정되어 있는 각 지점을 통과하는 물체의 물리량을 표현하는 방법이다. 오일러표현법에서는 속도와 같은 유동특성은 공간과 시간의 함수이며, 직교좌표계에서 $V = V(x,\ y,\ z,\ t)$로 표현되고 관찰하고자 하는 유동영역을 유동장(flow field) 이라고 부른다.

공기나 물의 유동에 있어서 주된 관심사는 그 속도나 온도, 압력, 밀도의 변화이고, 물체 내 열의 전달에서는 온도의 변화에 관심을 가지게 된다. 이러한 물리량은 시간뿐만 아니라 공간상의 위치에 따라서도 변하게 되는데, 시간에 따른 정도를 시간이력(time history)으로 그리고 공간에 따른 변화를 해당 물리량의 분포라고 부른다. 이렇게 유동에 수반된 물리량은 공간상에서 고정된 각 지점에서 측정한 값으로 나타내는 것이 편리하다. 물론 계속해서 움직이는 공기나 물의 입자를 따라 물리량을 측정하여 표현할 수도 있지만 표현하는 방법이 어려울 뿐더러 이렇게 표현된 물리량은 이해하기가 쉽지 않다.

물체나 매질의 유동에 따라 물리량을 공간상에 고정된 각 위치를 기준으로 표현하는 방법을 오일러표현법, 그리고 물체 내 각 입자를 따라 표현하는 방법을 라그랑지표현법이라고 정의하고 있다. 후자는 구조물과 같은 고체의 변형에 따른 변형률이나 응력 등을 표현하는데 주도 사용되는 반면, 전자는 유체유동, 열유동, 전자기력과 같이 공간상의 유동과 연관된 물리량을 표현하는데 주로 사용된다.

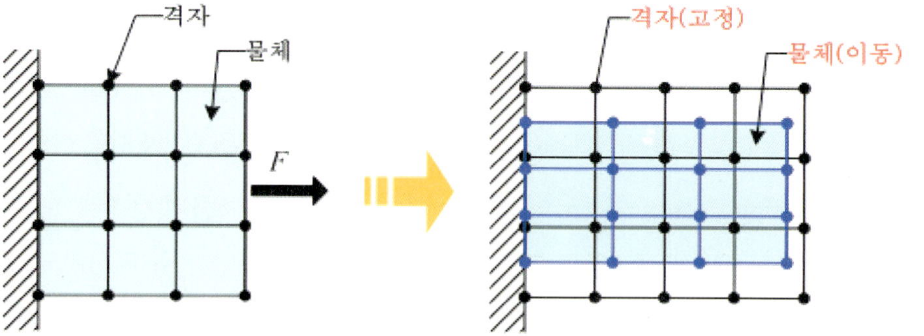


**그림 1.15** 오일러표현법

예를 들어 알파인 스키를 살펴보자. 알파인 스키는 스키를 타고 깃대 사이(관문)를 빠른 시간 내 통과해야 하는 스포츠이다. 스키 타는 선수가 있고 지점마다 깃대가 있다. 선수 개인의 움직임의 관점으로 바라보는 것은 라그랑지표현법이고 깃대의 관점으로 선수들이 통과하는 것을 바라보는 것은 오일러표현법이다.

**그림 1.16** 알파인 스키

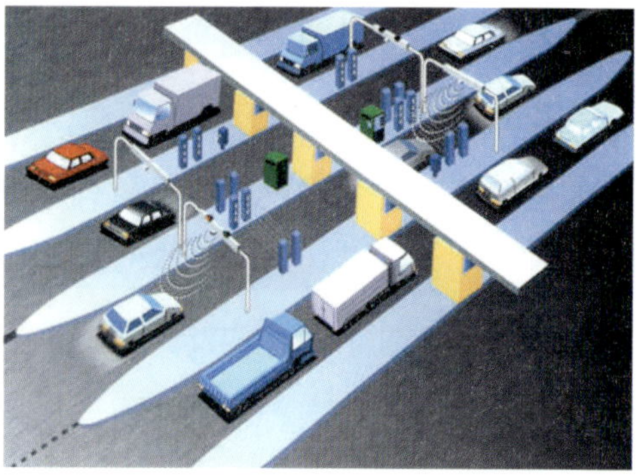

**그림 1.17** 톨 게이트

다른 예로 톨게이트를 생각해보자. 관찰자가 차량의 속도와 가속도를 구하기 위해서는 라그랑지표현법을, 관찰자가 톨게이트에서 교통량 등을 구하기 위해서는 오일러표현법을 사용한다.

라그랑지표현법과 오일러표현법의 차이를 설명하기 위해 다음과 같은 유입량과유출량이 동일하게 벤트리 관의 유입부에서 유속 $V=1m/s$, 벤트리 목에서 유속 $V=2m/s$, 유출부에서 유속 $V=1m/s$로 통과하는 유체 유동을 예를 들어보자.

그림 1.18과 같이 흑색 점으로 표현된 유체입자를 따라가는 라그랑지표현법에서 시간 $t_1$에서 유입부에 위치한 유체입자가 시간이 경과하여 $t_2$과 $t_3$에서 목과 유출부를 통과할 경우 유속을 다음과 같이 표현할 수 있다.

$$V_{(t=1)}=1m/s, \quad V_{(t=2)}=2m/s, \quad V_{(t=3)}=1m/s$$

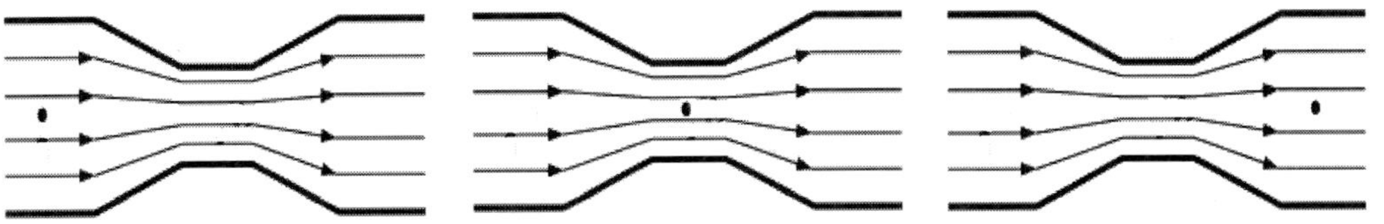

$t=1s$ $t=2s$ $t=3s$

**그림 1.18** 라그랑지 관점에서 유속

그림 1.19와 같이 오일러표현법에서 $x$ 좌표만을 고려하는 검사체적(control volume)의 유입부, 목, 유출부인 $x_1$, $x_2$, $x_3$ 세 지점에서 유동하는 유체의 속도를 측정하면 다음과 같이 유속을 표현할 수 있다.

$$V_{(t=1,x=1)}=1m/s, \quad V_{(t=1,x=2)}=2m/s, \quad V_{(t=1,x=3)}=1m/s$$
$$V_{(t=2,x=1)}=1m/s, \quad V_{(t=2,x=2)}=2m/s, \quad V_{(t=2,x=3)}=1m/s$$
$$V_{(t=3,x=1)}=1m/s, \quad V_{(t=3,x=2)}=2m/s, \quad V_{(t=3,x=3)}=1m/s$$

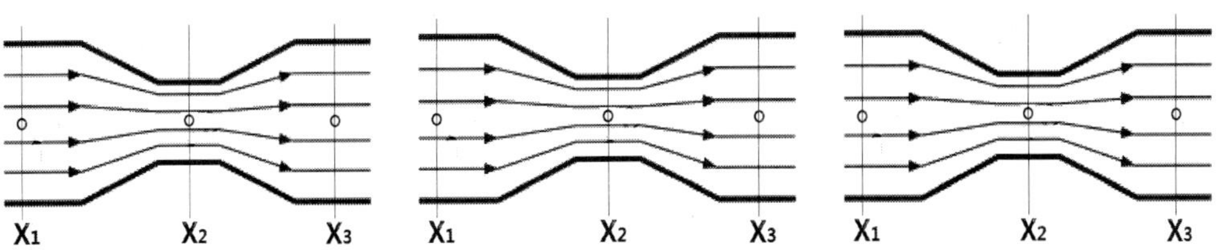


$t=1s$ $t=2s$ $t=3s$

**그림 1.19** 오일러 관점에서 유속

동일한 유동이지만 라그랑지표현법에서는 유체 입자가 시간에 따라 유속이 변화하므로 비정상유동이지만 직교좌표에 고정된 점에서 유체 유동을 표현하는 오일러표현법에서는 시간에 따라 각 지점에서 측정된 유동은 항상 일정하므로 정상유동으로 간주된다.

### 1.4.3 파특성법 WCM(Wave Characteristics Method)

파특성법 WCM은 관로 내 밸브 폐쇄, 펌프 트립 등으로 인한 교란의 결과로서 부정류가 발생하는 물리적 개념에 기초한다. 급속한 압력변화 및 이와 관련된 유량변화를 나타내는 압력파는 관로-액체 매체를 통해 음속으로 이동하고, 관로시스템 내 배관 접합부, 펌프, 개방 또는 폐쇄된 말단부, 서지탱크 등의 모든 불연속에서 부분적으로 전파 및 반사된다. 또한, 압력파는 배관 벽저항에 의해 수정될 수 있다. 이러한 표현은 실제 관로 부정류 유동의 기작을 밀접하게 표현한다. 본장에서는 압력파의 크기와 전파 속도, 감쇄, 관로시스템 구성요소와 충돌하는 압력파의 영향에 대한 상관관계를 기술한다.

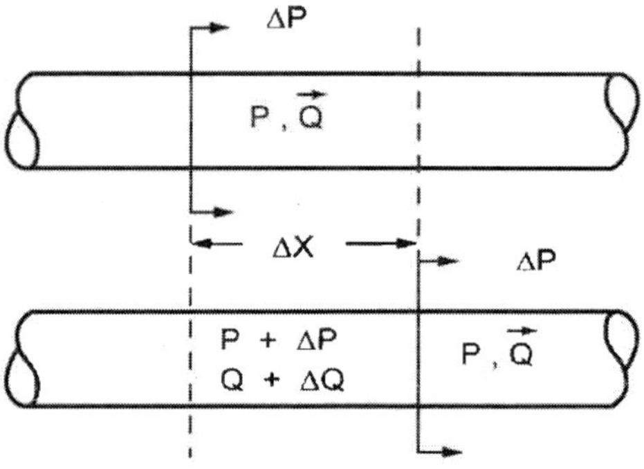


**그림 1.20** 배관 내 압력파 전파

압력파 전파와 관련된 압력변화 $\Delta P$와 유량 변화 $\Delta Q$의 상관관계는 관로시스템의 부정류 반응을 정의하고 필요한 수학식의 전개시 기본이 된다. 그림 1.20은 액체로 채워진 배관 내 크기 $\Delta P$인 압력파가 거리 $\Delta x$를 전파하면서 짧은 시간 $\Delta t$ 후 형성되는 유량과 압력 상태를 보여준다.

짧은 시간 $\Delta t$ 동안 수주의 좌측 말단부에서 압력은 $P+\Delta P$인 반면 우측 말단부는 $P$이다. 이와 같은 불평형 압력으로 인해 유체가 가속되며 모멘텀법칙으로부터

$$(P+\Delta P-P)A=\rho\Delta x\frac{\Delta Q}{\Delta t} \tag{1.34}$$

상기 식을 정리하면 다음과 같고, 여기서 $\Delta x/\Delta t$ 항은 압력파의 전파속도이다.

$$\triangle P = \rho \triangle Q \frac{\triangle x}{A \triangle t} \tag{1.35}$$

통상적으로 관로 내 액체의 평균 유속은 음속에 비해 상당히 작으므로 이를 무시하면 파속은 음속 $a$와 동등하다.

$$\triangle P = \rho a \frac{\triangle Q}{A} \tag{1.36}$$

자이코프스키(1904)가 상기 식의 압력을 수두로 표현하는 다음 식을 최초로 제안하였다.

$$\triangle H_J = a \frac{\triangle Q}{gA} = a \frac{\triangle V}{g} \tag{1.37}$$

● 자이코프스키식의 물리적 의미

다음 그림과 같이 저수지에 관로 상류측 말단부가 연결되고 하류측 말단부에 밸브가 설치된 관로를 고려한다. 밸브가 완전개방되면 잠시 후 관로 내 정상유동이 형성되어 관로 내 유속 $v_1$으로 유동이 형성되어 대기로 유출된다. 유입부 1에 작용하는 압력은 다음과 같고, 유출부 2에는 대기압이 된다.

$$P = \rho \cdot g \cdot H \tag{1.38}$$

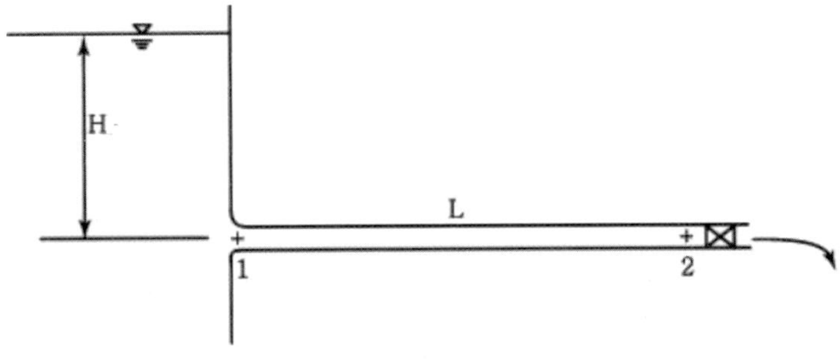


**그림 1.21** 단순관로에서 정상유동

하류측 말단부에 설치된 밸브가 순간적으로 폐쇄되면 지점 2에서 유속 $v_1 = 0$이 되면서 충격파가 발생하여 물속에서의 음속인 파속 $a$로 관로 상류측으로 이동하며, 이 충격파가 도달하기 전까지 지점 1에서는 초기유속 $v_1$이 유지된다.

밸브가 순간적으로 폐쇄되어도 약간의 시간이 소요되고, 이 시간 동안 유속이 변화하면 이에 따라 압력변화 $dp$가 발생한다. 즉, 밸브 폐쇄 시작 시점에 충격파가 발생하여 충격파의 전면이 먼저 진행하고 밸브 폐쇄 종료 시점에 충격파의 후면이 뒤 따른다. 만일 밸브폐쇄가 거의 0초에 이루어지면 충격파의 길이는 매우 짧아져 하나의 선으로 나타나지만 약간의 시간이 소요되면 다음 그림과 같이 하나의 면으로 나타난다.

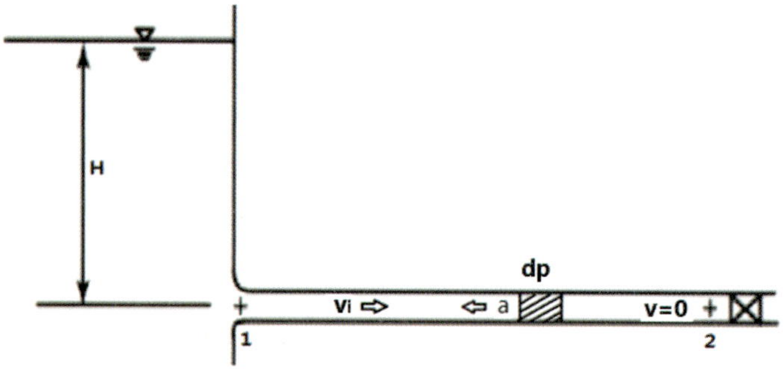


**그림 1.22** 밸브 폐쇄에 따른 수격현상

상기 그림의 밸브 폐쇄에 따른 수격현상을 시각적으로 고찰하면 다음 그림과 같이 밸브가 개방되어 물이 정상적으로 하류측으로 유동하는 즉, 정상유동 도중 밸브를 폐쇄하면 밸브 직상류측 관로에서는 유동이 정지되면서 충격파가 발생하여 관로 상류측 내부로 파속 $a$로 전파된다. 이 충격파는 그림 1.4와 같이 잔잔한 호수에 돌을 던지면 충격파에 의한 파동이 발생하고, 이 파동은 주변으로 빠른 속도로 환상형으로 전파되는 것으로 쉽게 이해할 수 있으며 이 파동은 충격파로 인해 발생한다. 이때 파동은 유속과는 다른 유동형태이다. 즉, 그림 1.22에서 충격파 또는 파동은 밸브로부터 좌측으로 음속의 속도 $a$로 이동하는 반면 관로 내 수주는 정상유동시 유속 $v_i$로 밸브를 향해 우측으로 이동한다.

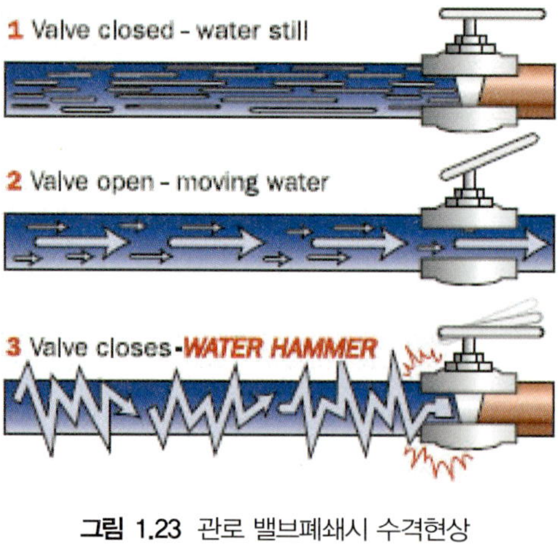


**그림 1.23** 관로 밸브폐쇄시 수격현상

충격파의 전 후에서 유속 변화에 따라 운동량이 변화하고 이 충격파에 의해 영향을 받는 그림 1.22의 사선으로 나타낸 검사체적의 길이는 밸브 폐쇄시간에 따라 결정되고 검사체적의 좌측 끝단은 밸브 폐쇄 시작시점으로 유속은 $v_i$이지만 우측 끝단은 밸브가 완전 폐쇄되어 유속은 $v = 0$이 된다. 이와 같은 유속변화에 따른 운동량 변화가 발생하는 이 검사체적에 다음 식의 뉴튼 제2법칙을 적용하고,

$$F = m\alpha \tag{1.39}$$

상기 식에서 수주에 작용하는 힘 $F$와 선형운동량 $p_m = mv$의 관계를 다음과 같이 표현할 수 있다.

$$F = \frac{m}{dt}v = \dot{m}v \tag{1.40}$$

그림 1.22의 검사체적 내 유동을 자세히 고찰하면 배관 내 정상유동시 유속 $v_i$로 우측으로 유동하던 유동은 밸브폐쇄시 형성된 파동이 파속 $a$로 좌측으로 이동하여 유동을 정지시켜 $v = 0$으로 만드는 사실을 알 수 있다. 따라서 압력파 또는 맥동의 전면(wave front)을 통과하는 질량유동율은 다음과 같다.

$$\dot{m} = aA\rho \tag{1.41}$$

유동은 파 전면을 통과하면서 초기유속 $v_i$에서 정지되어 $v = 0$가 되고, 그림 1.22의 검사체적 내 수주에 식 1.40과 1.41을 적용하여 좌변은 압력에 의한 힘 $F$, 우변은 배관 내 수주의 선형운동량에 의한 힘의 관계를 나타내는 다음 식을 유도할 수 있다.

$$dpA = aA\rho dv \tag{1.42}$$

상기 식을 정리하면

$$dp = a\rho dv \tag{1.43}$$

상기 식의 압력을 수두 $p = \gamma h$로 표현하면 다음과 같고 이를 Joukowsky 식이라 부른다.

$$dh = \pm a\frac{dv}{g} \tag{1.44}$$

상기 식의 ± 부호협약은 다음과 같다. 압력파 $a$가 유속 $v$와 마주치는 방향으로 진행하면서 $a$에 의해 유속 $v$가 감소하면서 압력이 상승하는 업서지(upsurge)가 발생하고 이때는 (+) 부호를

사용한다. 반대로 $a$가 $u$를 뒤 따라가는 방향으로 진행하면서 $a$에 의해 유속 $v$가 감소하면서 압력이 하강하는 다운서지(downsurge)가 발생하고 이때는 (-) 부호를 사용한다.

액체가 관로 내 유동하는 경우 음속 $a$는 배관 벽의 탄성에 의해 영향을 받는다. 다음 식으로 약간의 축방향 저항을 갖는 관로시스템에서 압력파의 전파속도인 파속 $a$을 양호하게 추정할 수 있다.

$$a = \sqrt{\frac{K}{\rho\left(1+\frac{K_R K D}{eE}\right)}} \tag{1.45}$$

부정류와 관련된 얇은 배관의 대표적인 관로지지형식은 다음과 같다.

- 형식 a : 관로 상류측 말단부만이 구속되는 경우

$$K_R = 1 - \frac{\mu_p}{2} \tag{1.46}$$

- 형식 b : 관로 전체가 구속되는 경우

$$K_R = 1 - \mu_p^2 \tag{1.47}$$

- 형식 c : 관로가 구속되지 않는 경우

$$K_R = 1 \tag{1.48}$$

[표 1.1] 수압으로 인한 밸브와 곡관에 작용하는 추력(단위 ton)

| 재질 | $E(kg_f/cm^2)$ | 프와송의 비 $\mu$ | 비고 |
|---|---|---|---|
| 강관 | $2.11\times10^6$ | 0.30 | |
| 주철관 | $1.69\times10^6$ | 0.28 | |
| 동 | $1.12\times10^6$ | 0.36 | |
| 황동 | $1.05\times10^6$ | 0.34 | |
| 알루미늄 | $7.40\times10^5$ | 0.33 | |
| PVC | $2.80\times10^4$ | 0.45 | |
| FRP | $2.80\times10^5$<br>$9.14\times10^4$ | 0.27~0.30<br>0.20~0.24 | |
| 석면시멘트 | $2.40\times10^5$ | 0.30 | |
| 콘크리트 | $4{,}000\sqrt{f_C}$ $f_C$=28일 강도 | 0.24 | |

표 1.1은 대표적인 배관 재질의 물리적 특성을 보여주며 이 재질로 제작된 배관 내 파속을 계산할 때 이 수치를 사용할 수 있다. 다양한 재질에 대한 대표적인 관로지지형식에 영향을 받는 원형 배관 내 물의 유동에서 파속은 다음 그림과 같으며(Thorley, 1991), 횡좌표상에 수치가 작은 벽이 두꺼운 배관의 경우 파속은 대략적인 수치임을 명심하여야 한다. 부정류가 수반되는 대부분의 수리해석시 파속은 일정한 것으로 간주할 수 있다.

액체 내 용해된 가스는 파속에 상당히 영향을 미칠 수 있다는 사실에 유의하여야 한다. 실제로 작은 양의 공기가 존재하면 배관 내 파속은 상당히 감소될 수 있으며 높은 압력으로 포획된 공기가 파속에 미치는 영향은 감소된다.

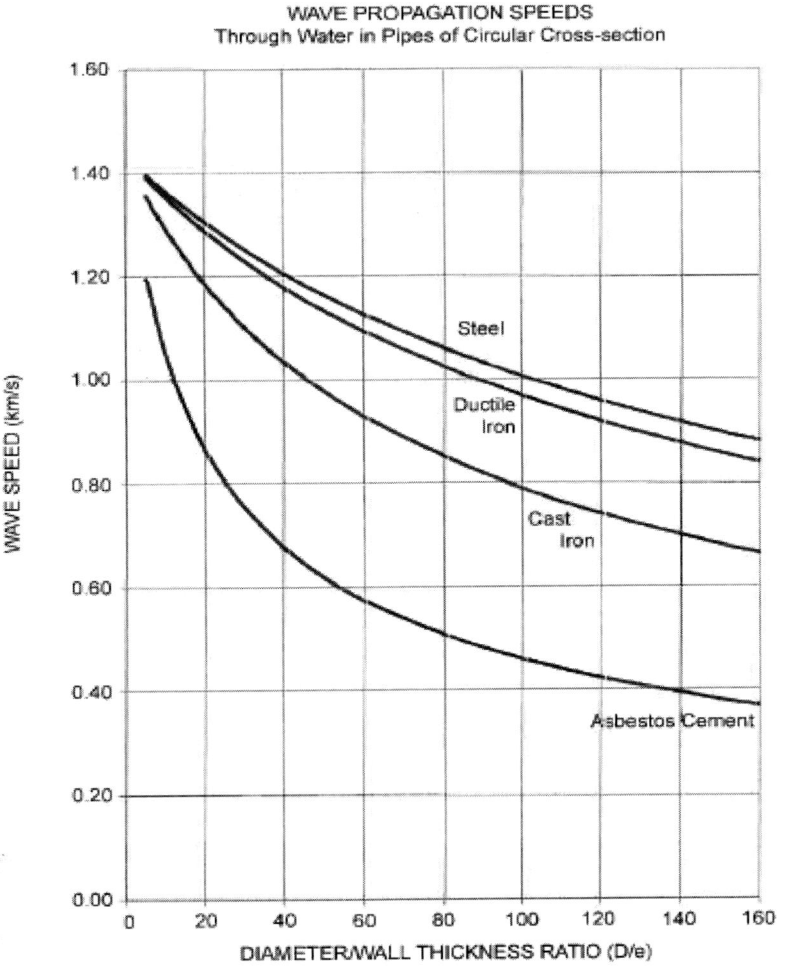


**그림 1.24** 직경과 두께가 다른 원형배관 내 물에서 파속$(K_R = 0.91)$

관로시스템 내 임의 점에서 교란으로 인해 유동상태가 변화하면 압력파가 발생한다. 교란은 밸브의 개방 또는 폐쇄, 기동 또는 정지되는 펌프, 저수지 압력변화, 또는 관로시스템에서 유입량 또는 유출량의 변화를 포함할 수 있다. 이와 같은 구성요소에서 압력과 유량은 구성요소와 충돌하는 압력파에 의해서도 영향을 받는다. 이 압력파를 추적하는 방법은 WCM의 기초를 형성하고 그림 1.25와 같은 일련의 부정류 이벤트를 사용하여 예증된다. 첫 번째 부정류 이벤트에서 밸브가 폐쇄되면서 하나의 압력파가 발생한다. 두 번째 이벤트에서 이 압력파는 3-배관 접합부를 향해 배관 내에서 파속으로 이동한다. 세 번째 이벤트에서 압력파는 접합부의 다른 두 배관 내부로 일부가 전파되고 당초 배관 내부로 일부가 다시 반사되어 새로운 3개 압력파가 발생한다. 네 번째 이벤트에서 각 압력파는 관로의 반대편 말단부를 행해 파속으로 이동하고 이 위치의 구성요소들과 충돌하여 반사된다. 다섯 번째 이벤트에서 압력파는 저수지, 밸브, 펌프에서 상태를

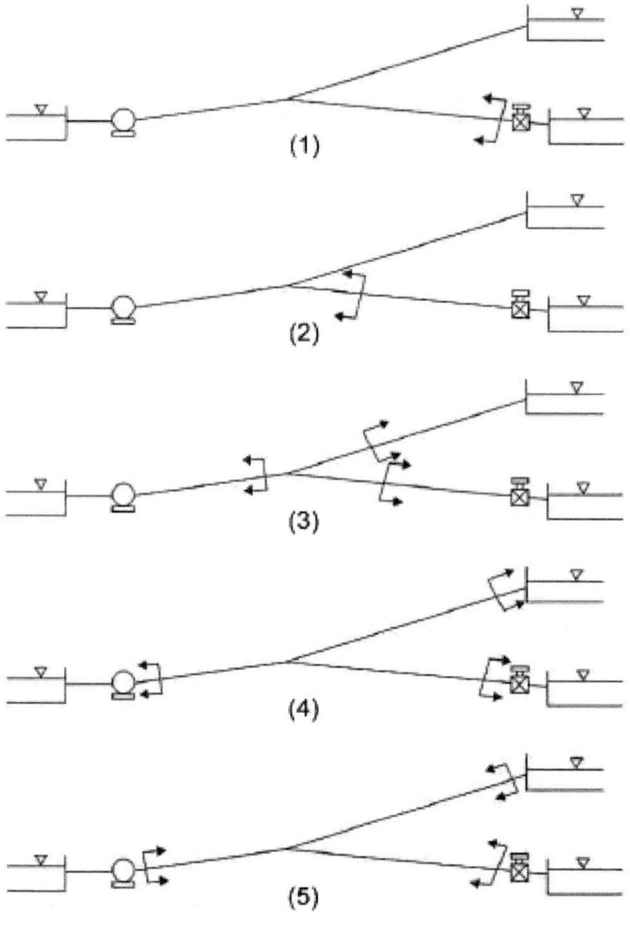


**그림 1.25** 순간적 밸브 폐쇄시 발생한 압력파

수정하고 새로운 압력파가 발생하여 3-배관 접합부를 향해 다시 이동한다. 상기 네 번째와 다섯 번째 이벤트에서 반대편 말단부에서 묘사된 압력파는 통상적으로 각 파가 그 말단부에 위치한 구성요소에 도달하는 순간 개별적으로 발생한다.

이러한 부정류해석방법은 관로마찰이 압력파 크기에 미치는 영향의 계산은 물론 서지탱크, 공기/진공 밸브와 같이 유체를 유입 또는 유출하는 서지제어요소와 밸브 및 펌프와 같은 구성요소, 배관 접합부와 충돌하는 압력파의 영향을 계산할 필요가 있다.

WCM은 기본적으로 차기 부정류 이벤트 스케줄링방법을 사용하는 하나의 모의 시스템이다. 즉, 부정류 증분시간단계에서 모의시간이 불연속에 도달하면 차기 부정류 이벤트의 시간으로 진행된다. 차기 이벤트방법에서 부정류 이벤트가 발생할 시간은 기저가 되어야 한다. 파속 및 방향, 관망 불연속의 위치, 주어진 관망의 위상구조가 모든 시간에서 기저이기 때문에 쉽게 각 압력파의 이벤트 발생 시간을 결정할 수 있다. 따라서 모의 모델은 부정류 모의 기간 동안 시간 순으로 부정류 이벤트를 생성, 매개변수화, 식별 및 정렬하는 지능적 스케줄러의 역할로 축소된다.

WCM은 압력파가 구성요소와 충돌하거나 또는 구성요소의 운영조건(밸브 설정 또는 펌프 속도 변화)이 변화할 때만 계산이 필요하다. 계산이 완료되면 계산 직전 충돌하는 파 $(N\Delta t-)$가 먼저 나타난 후 새로운 압력파$(N\Delta t+)$가 나타나며, 여기서 $N$은 계산이 개시된 이후 시간 증분의 숫자이다. 서지 압력은 각 절점에서 기록되고 압력파가 절점에 도달하여 파 거동이 발생할 때 마다 변경된다.

압력파는 연결 배관 내 접합부 및 구성요소와 같은 불연속과 충돌한다. 이때마다 압력파가 압력과 유량에 미치는 영향 그리고 이로 인해 생성되고, 연결 배관의 각각에 전달되는 새로운 압력파의 크기를 계산하기 위해 부정류 계산이 필요하다.

**[예제 1.4] 파특성법 WCM을 이용한 부정류 해석**

**문제** 그림 1.10 관로 길이 $L=5{,}000m$, 저수지 수두 $H_R=20m$ 일 때 정상유동 유속 $v_0=1.0m/s$의 조건에서 말단부에 설치된 밸브가 0.01초 동안 완전폐쇄될 때 파특성법 WCM를 이용하여 부정류를 해석하라. 단 파속 $a=1{,}000m/s$이며 손실은 없는 것으로 가정한다.

**해결** 밸브가 0.1초 동안 완전폐쇄되면 식 1.37로부터 수두변화를 구할 수 있다.

$$\triangle H=1000\frac{1.0}{9.8}=102m$$

**① 밸브부터 저수지까지 $t=0\sim L/a$(0~5초)**

파특성법에서는 시간 변수가 없지만 파속 $a = 1{,}000m/s$로 주어졌으므로 밸브 완전폐쇄 후 압력파는 밸브로부터 거리 $x = 1{,}000m$인 절점 5에 도달하며, 이 절점까지 관로 내 유속은 $v = 0m/s$이지만 이후 점에서는 $v_0 = 1.0m/s$이 된다.

이후 시간부터 동일한 원리로 압력파가 진행하며, 압력파가 저수지에 도달할 때까지 결과는 다음 표 및 그림과 같으며 표에서 수두는 다음과 같다.

$$H = H_R + \triangle H = 102 + 20 = 122m$$

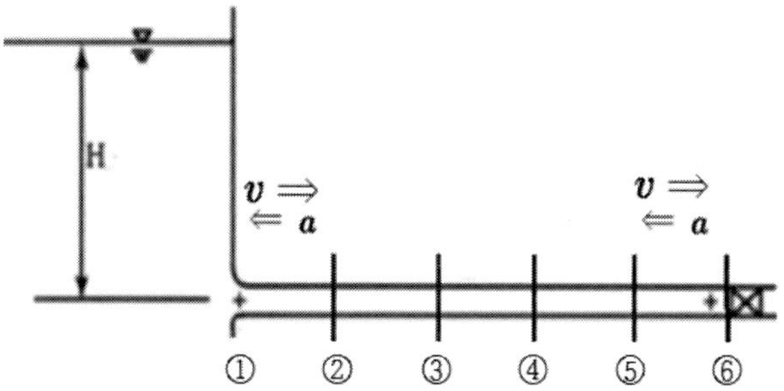


[그림 1] $t = 0 \sim L/a$ 동안 압력파 거동

[표 1] $t = 0 \sim L/a$ 동안 각 절점에서의 유속변화

| 구분 | 유속$v(m/s)$ | | | | | | |
|---|---|---|---|---|---|---|---|
| | $t=0.0s$ | $t=0.1s$ | $t=1.0s$ | $t=2.0s$ | $t=3.0s$ | $t=4.0s$ | $t=5.0s$ |
| 절점 1 | 1.0 | 1.0 | 1.0 | 1.0 | 1.0 | 1.0 | 0.0 |
| 절점 2 | 1.0 | 1.0 | 1.0 | 1.0 | 1.0 | 0.0 | 0.0 |
| 절점 3 | 1.0 | 1.0 | 1.0 | 1.0 | 0.0 | 0.0 | 0.0 |
| 절점 4 | 1.0 | 1.0 | 1.0 | 0.0 | 0.0 | 0.0 | 0.0 |
| 절점 5 | 1.0 | 1.0 | 0.0 | 0.0 | 0.0 | 0.0 | 0.0 |
| 절점 6 | 1.0 | 0.0 | 0.0 | 0.0 | 0.0 | 0.0 | 0.0 |

[표 2] $t = 0 \sim L/a$ 동안 각 절점에서의 수두변화

| 구분 | 수두$H(m)$ | | | | | | |
|---|---|---|---|---|---|---|---|
| | $t=0.0s$ | $t=0.1s$ | $t=1.0s$ | $t=2.0s$ | $t=3.0s$ | $t=4.0s$ | $t=5.0s$ |
| 절점 1 | 20 | 20 | 20 | 20 | 20 | 20 | 20 |
| 절점 2 | 20 | 20 | 20 | 20 | 20 | 122 | 122 |
| 절점 3 | 20 | 20 | 20 | 20 | 122 | 122 | 122 |
| 절점 4 | 20 | 20 | 20 | 122 | 122 | 122 | 122 |
| 절점 5 | 20 | 20 | 122 | 122 | 122 | 122 | 122 |
| 절점 6 | 20 | 122 | 122 | 122 | 122 | 20 | 122 |

② **저수지부터 밸브까지 $t = L/a \sim 2L/a$(5~10초)**

시간 $t = L/a$에 저수지에 도달한 압력파는 저수지로부터 반사되어 밸브를 향해 이동하고, 이때 관로 내 압력은 저수지 압력보다 높아 관로 내 물은 저수지를 향해 이동하며, 압력파가 밸브에 도달하는 시간 $t = 2L/a$까지 결과는 다음 표 및 그림과 같다.

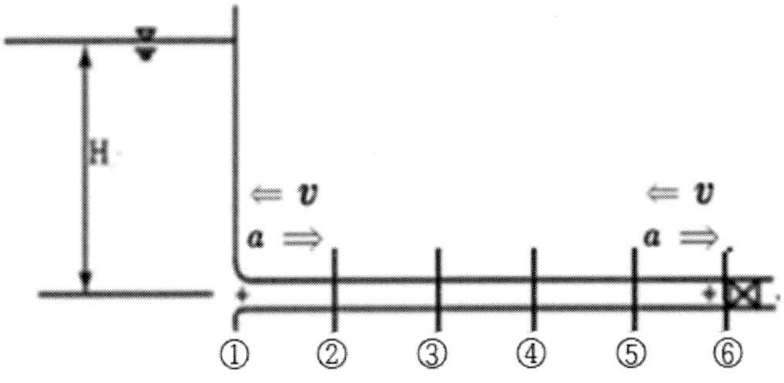


[그림 2] $t = L/a \sim 2L/a$ 동안 압력파 거동

[표 3] $t = L/a \sim 2L/a$ 동안 각 절점에서의 유속변화

| 구분 | 유속$v(m/s)$ | | | | | |
|---|---|---|---|---|---|---|
| | $t=5.0s$ | $t=6.0s$ | $t=7.0s$ | $t=8.0s$ | $t=9.0s$ | $t=10.0s$ |
| 절점 1 | -1.0 | -1.0 | -1.0 | -1.0 | -1.0 | -1.0 |
| 절점 2 | 0.0 | -1.0 | -1.0 | -1.0 | -1.0 | -1.0 |
| 절점 3 | 0.0 | 0.0 | -1.0 | -1.0 | -1.0 | -1.0 |
| 절점 4 | 0.0 | 0.0 | 0.0 | -1.0 | -1.0 | -1.0 |
| 절점 5 | 0.0 | 0.0 | 0.0 | 0.0 | -1.0 | -1.0 |
| 절점 6 | 0.0 | 0.0 | 0.0 | 0.0 | 0.0 | 0.0 |

[표 4] $t = L/a \sim 2L/a$ 동안 각 절점에서의 수두변화

| 구분 | 수두$H(m)$ | | | | | |
|---|---|---|---|---|---|---|
| | $t=5.0s$ | $t=6.0s$ | $t=7.0s$ | $t=8.0s$ | $t=9.0s$ | $t=10.0s$ |
| 절점 1 | 20 | 20 | 20 | 20 | 20 | 20 |
| 절점 2 | 122 | 20 | 20 | 20 | 20 | 20 |
| 절점 3 | 122 | 122 | 20 | 20 | 20 | 20 |
| 절점 4 | 122 | 122 | 122 | 20 | 20 | 20 |
| 절점 5 | 122 | 122 | 122 | 122 | 20 | 20 |
| 절점 6 | 122 | 122 | 122 | 122 | 122 | 20 |

③ **밸브부터 저수지까지 $t = 2L/a \sim 3L/a$(10~15초)**

관로를 1회 왕복한 후 $t = 2L/a$에 폐쇄된 밸브에 도달한 압력파는 밸브에서 반사되어 다운서지로 변환하여 압력을 감소시키며, 이때 관로 압력은 저수지 압력보다 작아 관로 내부로 물이 유입되며 $t = 3L/a$에서 압력파는 저수지에 도달한다.

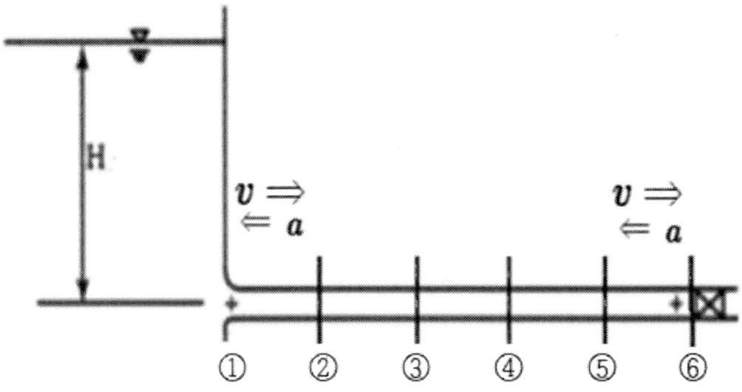


[그림 3] $t = 2L/a \sim 3L/a$ 동안 압력파 거동

[표 5] $t = 2L/a \sim 3L/a$ 동안 각 절점에서의 유속변화

| 구분 | 유속$v(m/s)$ | | | | | |
|---|---|---|---|---|---|---|
| | $t = 10s$ | $t = 11s$ | $t = 12s$ | $t = 13s$ | $t = 14s$ | $t = 15s$ |
| 절점 1 | -1.0 | -1.0 | -1.0 | -1.0 | -1.0 | 0.0 |
| 절점 2 | -1.0 | -1.0 | -1.0 | -1.0 | 0.0 | 0.0 |
| 절점 3 | -1.0 | -1.0 | -1.0 | 0.0 | 0.0 | 0.0 |
| 절점 4 | -1.0 | -1.0 | 0.0 | 0.0 | 0.0 | 0.0 |
| 절점 5 | -1.0 | 0.0 | 0.0 | 0.0 | 0.0 | 0.0 |
| 절점 6 | 0.0 | 0.0 | 0.0 | 0.0 | 0.0 | 0.0 |

[표 6] $t = 2L/a \sim 3L/a$ 동안 각 절점에서의 수두변화

| 구분 | 수두$H(m)$ | | | | | |
|---|---|---|---|---|---|---|
| | $t = 10s$ | $t = 11s$ | $t = 12s$ | $t = 13s$ | $t = 14s$ | $t = 15s$ |
| 절점 1 | 20 | 20 | 20 | 20 | 20 | -82 |
| 절점 2 | 20 | 20 | 20 | 20 | -82 | -82 |
| 절점 3 | 20 | 20 | 20 | -82 | -82 | -82 |
| 절점 4 | 20 | 20 | -82 | -82 | -82 | -82 |
| 절점 5 | 20 | -82 | -82 | -82 | -82 | -82 |
| 절점 6 | -82 | -82 | -82 | -82 | -82 | -82 |

④ **저수지부터 밸브까지 $t=3L/a \sim 4L/a$(15~20초)**

$t=3L/a$에 저수지에 도달한 압력파는 저수지로부터 반사되어 밸브를 향해 이동하며, 이때 관로 압력은 저수지 압력보다 작아 관로 내부로 물이 유입되며 $t=4L/a$에서 압력파는 밸브에 도달한다.

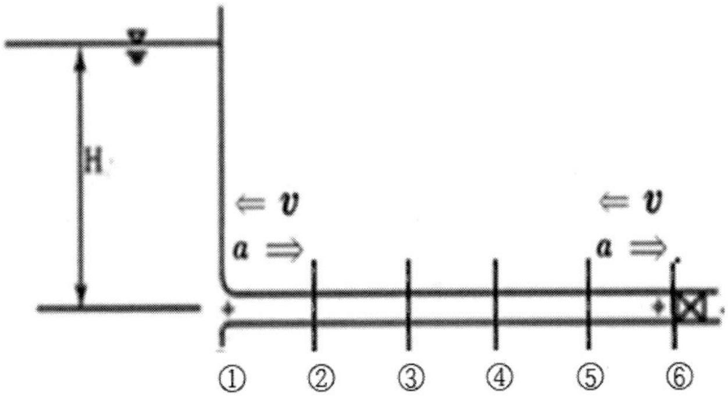


**그림 4** $t=3L/a \sim 4L/a$ 동안 압력파 거동

[표 7] $t=3L/a \sim 4L/a$ 동안 각 절점에서의 유속변화

| 구분 | 유속$v(m/s)$ | | | | | |
|---|---|---|---|---|---|---|
| | $t=15s$ | $t=16s$ | $t=17s$ | $t=18s$ | $t=19s$ | $t=20s$ |
| 절점 1 | 1.0 | 1.0 | 1.0 | 1.0 | 1.0 | 1.0 |
| 절점 2 | 0.0 | 1.0 | 1.0 | 1.0 | 1.0 | 1.0 |
| 절점 3 | 0.0 | 0.0 | 1.0 | 1.0 | 1.0 | 1.0 |
| 절점 4 | 0.0 | 0.0 | 0.0 | 1.0 | 1.0 | 1.0 |
| 절점 5 | 0.0 | 0.0 | 0.0 | 0.0 | 1.0 | 1.0 |
| 절점 6 | 0.0 | 0.0 | 0.0 | 0.0 | 0.0 | 1.0 |

[표 8] $t=3L/a \sim 4L/a$ 동안 각 절점에서의 수두변화

| 구분 | 수두$H(m)$ | | | | | |
|---|---|---|---|---|---|---|
| | $t=15s$ | $t=16s$ | $t=17s$ | $t=18s$ | $t=19s$ | $t=20s$ |
| 절점 1 | 20 | 20 | 20 | 20 | 20 | 20 |
| 절점 2 | -82 | 20 | 20 | 20 | 20 | 20 |
| 절점 3 | -82 | -82 | 20 | 20 | 20 | 20 |
| 절점 4 | -82 | -82 | -82 | 20 | 20 | 20 |
| 절점 5 | -82 | -82 | -82 | -82 | 20 | 20 |
| 절점 6 | -82 | -82 | -82 | -82 | -82 | 20 |

상기와 같이 압력파는 $t=2L/a$ 주기로 업시지와 다운서지가 반복 발생하여 관로 내 압력을 상승 및 하강시키며 관로 내 압력과 저수지 압력의 크기에 따라 유동 방향이 변화한다.

## 1.4.4 특성법 MOC(Method of Characteristics)

오일러 표현법을 사용하는 특성법 MOC로 수격현상 해석시 다음과 같이 위치 $s$와 시간 $t$을 변수로 하는 압력 $p(s,t)$와 유속 $V(s,t)$ 두 개의 독립된 미분식인 오일러 운동법칙과 질량보존 법칙을 사용한다.

$$\frac{dV}{dt}+\frac{1}{\rho}\frac{\partial p}{\partial s}+g\frac{dz}{ds}+\frac{f}{2D}V|V|=0 \tag{1.49}$$

$$a^2\frac{\partial V}{\partial s}+\frac{1}{\rho}\frac{dp}{dt}=0 \tag{1.50}$$

특성법의 본질은 상기 한 쌍의 편미분식을 이에 상응하는 상미분식으로 대체하는 것이다. 상기 한 쌍의 식을 다른 선형조합으로 대체할 수 있는 것으로 가정하여 라그란지승수라 불리는 일정한 선형 스케일요소 $\lambda$를 사용하면 상기 두 식을 다음과 같이 조합된 하나의 식으로 표현하는 것이 가능하다.

$$\lambda\left(\frac{dV}{dt}+\frac{1}{\rho}\frac{\partial p}{\partial s}+g\frac{dz}{ds}+\frac{f}{2D}V|V|\right)+\left(a^2\frac{\partial V}{\partial s}+\frac{1}{\rho}\frac{dp}{dt}\right)=0 \tag{1.51}$$

상기 식을 정리하면

$$\left(\lambda\frac{\partial V}{\partial t}+\alpha^2\frac{\partial V}{\partial s}\right)+\left(\frac{1}{\rho}\frac{\partial p}{\partial t}+\frac{\lambda}{\rho}\frac{\partial p}{\partial s}\right)+\lambda g\frac{dz}{ds}+\frac{\lambda f}{2D}V|V|=0 \tag{1.52}$$

상기 식의 첫 번째 괄호 내 항을 $\lambda\frac{dV}{dt}$로 대체하여 $\lambda\frac{ds}{dt}=a^2$, 두 번째 괄호 내 항을 $\frac{1}{\rho}\frac{dp}{dt}$로 대체하여 $\frac{\lambda}{\rho}=\frac{1}{\rho}\frac{ds}{dt}$를 만족시키기 위한 $\frac{ds}{dt}$가 되기 위해서는 다음과 같이 되어야 한다.

$$\lambda^2=a^2 \tag{1.53}$$

또는

$$\lambda=\pm a \tag{1.54}$$

$a$가 상수인 경우 스케일러 요소 $\lambda$는 선형이면서 상수이고 식 1.49와 1.50을 조합시킬 수 있다. 우선 식 1.52를 $\lambda=+a$로 대체하여 첫 번째 식을, $\lambda=-a$로 대체하여 두 번째 식을 다시 작성하고, 이 조합식을 파속 $a$로 나누면 편미분식이라기보다 다음과 같은 한 쌍의 상미분식이 된다.

$$\frac{dV}{dt}+\frac{1}{a\rho}\frac{dp}{dt}+g\frac{dz}{ds}+\frac{f}{2D}V|V|=0 \quad \lambda=+a \text{ 일 때} \tag{1.55}$$

$$\frac{dV}{dt}-\frac{1}{a\rho}\frac{dp}{dt}+g\frac{dz}{ds}+\frac{f}{2D}V|V|=0 \quad \lambda=-a \text{ 일 때} \tag{1.56}$$

식 1.55가 성립되기 위해서는 $\lambda\frac{ds}{dt}=a^2$가 되어야 하므로 $\frac{ds}{dt}=\frac{a^2}{\lambda}=+a$가 되고, 따라서 식 1.55는 $\frac{ds}{dt}=+a$일 때만 그리고 식 1.56은 $\frac{ds}{dt}=-a$ 일 때만 유용하다. 따라서 상기 식을 다음과 같이 표현할 수 있다.

$$\frac{dV}{dt}+\frac{1}{a\rho}\frac{dp}{dt}+g\frac{dz}{ds}+\frac{f}{2D}V|V|=0 \quad \frac{ds}{dt}=+a\text{일 때} \tag{1.57}$$

$$\frac{dV}{dt}-\frac{1}{a\rho}\frac{dp}{dt}+g\frac{dz}{ds}+\frac{f}{2D}V|V|=0 \quad \frac{ds}{dt}=-a \text{ 일 때} \tag{1.58}$$

통상적으로 압력 $p$를 해수면을 기준으로 하는 기준선 $z$ 상부 에너지선 $EL$과 수력구배선 $HGL$의 높이를 나타내는 피에노미터수두 $H$의 함수 $p=\gamma(H-z)$로 표현하면 상기 식을 다음과 같이 표현할 수 있다.

$$\frac{dV}{dt}+\frac{g}{a}\frac{dH}{dt}+\frac{f}{2D}V|V|=0 \quad \frac{ds}{dt}=+a\text{일 때} \quad C^+\text{ 특성식} \tag{1.59}$$

$$\frac{dV}{dt}-\frac{g}{a}\frac{dH}{dt}+\frac{f}{2D}V|V|=0 \quad \frac{ds}{dt}=+a\text{일 때} \quad C^-\text{ 특성식} \tag{1.60}$$

상기 한 쌍의 식의 해를 구하기 위한 절차를 더욱 조심스럽게 공식화하여 진행한다. 관로의 여러 지점에서 시간함수로 $H$와 $V$ 수치를 계산하기 위해 $s-t$ 평면에서 $s$ 축에 따른 초기조건 그리고 길이 $L$인 관로의 양 말단부인 $s=0$과 $s=L$ 지점에서 모든 시간에서의 경계조건의 자료를 갖고 시작하여야 한다. $H$와 $V$ 수치를 구하기 위한 해결절차는 $s-t$ 평면에서 상부 방향으로 진행한다.

이러한 진행의 전개과정을 살펴보기 위해서 아직 정의되지 않은 $s-t$ 평면인 그림 1.26을 참조한다. $s-t$ 평면의 임의 점인 점 $P$에서의 변수 $H$와 $V$ 수치는 유일하다. 다음은 $C^+$와 $C^-$ 특성선이 점 $P$를 통과하여 $s$ 축에 위치한 $S_P$ 점의 좌측과 우측에서 교차하도록 $Le$와 $Ri$ 점까지 연장한다. 이 경우 두 점의 간격은 점 $P$로부터 같은 거리 $\Delta s$가 된다. 식 1.59와 1.60을 $C^+$ 특성과 $C^-$ 특성에 따라 적용한다. 시간이 경과하면서 $H$와 $V$ 수치를 결정하기 위해 필요한 정보는 특성선을 따라 $Le$와 $Ri$로부터 상부방향으로 전파된다.

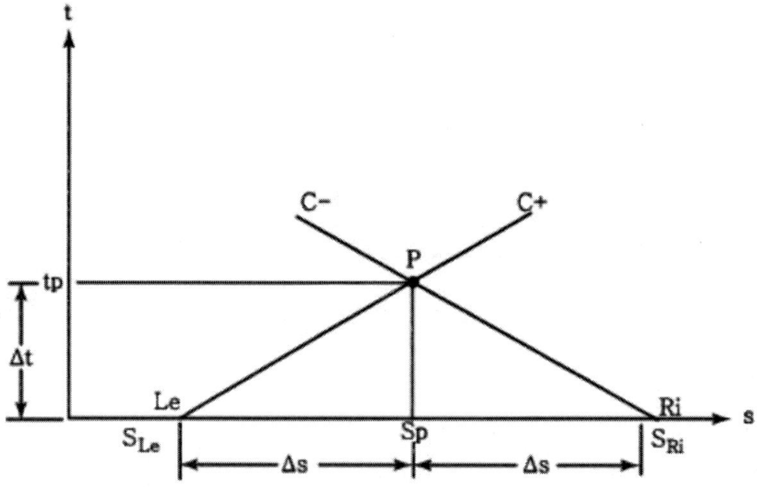


**그림 1.26** 식 1.58과 1.59의 특성을 보여주는 $s-t$ 평면

상기 두 식을 수치해석으로 해결하기 위해 다음과 같이 유한차분형식으로 표현할 수 있다.

$$\frac{V_P - V_{Le}}{\Delta t} + \frac{g}{a}\frac{H_P - H_{Le}}{\Delta t} + \frac{f}{2D}V_{Le}|V_{Le}| = 0 \quad \frac{\Delta s}{\Delta t} = +a, \quad C^+ \tag{1.61}$$

$$\frac{V_P - V_{Ri}}{\Delta t} - \frac{g}{a}\frac{H_P - H_{Ri}}{\Delta t} + \frac{f}{2D}V_{Ri}|V_{Ri}| = 0 \quad \frac{\Delta s}{\Delta t} = -a, \quad C^- \tag{1.62}$$

상기 식을 $\Delta t$로 곱하여 정리하면 다음과 같다.

$$(V_P - V_{Le}) + \frac{g}{a}(H_P - H_{Le}) + \frac{f\Delta t}{2D}V_{Le}|V_{Le}| = 0 \quad \frac{\Delta s}{\Delta t} = +a, \quad C^+ \tag{1.63}$$

$$(V_P - V_{Ri}) - \frac{g}{a}(H_P - H_{Ri}) + \frac{f\Delta t}{2D}V_{Ri}|V_{Ri}| = 0 \quad \frac{\Delta s}{\Delta t} = -a, \quad C^- \tag{1.64}$$

상기 식에서 관로 조건이 주어지면 기저가 되는 항들을 상수로 처리하면 다음과 같이 간략하게 표현할 수 있다.

$$(V_P - V_{Le}) + C_1(H_P - H_{Le}) + C_2 V_{Le}|V_{Le}| = 0 \quad \frac{\Delta s}{\Delta t} = +a, \quad C^+ \tag{1.65}$$

$$(V_P - V_{Ri}) - C_1(H_P - H_{Ri}) + C_2 V_{Ri}|V_{Ri}| = 0 \quad \frac{\Delta s}{\Delta t} = -a, \quad C^- \tag{1.66}$$

여기서 상수 $C_1$과 $C_2$ 그리고 식 1.65와 1.66에 대한 특성을 유한차분형태로 표현하면 다음과 같다.

$$C_1 = \frac{g}{a},\ C_2 = \frac{f \Delta t}{2D} \tag{1.67}$$

$$\Delta s = \pm\, a \Delta t \tag{1.68}$$

이제 식 1.65와 1.66을 유한차분수치해석으로 해결하기 위해서 $s$ 축으로의 공간 간격 즉, 관로가 절단되는 분절의 숫자를 결정하여야 한다. 만일 관로를 $N$ 개 분절로 나누면 각 분절의 길이는 $\Delta s = L/N$이 된다. 이제 $\Delta s$가 결정되었으므로 식 1.68을 사용하여 $\Delta t$를 계산하여 다음 그림과 같은 특성격자를 구축할 수 있다.

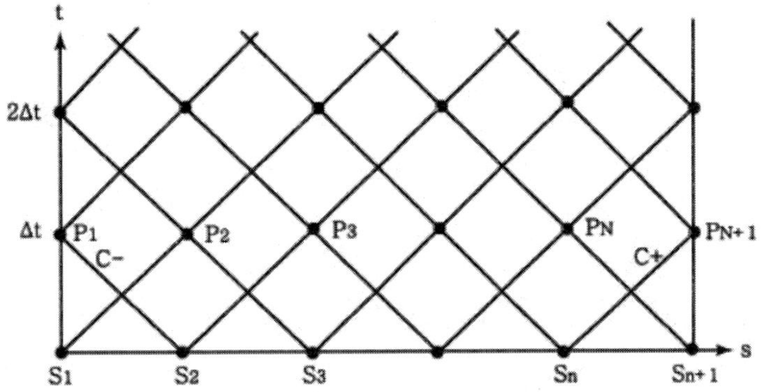


**그림 1.27** 단순관로에 대한 특성격자

### ① 내부절점

$s$ 축에 따른 격자점 $P$는 관로를 따라 공간 $\Delta s$ 만큼 떨어진 점이고 이 점에서의 $H$와 $V$ 수치는 초기조건과 관련된다. 통상적으로 이러한 초기조건은 부정류가 시작되기 전 관로 내에서 형성된 정상유동에서의 $H$와 $V$ 수치이며, 점 $Le$와 $Ri$에서의 기저수치를 사용하여 식 1.65와 1.66을 동시에 해결하여 시간 $t = \Delta t$에서 지점 $2 \sim N$ 까지 각 점에서 $H$와 $V$ 수치를 구한다. 즉, 식 1.65와 1.66을 더하여 정리하면 다음과 같이 된다.

$$\begin{aligned} &2V_P - V_{Le} - V_{Ri} + C_1(H_{Ri} - H_{Le}) + C_2(V_{Le}|V_{Le}| + V_{Ri}|V_{Ri}|) = 0 \\ &V_P = \frac{1}{2}[(V_{Le} + V_{Ri}) + C_1(H_{Le} - H_{Ri}) - C_2(V_{Le}|V_{Le}| + V_{Ri}|V_{Ri}|)] \end{aligned} \tag{1.69}$$

식 1.65와 1.66을 감하여 정리하면 다음과 같이 된다.

$$- V_{Ri} + V_{Le} - 2C_1 H_P + C_1(H_{Ri} + H_{Le}) - C_2(V_{Le}|V_{Le}| - V_{Ri}|V_{Ri}|) = 0$$

$$H_P = \frac{1}{2}\left[\frac{1}{C_1}(V_{Le} - V_{Ri}) + (H_{Le} + H_{Ri}) - \frac{C_2}{C_1}(V_{Le}|V_{Le}| - V_{Ri}|V_{Ri}|)\right] \tag{1.70}$$

관로 양 말단부인 시작점과 종료점인 절점 1과 $N+1$에서 $H$와 $V$ 수치를 계산하기 위해서는 식 1.65의 $C^+$ 특성식 또는 식 1.66의 $C^-$ 특성식과 함께 $s=0$과 $s=L$ 지점에서의 경계조건을 사용하여야 한다. 이렇게 함으로써 시간 $t=\Delta t$에서 모든 격자점 $P$에서의 $H$와 $V$ 수치를 구할 수 있다.

### ② 좌측 말단부 저수지 경계조건

예를 들어 좌측 말단부에 저수지, 우측 말단부에 밸브가 위치하는 그림 1.21의 단순관로에서 좌측 말단부의 경계조건은 저수지 수위는 항상 일정하므로 이 절점에서의 $H_P$는 알고 있는 저수지 수위와 동일하므로 식 1.66의 $C^-$ 특성식에서 유일한 미지수 $V_P$를 다음 식으로 구할 수 있다.

$$H_P = H_R \tag{1.71}$$

$$V_P = V_{Ri} + C_1(H_P - H_{Ri}) - C_2 V_{Ri}|V_{Ri}| \tag{1.72}$$

### ③ 우측 말단부 밸브 경계조건

우측 말단부에 위치한 밸브에서의 경계조건은 밸브 폐쇄스케줄 시간 $t$에 따른 개도를 알 수 있으므로 다음 식으로부터 시간 $t$에 따른 유속 $V_P$를 구할 수 있다. 따라서 식 1.65의 $C^+$ 특성식을 밸브 절점에 적용하여 다음과 같이 수두 $H_P$를 구할 수 있다.

$$V_P = \sqrt{\frac{2gH_R}{K_v + f\dfrac{L}{D}}} \tag{1.73}$$

$$H_P = H_{Le} + \frac{1}{C_1}(V_{Le} - V_P) - \frac{C_2}{C_1} V_{Le}|V_{Le}| \tag{1.74}$$

$t=2\Delta t$ 시간에서는 $t=\Delta t$ 시간에서 절점 2~$N$까지의 $H$와 $V$ 수치는 기저이므로 상기와 동일한 절차로 식 1.65와 1.66을 사용하여 $H$와 $V$ 수치를 구하고, 절점 1과 $N+1$에서 $H$와 $V$ 수치를 구하기 위해서는 식 1.65의 $C^+$ 특성 또는 식 1.66의 $C^-$ 특성과 함께 $s=0$과 $s=L$ 지점에서의 경계조건을 사용하여야 한다. 이렇게 함으로써 시간 $t=2\Delta t$에서 모든 $H$와 $V$ 수치

를 구할 수 있으며 이러한 과정을 $s-t$ 평면에서 연속하여 반복한다.

**[예제 1.5] 특성법 MOC를 이용한 부정류 해석**

**문제** 특성법 MOC를 이용하여 예제 1.3의 관로시스템의 말단부에 설치된 밸브를 10초 폐쇄 조건에서 40초 동안 부정류를 해석하라.

**풀이 1 정상유동해석** 주어진 자료로부터 관로를 5개 분절로 나누면 간 분절의 길이는 다음과 같다.

$$\Delta s = \frac{L}{N} = \frac{5{,}000}{5} = 1{,}000m$$

문제에서 주어진 자료를 이용하여 정상유동에서 유속을 구하면 다음과 같다.

$$V_0 = \sqrt{\frac{2gh}{K_v + f\frac{L}{D}}} = \sqrt{\frac{2\times 9.8\times 20}{0.17+0.016\frac{5000}{0.3}}} = 1.2120m/s$$

1개 분절에서 발생하는 마찰손실은 다음과 같다.

$$\Delta H_f = f\frac{\Delta s}{D}\frac{V^2}{2g} = 0.016\frac{1000}{0.3}\frac{1.21^2}{2\times 9.8} = 4.0m$$

상기 계산결과 각 절점에서의 수두 $H$와 배관 유속 $v$는 다음 표와 같다.

[표 1] 정상류 해석 결과

| 절점 | 1 | 2 | 3 | 4 | 5 | 6 |
|---|---|---|---|---|---|---|
| $H(m)$ | 20 | 16 | 12 | 8 | 4 | 0 |
| $v(m/s)$ | 1.2120 | 1.2120 | 1.2120 | 1.2120 | 1.2120 | 1.2120 |

**풀이 2 마찰손실을 고려한 부정류해석** 식 1.67과 1.68로부터

$$C_1 = \frac{g}{a} = \frac{9.8}{1000} = 0.0098,\ C_2 = \frac{0.02\times 1}{2\times 0.5} = 0.02,\ \Delta t = \frac{\Delta s}{a} = \frac{1{,}000}{1{,}000} = 1.0s$$

• **내부절점**

식 1.69와 1.70으로부터 밸브 폐쇄 1초 후 내부절점 2~5에서의 유속 $V_{P_i}$와 수두 $H_{P_i}$를 구할 수 있다. 예를 들어 절점 2에서의 유속 $V_{P_2}$와 $H_{P_2}$는 다음과 같으며 계산결과는 표 2와 같다. 여기서 사용하는 $V_i$와 $H_i$ 수치는 정상유동해석 결과인 표 1의 수치를 사용하여야 한다. 동일한 방법으로 내부절점 3~5에서의 $V_{P2} \sim V_{P5}$와 $H_{P2} \sim H_{P5}$를 구할 수 있다.

$$V_{P_2} = 0.5[(V_1 + V_3) + C_1(H_1 - H_3) - C_2(V_1|V_1| + V_3|V_3|)]$$

$$= 0.5[(1.212+1.212)+0.0098(20-12)-0.0267(1.212|1.212|+1.212|1.212|)]$$

$$= 1.2120m/s$$

$$H_{P_2} = 0.5\left[\frac{1}{C_1}(V_1 - V_3) + (H_1 + H_3) - \frac{C_2}{C_1}(V_1|V_1| - V_3|V_3|)\right]$$

$$= 0.5\left[\frac{1}{0.0098}(1.212 - 1.212) + (20 + 12) - \frac{0.0267}{0.0098}(1.212|1.212| - 1.212|1.212|)\right]$$

$$= 16.0m$$

- **상류저수지 경계절점**

절점 1에는 저수지 수위를 경계조건으로 취할 수 있으므로 식 1.71로부터 다음과 같이 $H_{P1}$과 $V_{P1}$을 구할 수 있으며, 이 식에서 $V_2$와 $H_2$는 표 1의 절점 2에서의 유속과 수두이다.

$$H_{P_1} = H_R = 20m$$

$$V_{P_1} = V_2 + C_1(H_{P1} - H_2) - C_2(V_2|V_2|)$$

$$= 1.212 + 0.0098(20 - 16) - 0.0267(1.212|1.212|) = 1.2120m/s$$

- **밸브 경계절점**

절점 6에는 밸브 유속을 경계조건으로 취할 수 있으므로 식 1.73과 1.74로부터 다음과 같이 $H_{P6}$과 $V_{P6}$을 구할 수 있으며, 이 식에서 $V_5$와 $H_5$는 표 1의 절점 5에서의 유속과 수두이다.

$$V_{P6} = \sqrt{\frac{2 \times 9.8 \times 20}{0.3 + 0.016\frac{5000}{0.3}}} = 1.2118m/s$$

$$H_{P_6} = H_5 - \frac{1}{C_1}(V_{P6} - V_5) - \frac{C_2}{C_1}V_5|V_5|$$

$$= 4 - \frac{1}{0.0098}(1.2118 - 1.2120) - \frac{0.0267}{0.0098}1.212|1.212| = 0.04m$$

상기 절차로 밸브 폐쇄 1초 후인 $t = 1.0s$에서 구한 모든 절점에서의 유속과 수두는 다음 표와 같다.

[표 2] $t = 1.0s$에서 부정류 해석 결과

| 절점 | 1 | 2 | 3 | 4 | 5 | 6 |
|---|---|---|---|---|---|---|
| $H(m)$ | 1.2120 | 1.2120 | 1.2120 | 1.2120 | 1.2120 | 1.2118 |
| $v(m/s)$ | 20.0 | 16.0 | 12.0 | 8.0 | 4.0 | 0.0 |

- **밸브 폐쇄 2~10초 후 부정류해석**

본 해석에서는 상기 표 2에서의 $V_{P_i} = V_i$, $H_{P_i} = H_i$로 대체하여 밸브 폐쇄 2~10초까지 부정류해석 과정을 반복한다.

• **밸브 폐쇄 10초 이후 부정류해석**

밸브 폐쇄 10초가 경과하면 밸브가 완전 폐쇄되므로 식 1.73에서 $V_{P_6}=0m/s$로 설정하고, 식 1.74로부터 $H_{P_6}$를 구한다.

• **밸브 폐쇄 40초 부정류해석**

밸브 폐쇄 개시 후 40초까지 부정류를 해석한 결과 밸브에서의 수두변화는 다음 표 및 그림과 같다. 이 그림에서 다운서지 발생시 수두는 최저 -75m까지 감소하는 것으로 나타났지만 실제로는 절대 포화증기압 수두 -10m 이하로는 감소하지 않으며, 단지 이 그림은 탄성법으로 수격현상을 해석하는 예시를 보여주기 위한 것이다.

| $t(s)$ | $H(m)$ | $t(s)$ | $H(m)$ | $t(s)$ | $H(m)$ | $t(s)$ | $H(m)$ |
|---|---|---|---|---|---|---|---|
| 1.0 | 0.0 | 11.0 | 128.7 | 21.0 | -75.4 | 31.0 | 105.1 |
| 2.0 | 0.1 | 12.0 | 130.8 | 22.0 | -77.5 | 32.0 | 107.1 |
| 3.0 | 0.4 | 13.0 | 132.2 | 23.0 | -78.7 | 33.0 | 108.2 |
| 4.0 | 0.9 | 14.0 | 133.4 | 24.0 | -80.1 | 34.0 | 109.7 |
| 5.0 | 2.5 | 15.0 | 132.8 | 25.0 | -79.6 | 35.0 | 109.2 |
| 6.0 | 6.3 | 16.0 | 128.7 | 26.0 | -76.4 | 36.0 | 106.6 |
| 7.0 | 18.5 | 17.0 | 110.0 | 27.0 | -60.0 | 37.0 | 92.0 |
| 8.0 | 59.9 | 18.0 | 40.6 | 28.0 | 1.4 | 38.0 | 37.0 |
| 9.0 | 107.7 | 19.0 | -41.9 | 29.0 | 75.1 | 39.0 | -29.6 |
| 10.0 | 127.0 | 20.0 | -73.9 | 30.0 | 103.7 | 40.0 | -55.6 |

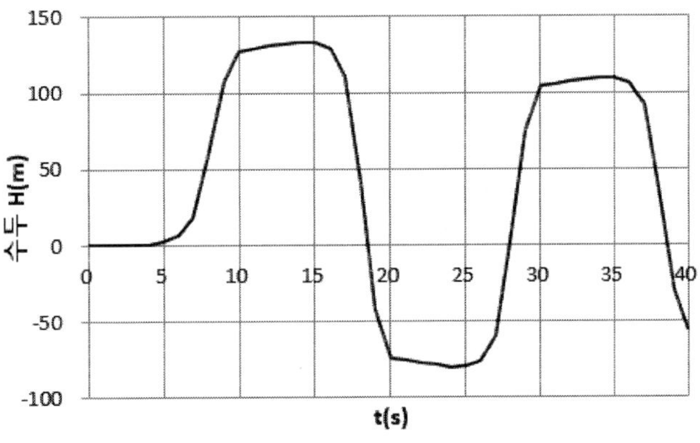


[그림 1] 밸브 10초 폐쇄시 수두변화

상기 그림으로부터 실제 밸브에서 유속변화는 7초 후에 발생하기 시작하며 이에 따른 결과로서 수두는 7초 이후 급격하게 증가하기 시작하고, 이 시간 이후 압력파가 관로를 1 왕복하는데 소요되는 시간인 10초 후인 17초에서 수두가 급격하게 감소하기 시작한다. 또한, 밸브 폐쇄 개시 7초 동안은 유속이 변화하지 않아 수두가 변화하지 않으므로 밸브 폐쇄 후 7초 동안 그리고 압력파가 2회 왕복하는 시간 이후 7초 동안 수두가 변화하지 않는 것을 알 수 있다.

### 1.4.5 MOC와 WCM 비교

#### ① 전산 모델링 측면

편미분 지배식의 근사해를 구하기 위해 오일러해석법인 특성법 MOC(Method of Characteristics)와 라그랑지해석법인 파특성법 WCM(Wave Characteristics Method) 모두 사용한다. 오일러해석법은 동일한 시간증분으로 진행되면서 고정된 절점에서 관로시스템의 수리상태를 업데이트한다. 라그랑지해석법은 고정 또는 변화하는 시간증분(변화가 실제로 발생할 때)으로 관로시스템의 상태를 업데이트한다. 각 방법에서 정상류해석으로 관로시스템에 걸친 초기 유량과 압력을 구할 수 있는 것으로 가정한다. Boulos et al(2004), 박한영(2020)이 기술한 다양한 수치해석기법 중 하나를 사용하여 해결하여 정상유동에서의 유량과 압력을 구한다.

특성법 MOC는 폐쇄된 단순 관망에 대해 가장 잘 알려지고 광범위하게 사용되는 기법이다(Boulos et al, 2004). 특성법 MOC는 지배식 표현에 있어 가장 정확한 오일러방법으로 간주되지만 통상적인 관로 부정류를 해석하기 위해 수많은 단계 또는 계산이 필요하다. 관로시스템이 더욱 복잡해지면서 계산량이 증가하여 실제 적용시 전산프로그램이 필요하다. MOC는 여러 문헌에서 기술되었고(Streeter and Wylie, 1967; Watters, 1984; Chaudhryy, 1987; Larock et al, 1999; Boulos et al, 2004), 다양한 전산프로그램으로 급수관로시스템 부정류해석을 수행한다(예를 들어 Karney and McInnis, 1990; Axworth et al, 1999).

라그랑지해석법은 이벤트기반 관로시스템 모의 환경으로 부정류를 해석한다. 라그랑지해석법에서 관로시스템 동작에 의해 압력파 전파과정이 구동되며 WCM은 이와 같은 방법의 한 예이다(Boulos et al, 2004). 이 방법은 압력파가 관로시스템 전체에 걸쳐 전파되면서 압력파의 변형과 이동을 추적하고 실제로 변화가 발생하는 시간(변화하는 시간 간격) 또는 고정된 시간에서 새로운 상태들을 계산한다. 관로 유량의 함수로서 해당 압력수두변화를 설명하는 비선형 특성식으로 압력파를 수정하여 관로마찰이 압력파에서 미치는 영향을 고려한다.

통상적으로 라그랑지해석법은 압력과 유량의 계산량이 훨씬 적어 매우 큰 관로시스템을 신속하게 해결할 수 있으며 개발의 기초로 단순한 물리적 모델을 사용하는 추가 이점을 갖는다. 이 방법은 시간과 장소 모두에서 연속적이기 때문에 관망 구조와 모의 과정의 길이에 덜 민감하여 계산 효율과 정확성이 향상된다. 이 개선된 기법은 단순한 관로시스템의 경우 엄밀해법으로 구한 해와 동일한 해를 제공하는 것으로 증명되었다(Boulos et al, 1990, 2004).

오일러 MOC와 라그랑지 WCM 부정류해석기법 모두 동일한 자료를 사용하여 모델링하면 항상 매우 유사한 결과를 제공한다. 본서의 목적 중 하나는 관로시스템의 복잡성을 변화시켜 MOC와 WCM이 기본 편미분 부정류 유동식을 정확하게 해결하는 능력을 증명하고, 두 방법으로 구한 해의 정확성과 계산 효율성을 비교하는 것이다.

MOC가 채택하는 전략은 편미분 지배식을 상미분식으로 변화시키고, 이 상미분식을 차분형태로 변환하여 수치해석법으로 해결하는 것이다. 이 식은 미소시간증분 $\Delta t$ 마다 관로의 많은 위치에서의 수두와 유량을 표현한다. 부정류해석 동안 계산은 반드시 기저인 초기 정상유동과 경계조건으로 시작하여야 한다. 즉, $t=0$일 때 수두와 유량은 기저가 되고 모든 시간 주기와 경계에서의 수두와 유량도 기저가 되어야 한다. 부정류 파 특성을 처리하기 위해서는 차분형태로 표현된 상미분식을 사용하여 시간 $t+\Delta t$에서 관로 내부 위치에서의 수두와 유량 수치를 계산하기 위해서는 이전 시간단계인 $t$에서 인근 위치에서 기저인 수두와 유량 수치를 사용할 수 있어야 한다. 계산결과의 수치적 불안정성과 비정확성을 방지하기 위해 반드시 $\Delta t$ 수치를 상대적으로 작게 유지하여야 한다.

WCM은 밸브 폐쇄, 펌프 트립 등으로 인한 관로시스템 내 교란의 결과로서 발생하는 압력파의 생성과 전파로 인해 부정류가 발생한다는 개념에 기초한다. WCM은 관로-액체 매체를 통해 음속으로 이동하는 압력파를 사용하여 급속한 압력변화 및 이와 관련된 유량변화를 표현한다. 압력파는 배관 접합부, 펌프, 개방 또는 폐쇄된 말단부, 서지탱크 등과 같은 관로시스템 내 모든 불연속에서 부분적으로 전파 및 반사된다. 또한, 압력파는 배관벽의 마찰저항에 의해 수정되며 이러한 사실은 관로의 부정류 유동의 정확한 기작을 밀접하게 표현한다(Thorley, 1991; Boulos et al, 2004).

MOC와 WCM 모두 $\Delta t$ 간격으로 모든 접합부와 구성요소에서 해를 얻는다. 그러나 MOC는 추가로 각 시간단계마다 모든 내부 절점에서 해를 구하여야 한다. 내부절점에서 해를 구하기 위해 MOC는 배관 벽 마찰의 영향과 해의 파 전파 특성을 본질적으로 처리하는 반면 WCM은 압력파 특성을 이용한다. 압력파는 관로를 통해 음속으로 전파되며 각 배관 단면에 대한 단일 계산으로 마찰 영향에 대해 수정된다.

MOC와 WCM 모두 부정류를 해석하기 위해 많은 계산이 필요하다. 이러한 계산은 시간 증분 $\Delta t$에서 필요한 위치에서의 압력과 유량의 업데이트를 포함한다. 필요한 계산량을 비교하기 위해 하나의 계산을 단일 위치에서 압력과 유량을 업데이트하기 위해 필요한 작업(operation)으로 정의한다.

MOC는 각 시간단계마다 모든 경계절점과 배관 내부 모든 절점에 대해 하나의 계산이 필요한 반면 WCM은 각 시간단계마다 각 경계절점과 각 배관에 대해 하나의 계산이 필요하다. 계산시 배관 내 압력파를 수정하여 배관 벽 마찰 영향과 피팅의 영향을 고려할 필요가 있다.

해석시 사용한 시간단계는 모델 배관 길이 또는 파속의 정확도에 대한 허용오차에 의해 결정된다. 압력파가 시간단계의 배수인 시간에 따라 각 배관 분절을 통과하도록 시간단계를 선정하여야 한다. WCM의 경우 시간 단계마다 계산량은 정확도와 무관한 반면 MOC의 경우 정확도에 따라 근사하게 비례한다.

### ② 수학식 측면

파특성법 WCM 식 1.37과 특성법 MOC 식 1.66을 다시 인용하면 다음과 같다.

$$\Delta H = a\frac{\Delta V}{g} \tag{1.75}$$

$$(V_P - V_{Ri}) - C_1(H_P - H_{Ri}) + C_2 V_{Ri}|V_{Ri}| = 0 \tag{1.76}$$

상기 특성법 MOC 식에서 파특성법 WCM에서의 가정인 마찰을 무시하면 $C_2 = 0$가 되므로 이 식을 다시 정리하면 다음과 같이 파특성법 WCM 식과 동일하게 된다.

$$(V_P - V_{Ri}) - \frac{a}{g}(H_P - H_{Ri}) = 0 \quad \Rightarrow \quad \Delta H = a\frac{\Delta V}{g} \tag{1.77}$$

그러나 특성법 MOC로 수격을 해석하면 압력파가 진행하면서 발생하는 관로 손실수두가 점진적으로 증가하며, 이를 라인패킹(line packing)현상이라 한다. 다음 그림은 예제 1.5에서 밸브를 1초 동안 완전폐쇄할 때 특성법 MOC로 40초 동안 해석한 결과를 보여준다. 이 예에서 $\Delta V = 1.212m/s$, $a = 1{,}000m/s$이므로 파특성법 WCM 또는 자이코프스키식 1.37로 구한 수두변화는 다음과 같다.

$$\Delta H = 1{,}000 \times 1.212/9.8 = 123.7m$$

이 그림으로부터 밸브가 완전폐쇄되는 $t = 1.0s$에서 $\Delta H = 123.7m$으로 상승한 후 압력파가 관로를 1회 왕복하는 10초 동안 관로에서 발생하는 손실수두 $H_L = 20m$가 누적되어 최대 $\triangle H = 143.7m$로 상승하는 패킹현상이 발생하고 있다. 관로길이가 짧을 때는 이와 같은 라인패킹은 미소하지만 관로길이가 길 때는 수격으로 인한 수두변화 $\triangle H$를 초과할 수 있으므로 주의하여야 한다.

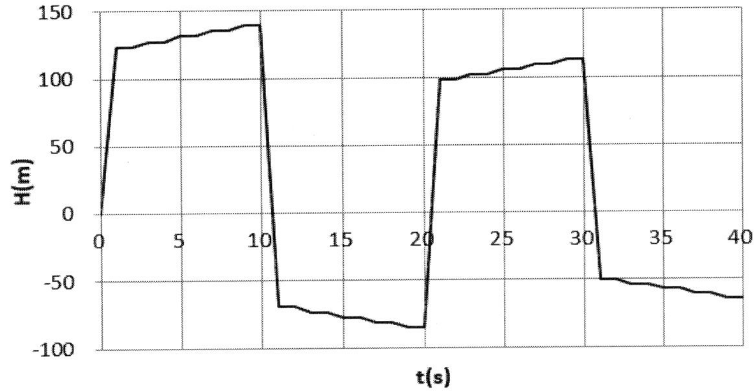


**그림 1.28** 밸브 1초 폐쇄시 밸브에서 수두변화(MOC)

## 1.5 강성주이론과 탄성주이론 비교

### 1.5.1 압축성 기준

강성주에서는 관로 내 수주 즉, 물은 비압축성으로서 수주를 강철과 같은 강성체로 간주된다. 따라서 그림 1.10의 단순관로에서 밸브 폐쇄로 인해 유동이 정지되면 강성체인 수주는 관로 전체 길이에 걸쳐 동시에 유속이 0이 된다.

탄성주에서는 관로 내 물은 압축성이고 배관은 탄성체로 간주된다. 따라서 밸브 폐쇄시 발생한 압력파는 밸브로부터 상류측으로 전파되면서 유동을 정지시키지만 압력파가 도달하지 않는 부분에서는 유동이 계속해서 밸브를 향해 진행한다. 압력이 상승하는 업서지 발생시 압력파가 통과한 배관은 팽창하는 반면 물은 압축되고, 압력이 하강하는 다운서지 발생시 압력파가 통과한 배관은 수축하는 반면 물은 팽창한다.

상기와 같이 강성체와 탄성체를 구분하기 위한 기준은 물의 압축성이다. 즉, 통상적으로 물은 비압축성으로 알려져 있지만 무한한 압력을 가하면 물도 압축될 수 있으며 물의 체적이 5% 이상 변화하면 압축성, 5% 이하 변화하면 비압축성으로 판단한다. 이와 같은 체적변화를 음속으로 표현하기 위해 식 1.1로부터 다음과 같이 압력파의 전파속도가 마하 0.22 이상이 되면 탄성체로 간주할 수 있다.

$$Mach = \sqrt{0.05} = 0.22 \tag{1.78}$$

펌프장 정전시 체크밸브의 급폐쇄에 따라 실제 유속이 변화하는 시간 길이에 따라 강성체이론 또는 탄성주이론을 적용할 수 있으며, 이에 대한 상세한 내용은 다음과 같다.

### 1.5.2 강성주/탄성주이론 비교 1(관로손실 무시, $dv/dt$ 기울기 동일)

부정류를 해석하기 위해 전술한 이론은 크게 다음과 같이 4개 범주로 분류할 수 있다.

- 운동량식 또는 충격량식 1.9 $\quad H = \frac{L}{g}\frac{v}{t}$
- 강성주이론 1.33 $\quad H = \frac{L}{g}\frac{v}{t} - H_R + K_p\frac{v^2}{2g}$
- 자이코프스키식 1.37 $\quad H = a\frac{\Delta V}{g}$
- 탄성주이론 1.70 $\quad H_P = \frac{1}{2}\left[\frac{1}{C_1}(V_{Le} - V_{Ri}) + (H_{Le} + H_{Ri}) - \frac{C_2}{C_1}(V_{Le}|V_{Le}| - V_{Ri}|V_{Ri}|)\right]$

상기 4개 식에서 관로에서의 손실을 무시하면 강성주이론식 1.33은 운동량식 1.9와 동일하게 되고, 탄성주이론식 1.70은 자이코프스키식 1.37과 동일하게 되어 강성주이론식과 탄성주이론식을 다음과 같이 표현할 수 있다.

$$H_S = \frac{L}{g}\frac{v}{t} \quad \text{강성주이론식} \tag{1.79}$$

$$H_E = a\frac{\Delta V}{g} \quad \text{탄성주이론식} \tag{1.80}$$

그림 1.13a로부터 탄성주이론으로 밸브폐쇄에 대한 부정류 해석시 최초 발생하는 업서지로 인해 상승된 수두는 압력파 $a$가 관로를 1회 왕복하는 시간인 다음 식의 관로주기 $t_{cr}$ 동안 밸브에 작용하며, 관로주기 $t_{cr}$ 경과 후에는 다운서지로 인해 수두가 저하된다.

$$t_{cr} = \frac{2L}{a} \tag{1.81}$$

강성주이론식은 관로 길이 $L$과 유속변화시간 또는 밸브폐쇄시간 $t$에 영향을 받는 반면 탄성주이론식은 오직 파속 $a$에 의해 영향을 받는다. 상기 두 식이 동일한 결과를 도출하기 위한 조건은 다음과 같으며, 이는 특성법을 만족시키기 위한 특성식 1.68과 동일한 것을 알 수 있다.

$$t = \frac{L}{a} \tag{1.82}$$

길이 $L = 100m$, 유속 $v = 1.2120m/s$, 파속 $a = 1000m/s$인 관로에 설치된 밸브폐쇄시간 0.25~$5t_{cr}$ 범위에 대해 상기 두 식을 적용한 결과는 다음 표 및 그림과 같으며, 관로의 손실수두를 무시하고, $dv/dt$ 기울기가 동일한 것으로 가정할 때 다음 결론에 도달할 수 있다.

- 식 1.82의 조건인 $t_c = 0.5t_{cr} = L/a = 100/1000 = 0.1s$에서 식 1.79와 1.80으로 구한 수두는 $H = 123.7m$로 동일하게 나타난다.
- 보수적인 배관설계관점에서 밸브폐쇄시간 $t_c$에 따라 다음 이론을 적용한다.

$$t_c \leq 0.5t_{cr} : \text{강성주이론}, \quad t_c \geq 0.5t_{cr} : \text{탄성주이론} \tag{1.83}$$

- 밸브폐쇄시간 $t_c$에 따라 나타나는 현상을 다음과 같이 정의할 수 있다.

$$t_c \leq 0.5t_{cr} : \text{슬램현상}, \quad t_c \geq 0.5t_{cr} : \text{수격현상} \tag{1.84}$$

[표 1.2] 두 이론으로 구한 밸브폐쇄시 수두변화(관로손실무시, $dv/dt$ 기울기 동일)

| **밸브폐쇄시간** $t_c(s)$ | 0.05 ($0.25t_{cr}$) | 0.1 ($0.5t_{cr}$) | 0.2 ($1t_{cr}$) | 0.4 ($2t_{cr}$) | 0.6 ($3t_{cr}$) | 0.8 ($4t_{cr}$) | 1.0 ($5t_{cr}$) |
|---|---|---|---|---|---|---|---|
| 강성주이론 $H(m)$ | 247.4 | 123.7 | 61.8 | 30.9 | 20.6 | 15.5 | 12.4 |
| 탄성주이론 $H(m)$ | 123.7 | 123.7 | 123.7 | 123.7 | 123.7 | 123.7 | 123.7 |

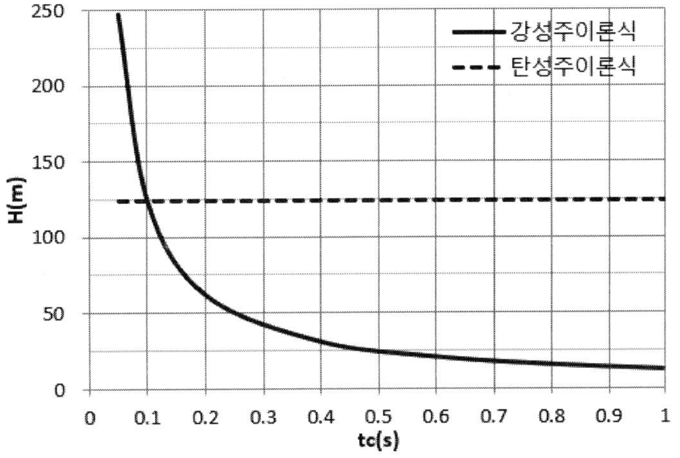


**그림 1.29** 강성주/탄성주이론으로 구한 밸브폐쇄시 수두변화(관로손실 무시, $dv/dt$ 기울기 동일)

### 1.5.3 강설주/탄성주이론 비교 2(관로손실 고려, $dv/dt$ 기울기 상이)

강성주이론식과 충격량식 모두는 뉴튼 제2법칙 또는 오일러 식 1.11 $F = ma$로부터 유도되었으며, 이 식에서 충격량 $i$는 균일한 충격력 $F$가 $t$ 시간 동안 작용하는 것을 의미한다.

$$i = mv = mat = Ft \tag{1.85}$$

상기 식의 충격력 $F$를 수두 $H$로 표현하면 다음과 같고, 이는 시간 $t$ 동안 동일한 크기의 수두 $H$가 작용하는 것을 의미한다.

$$F = PA = \gamma HA \tag{1.86}$$

강성주이론식 1.33의 수두 $H$는 미소시간증분 $dt$ 동안의 유속변화 $dV$의 기울기 $dV/dt$에 따라 결정된다. 예를 들어 완전개방된 밸브 폐쇄시 초기 개도변화에 따른 유속변화가 거의 없어 수두변화가 없지만 최종 개도변화에서 상당한 유속변화가 발생하는 그림 9.8의 밸브유효유량계수 $C_{ve}$ 특성에 따라 급격한 수두변화가 발생한다.

예를 들어 그림 9.8의 횡좌표의 개도를 시간변화 $dt$, 종좌표의 유량계수를 유속변화 $dV$로 대체하면 완전개방된 밸브 폐쇄 초기 시간에는 $dV/dt$ 기울기가 작고, 최종 시간에는 $dV/dt$ 기울기가 매우 큰 것을 알 수 있다.

따라서, 강성주이론식 1.33 사용시 밸브개도 구간별 $dV/dt$ 기울기가 달라 유속이 균등하게 변화하는 충격량식 1.9로 구한 수두 $H$보다 상당히 더 큰 수두 $H$가 발생한다. 그러나 강성주이론과 충격량으로 구한 밸브 폐쇄시간 동안의 충격량은 동일하게 나타난다는 사실에 유의하여야 한다.

**[예제 1.6.] 충격량과 강성주이론에 따른 밸브 폐쇄시 수두변화**

**문제** 다음 이론에 따라 예제 1.3의 관로시스템의 말단부에 설치된 밸브가 다음 표의 스케줄에 따라 5초 동안 폐쇄시 밸브에서의 수두변화를 구하고, 차이점을 비교하라. 1)충격량, 2)강성주이론, 3)탄성주이론

| $t(s)$ | 0 | 1 | 2 | 3 | 4 | 5 |
|---|---|---|---|---|---|---|
| 개도(%) | 100 | 80 | 60 | 40 | 20 | 0 |
| $K_v$ | 0.17 | 0.64 | 4.2 | 29 | 724 | 5E+12 |

**풀이1** 식 1.79로부터 밸브 폐쇄시 밸브에서의 수두를 구하면 다음과 같다.

$$H = \frac{5000}{9.8}\frac{1.212}{5} = 123.7m$$

밸브 폐쇄 5초 동안 상기 수두 작용시 충격량은 다음과 같다.

$i_i = 123.6 \times 5 = 618 m \cdot s$

**풀이2&3** 식 1.73으로부터 구한 밸브 폐쇄시간에 따른 밸브 개도별 유속 $v$, 강성주이론식 1.33, 예제 1.5의 탄성주이론식 1.70으로 구한 밸브에서의 수두변화 $H$ 및 충격량 $i$는 표 1 및 그림1과 같다.

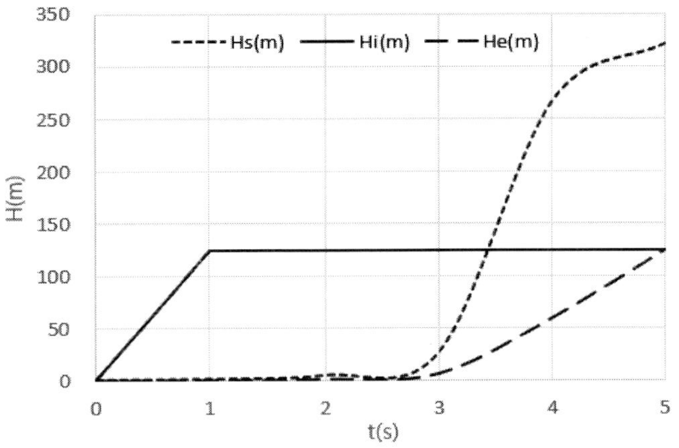


[그림 1] 이론에 따른 밸브 폐쇄시 수두변화

[표 1] 이론에 따른 5초 밸브 폐쇄시 수두변화

| $t(s)$ | $v(m/s)$ | 충격량식 | | 강성주이론식 | | 탄성주이론식 | |
|---|---|---|---|---|---|---|---|
| | | $H_i(m)$ | $i_i(m \cdot s)$ | $H_s(m)$ | $i_s(m \cdot s)$ | $H_e(m)$ | $i_e(m \cdot s)$ |
| 0 | 1.2120 | | | 0.00 | | 0.00 | 0.00 |
| 1 | 1.2110 | 123.6 | 123.6 | 0.54 | 0.54 | 0.12 | 0.12 |
| 2 | 1.2030 | 123.6 | 123.6 | 4.07 | 4.07 | 0.94 | 0.94 |
| 3 | 1.1514 | 123.6 | 123.6 | 26.30 | 26.0 | 6.20 | 6.20 |
| 4 | 0.6290 | 123.6 | 123.6 | 266.53 | 267 | 59.6 | 59.6 |
| 5 | 0.00 | 123.6 | 123.6 | 320.93 | 321 | 124.1 | 124.1 |
| 소계 | | | 618 | | 618 | | 191 |

**결론** 상기 그림 1 및 표 1로부터 충격량식에 따른 수두변화는 유속이 균일하게 변화하는 조건에 따라 $H_i = 123.6m$로 동일한 반면 강성주이론에서는 유속변화 기울기가 달라 $H_s = 0.54 \sim 321m$로 나타나지만 전체 충격량은 동일하게 $i = 618m \cdot s$로 나타난다.

탄성주이론식으로 구한 수두변화는 관로 내 수주의 질량과 무관하며 오직 유속변화와 관련되며 충격량은 상대적으로 적은 $i_e = 191m \cdot s$로 나타나며 이에 대한 원인은 추후 기술하기로 한다.

실제 관로에서 밸브 폐쇄에 따른 부정류를 해석하기 위해서 관로손실 및 밸브 형식과 개도별 기울기가 다른 $dv/dt$를 고려하기 위해서는 강성주이론식 1.33과 탄성주이론식 1.70을 사용하여야 한다.

상기 두 식을 이용하여 예제 1.3 관로의 말단부에 설치된 밸브를 다음 폐쇄시간에 따른 밸브에서의 수두변화를 구한 결과는 다음 그림과 같다. 이 그림에서 곡선 아래 면적은 충격량으로서 충격량식 1.9와 강성주이론식 1.33으로 구한 충격량은 동일하게 나타난다. 이 두 식의 형태는 다르지만 식 1.33에서 댐수두차 $H_R$은 관로손실수두 $K_p \times v^2/2g$로 변환되기 때문에 이 두 항은 서로 상쇄되어 충격량식 1.9와 동일하게 된다.

- 압력파 관로 횡단 시간 $t_c = 0.5t_{cr} = \dfrac{5,000}{1000} = 5.0s$
- 압력파 관로 1회 왕복 시간 $t_c = t_{cr} = \dfrac{2 \times 5,000}{1000} = 10.0s$
- 압력파 관로 2회 왕복 시간 $t_c = 2t_{cr} = \dfrac{4 \times 5,000}{1000} = 20.0s$
- 압력파 관로 4회 왕복 시간 $t_c = 4t_{cr} = \dfrac{8 \times 5,000}{1000} = 40.0s$

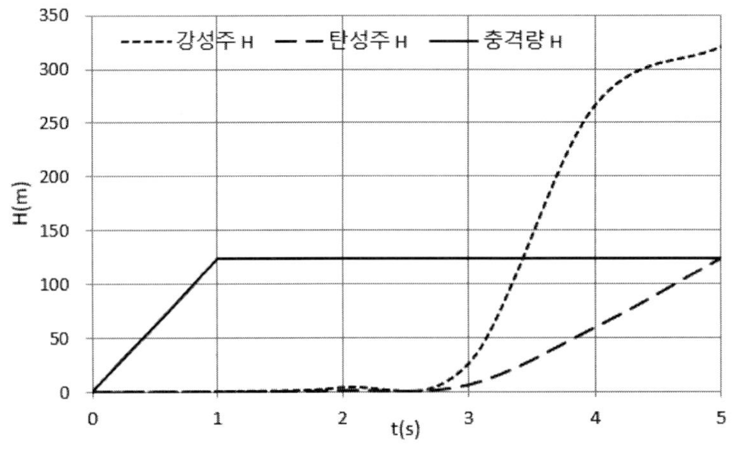


**그림 1.30** 밸브 5초 폐쇄시 수두변화

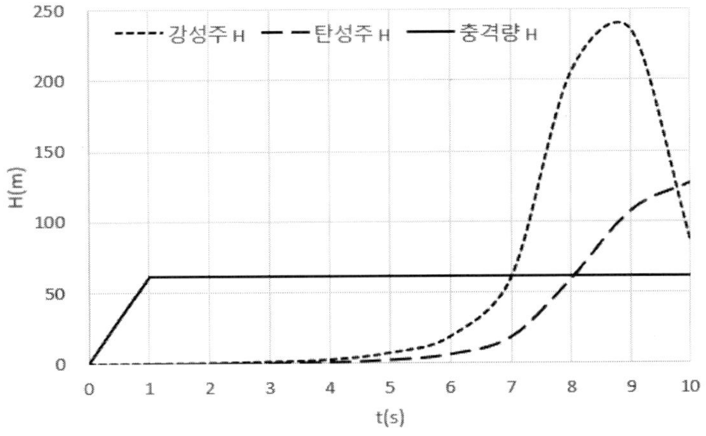


**그림 1.31** 밸브 10초 폐쇄시 수두변화

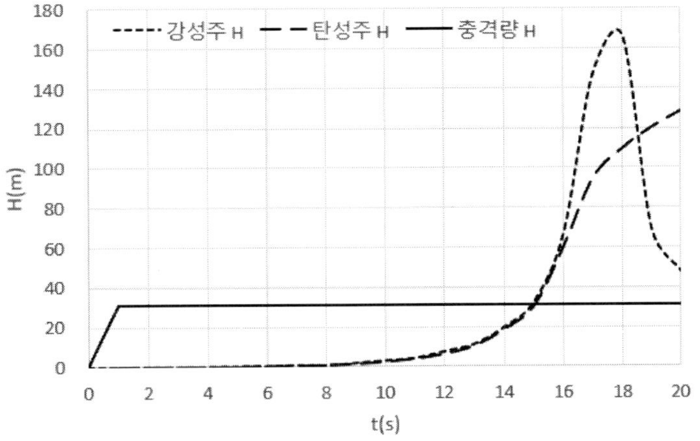


**그림 1.32** 밸브 20초 폐쇄시 수두변화

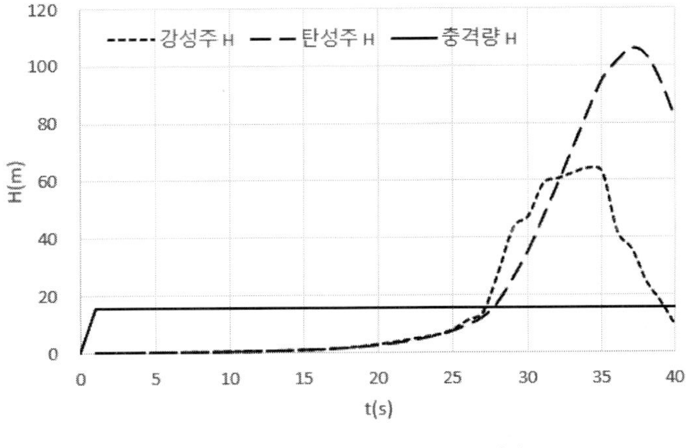


**그림 1.33** 밸브 40초 폐쇄시 수두변화

밸브 폐쇄시간 동안 발생하는 순간 최대수두와 충격량은 다음 표와 같으며 이 표로부터 다음과 같은 결론을 유추할 수 있다.

[표 1.3] 밸브 폐쇄시간에 따른 밸브에서의 최대수두와 충격량

| 폐쇄시간 $t_c(s)$ | 최대수두 $H_{max}(m)$ | | | 충격량 $i(m \cdot s)$ | | |
|---|---|---|---|---|---|---|
| | 강성주 | 충격량 | 탄성주 | 강성주 | 충격량 | 탄성주 |
| $t_c = 1.0$ | 618 | 618 | 140 | 618 | 618 | 124 |
| $t_c = 0.5t_{cr} = 5$ | 321 | 124 | 137 | 618 | 618 | 191 |
| $t_c = t_{cr} = 10$ | 235 | 62 | 133 | 618 | 618 | 323 |
| $t_c = 2t_{cr} = 20$ | 166 | 31 | 128 | 618 | 618 | 590 |
| $t_c = 4t_{cr} = 40$ | 64 | 15 | 106 | 618 | 618 | 978 |

- 충격량식 1.9와 강성주이론식 1.33로 구한 충격량은 폐쇄시간과 무관하게 $i = 618m \cdot s$로 동일한 반면 탄성주이론식 1.74로 구한 충격량은 $i = 124 \sim 978m \cdot s$로 나타났다.
- $t_c = 2t_{cr}$인 경우 3개 이론으로 구한 충격량은 유사하다.
- $t_c = 0.5t_{cr}$인 경우 탄성주이론으로 구한 최대수두는 라인패킹(Line packing)현상으로 인해 충격량식으로 구한 최대수두보다 크게 나타난다.
- $t_c \le 2t_{cr}$인 경우 강성주이론으로 구한 순간 최대수두가 상대적으로 크며, $t_c \ge 2t_{cr}$인 경우 탄성주이론으로 구한 최대수두가 상대적으로 크게 나타난다.
- $t_c \le 0.5t_{cr}$인 경우 강성주이론으로 구한 최대수두는 다른 이론식으로 구한 것 보다 상당히 크게 나타나며, 이는 체크밸브의 급폐쇄시 슬램현상으로 이어진다.
- 그림 1.30~1.33 및 표 1.3으로부터 탄성주이론에 따른 해석결과로부터 $t_c \le 2t_{cr}$ 밸브 폐쇄시 최대수두 $H_{max} \fallingdotseq 128m$는 자이코프스키식 1.37로 구한 것과 동일하지만 $t_c \ge 2t_{cr}$이면 업서지와 다운서지의 중첩으로 인해 최대수두가 $H_{max} \fallingdotseq 106m$로 감소한다.

$$H_{max} = 1000 \times 1.212/9.8 = 128m$$

상기 결론으로부터 다음과 같이 강성주이론과 탄성주이론 적용 기준을 유추할 수 있으며 이들을 요약한 결과는 다음 표와 같다.

[표 1.4] 유속변화시간에 따른 현상 및 적용이론

| 폐쇄시간 $t_c$ | $t_c \le 0.5t_{cr}$ | $0.5t_{cr} \le t_c \le 2t_{cr}$ | $t_c \ge 2t_{cr}$ |
|---|---|---|---|
| 적용 이론 | 강성주 | 강성주 | 탄성주 |
| 발생현상 | 슬램 | 수격 | 수격 |
| 폐쇄 속도 | 초급폐쇄 | 급폐쇄 | 완폐쇄 |
| 해당 밸브 | 체크밸브 | 유량제어밸브 | 유량제어밸브 |

**[예제 1.7.] 체크밸브 폐쇄에 따른 슬램**

**문제** 직경 $D=0.3m$, 길이 $L=500m$ 관로의 말단부에 설치되어 완전 개방된 체크밸브가 역류유속 $v_r=1.0m/s$의 유동에 의해 폐쇄될 때 폐쇄시간 $t_c$ 및 폐쇄시 발생하는 현상을 구분하고, 최대수두를 구하라. 단, 파속 $a=1{,}000m/s$이다.

**풀이1** 식 1.81로부터 $t_{cr}$을 구하면 다음과 같다.

$$t_{cr}=\frac{2\times 500}{1000}=1.0s$$

완전 개방된 체크밸브가 완전 폐쇄되기 위해 이동하여야 할 거리 $L$은 직경과 동일한 것으로 가정하여 역류유속에 의한 체크밸브 폐쇄시간을 구하면 다음과 같다.

$$t_c=\frac{L}{v_r}=\frac{0.3}{1.0}=0.3s$$

상기 계산결과 $t_c(0.3s)\le 0.5t_{cr}(0.5s)$이므로 표 1.4로부터 체크밸브 폐쇄시 슬램현상이 발생할 것으로 예측되며, 강성주이론식 1.79를 사용하여 구한 수두변화는 다음과 같다.

$$\triangle H_S=\frac{5000\times 1.0}{9.8\times 0.3}=170m$$

만일 마찰을 고려하지 않는 탄성주이론식 1.80을 사용하여 구한 수두변화는 다음과 같으며, 이는 슬램현상 발생에 따른 실제 수두변화보다 과소한 것으로 나타난다.

$$\triangle H_W=1000\frac{1.0}{9.8}=102m$$

## 1.6 고주파와 저주파 압력진동이 관로에 미치는 영향

수력발전소의 부정류는 펌프나 터빈과 같은 유체기계가 기동, 정지 또는 조절될 때마다 발생한다. 이러한 부정류를 계산하기 위해서는 기본적으로 강성주이론과 탄성주이론을 모두 적용할 수 있다. 모든 부정류 유형에 일반적으로 적용되는 탄성주이론에 반하여 강성주이론은 유체의 압축성과 배관벽의 탄성을 무시하므로 기본적으로 "짧은 관로"의 적용으로 제한되며, 또한, 고주파 충격압 진동(high frequency shock pressure fluctuation)을 해결할 수 없다. 그러나 수력시스템의 저주파 충격압 진동에 초점에 있을 때 강성주이론을 유리하게 적용할 수 있다. 이러한 저주파 유동 진동은 개방형 U 자관의 유동 진동과 매우 비슷하다. 수력발전소에서는 예를 들어 각 부하 조절 후, 특히 원치 않는 부하차단 후 호수와 서지탱크 사이에서 감쇠된 유동 진동을 아는 것이 종종 필요하다. 여기에는 시스템의 안정성 성능과 사용된 서지 탱크의 용량에 대한 평가가 포함되는 경우가 많다. 항상 적절한 계산 알고리즘을 사용하여 안정적인 계산을 완료하여야 한다.

고주파 진동은 초당 반복수, ㎐가 상대적으로 높은 진동 또는 빠르게(많이) 반복하는 진동으로서 관로의 피로파괴와 관련되는 반면 저주파 진동은 초당 반복수, ㎐가 상대적으로 낮은 진동 또는 느리게(적게) 반복하는 진동으로서 관로의 응력과 변형량과 관련된다.

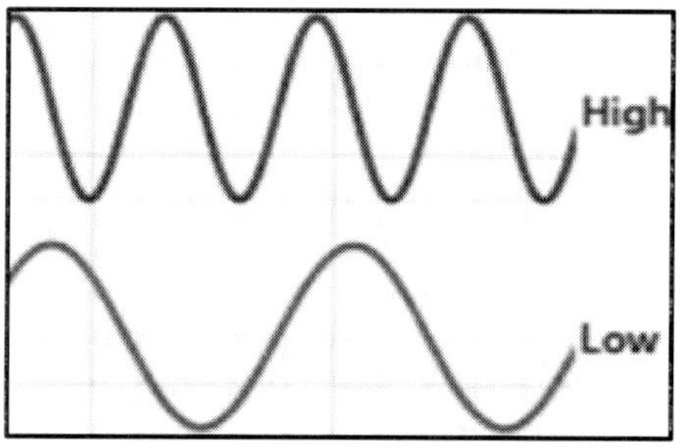


**그림 1.34** 고주파와 저주파 압력진동

# 02 체크밸브 수력성능

CHAPTER

유체를 수송하는 시스템에서 여러 수원이 있을 때 오직 한 방향으로 유동을 유지하여야 할 필요가 있는 경우 지형 또는 수력 조건에 의해 역류가 되는 것을 방지하여야 한다. 체크밸브는 때로는"논리턴"또는"역압력밸브"라고도 불린다. 체크밸브는 관로로부터 심정 또는 흡입측으로 물이 역류되지 않도록 펌프장, 그리고 특히 깊이가 깊은 심정 펌프설비에 널리 사용된다.

체크밸브를 동작원리에 따라 스윙식, 수평식 또는 시스템 내 압력으로 동작하는 유압식으로 구분된다. 체크밸브는 완전 자동설비이고 체크밸브의 모든 특성은 밸브 설계에 의해 결정되며 설비 운영자는 이 밸브 성능에 아무런 영향을 끼칠 수 없다. 그러나 특정 체크밸브의 운영특성은 시스템의 요구에 따라 밸브 외부에 설치된 특별 설비에 의해 영원히 고정될 수 있다.

## 2.1 스윙식 체크밸브

회전에 의해 운영되는 스윙식 체크밸브는 용수공급 시스템에서 가장 널리 사용되는 밸브이다.

### 2.1.1 구조

- **하우징.** 밸브 하우징은 통상적으로 몸체 및 커버 두 부분으로 구성된다. 몸체는 플랜지 또는 나사로 조립된다. 직경이 작고 나사로 조립되는 밸브들은 통상적으로 동 합금으로 제작되며 하나의 하우징 속에 제작된다. 직경이 큰 밸브들은 주물 또는 주강으로 제작되며 커버는 나사 또는 플랜지로 몸체에 조립된다. 특정 체크밸브는 몸체의 상부에 드릴 가공하여 축과 밀봉 요소 힌지를 삽입한다. 이 부분은 몸체 한쪽 또는 양쪽으로 돌출하며 이 드릴 구멍에 부싱과 밀봉 장

치들로 삽입하여 밸브 안으로부터 누수되는 것을 방지한다.

커버 근방의 몸체 상부는 밸브 개방 위치에서 밀봉 플랩을 수용하고, 하우징 이 부분의 규격과 형상에 따라 밸브의 최대 개방 각도가 결정된다. 몸체 하부에 위치한 섬프(sump)는 밀봉 플랩의 이동시 밸브 하부에 침전된 고체, 고형물 등과 접촉되지 않도록 공간을 제공한다.

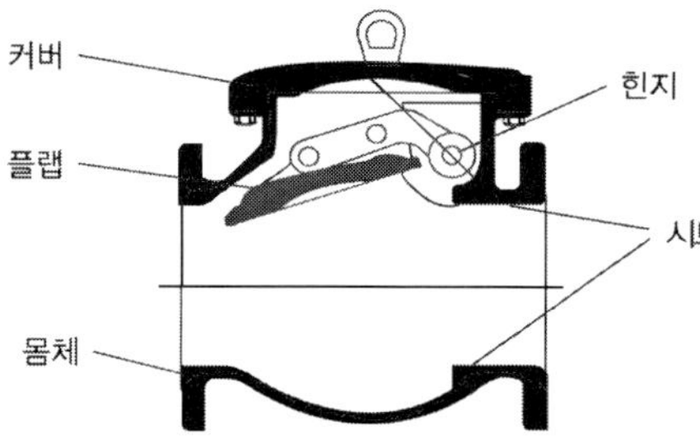


**그림 2.1** 스윙식 체크밸브 구조

- **시트(seat).** 시트링은 저압력용일 경우 동 합금, 고압력용일 경우 스테인리스로 제작되며 밸브 공칭직경과 일치하는 크기로 하우징의 하부에 조립된다. 시트링은 가압하거나 나사로 고정된다.
- **힌지(hinge).** 시트 상부보다 높은 하우징 상부에 설치된 힌지는 유동 방향과 직각으로 시트와 수평으로 위치한다. 몸체 벽 내 삽입된 부싱 또는 커버 내 브라켓으로 힌지의 축은 양쪽 끝에서 지지된다. 축은 부싱 내에서 자유롭게 회전하거나 플랩의 암(arm)만이 힌지에서 자유롭게 스윙할 수 있도록 몸체에 고정된다.

밸브 몸체 밖으로 돌출된 축을 갖는 밸브의 축은 슬램을 방지하기 위한 중량물, 스프링 또는 유압 브레이크, 폐쇄 속도 조정, 또는 밸브의 위치표시기를 추가할 수 있도록 항상 자유스럽게 회전되어야 한다.

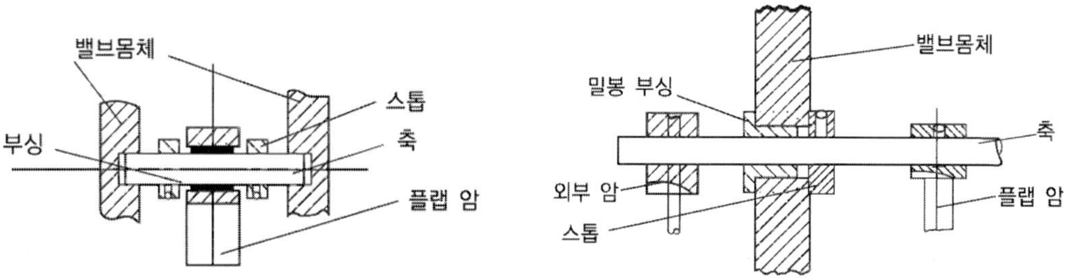


**그림 2.2** 고정 힌지와 돌출된 축

• **플랩(flap).** 원형 형상의 디스크인 플랩은 힌지를 기점으로 하나 또는 두 개의 암으로 연결되어 스윙한다. 밀봉 재료는 금속-금속을 사용하나 탄성 밀봉 재료도 자주 사용되며 형상은 림(rim) 둘레를 감싸는 원형 형상을 한다. 탄성 밀봉 재료들로 천연 또는 인공 고무, 가죽 등이 일반적으로 사용된다. 체크밸브의 플랩은 아무런 외부 도움 없이 전 원주길이에 걸쳐 시트와 밀접하게 접촉되어야 한다.

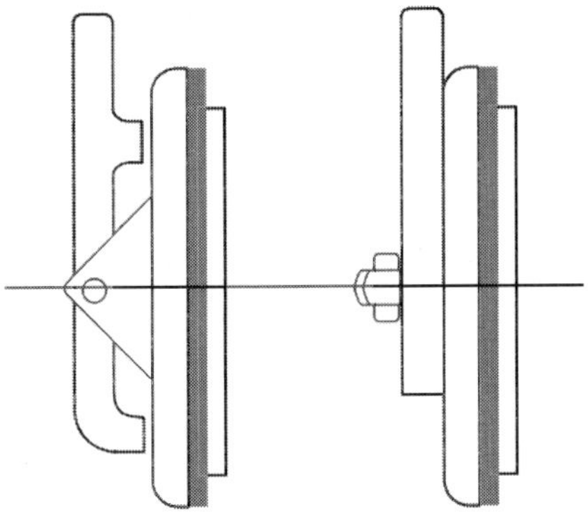

**그림 2.3** 플랩

## 2.1.2 체크밸브 동작

체크밸브는 관로 내 플랩의 밀봉 면이 상류측을 향하도록 설치되어 유입되는 유동은 체크밸브 플랩면에 힘을 가하여 들어 올린다. 플랩이 유동 단면의 외부로 스윙하도록 체크밸브 몸체가 설계되었으며 플랩이 최대 위치로 올라가면 유동은 실제적으로 교란을 받지 않는다.

유동이 정지하면 플랩 자체 무게에 의해 플랩은 원래의 위치인 시트로 되돌아온다. 경사 시트를 갖는 틸팅 디스크 체크밸브에서는 플랩의 수직 중량 성분은 플랩에 추가적인 밀봉력을 주게 된다.

밸브로 역류가 유입되면 밸브 출구부에서 압력은 유입부보다 커지게 되고, 차압에 기인한 힘은 플랩 뒷면에 작용하여 시트로 밀착시켜 밀봉력이 커지게 되어 역류를 정지시킨다.

밸브 몸체 바깥측으로 돌출된 축은 위치 표시계, 원격 지시 또는 펌프에 명령을 주기 위한 전기 스위치를 연결하기 위해 사용될 수 있다. 또한 이 축에 중량물, 슬램을 방지하기 위한 유압 브레이크, 또는 플랩 이동비를 조정하기 위한 스프링 설비를 연결하는 데 사용될 수 있다.

## 2.1.3 수력 성능

체크밸브의 기계적 그리고 수력적 성능은 플랩의 동작과 유속에 상호 의존되며 다른 유동제어설비들의 성능과는 기본적으로 다르다.

유동이 정지된 상태에서 플랩은 중량에 의해 시트에 위치하며 밸브는 폐쇄된 상태를 유지한다. 플랩의 개방 위치는 유출 유속에 따라 결정된다. 유속이 증가하면 인양각도와 유동단면적도 증가한다. 인양각도의 증가는 플랩이 몸체 커버에 의해 정지될 때까지 계속된다. 이 순간부터 유속이 증가되면 인양각도, 유동 단면적에 아무런 변화가 없고 단지 밸브 내 에너지손실만 증가하게 된다.

다양한 요소가 밸브 성능에 영향을 미쳐 상세한 동역학적 분석이 거의 불가능하지만 대략적인 기계적-수력적 조건의 개념을 다음과 같이 고려할 수 있다.

### ① 수평식 체크밸브

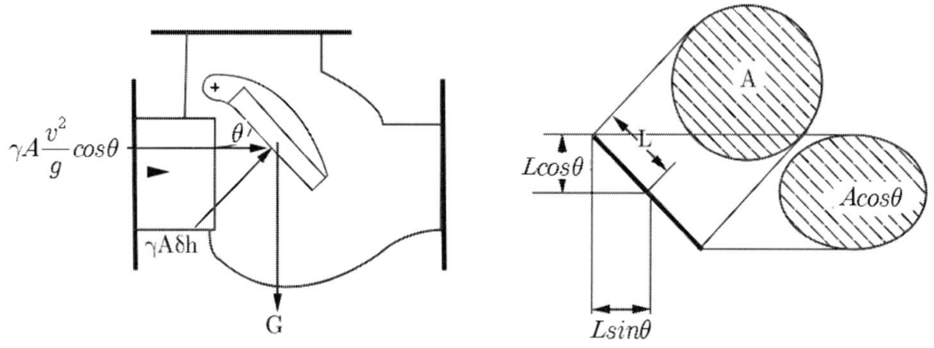


**그림 2.4** 수평형 플랩에 작용하는 힘

밸브는 힌지로부터 $Lsin\theta$에 위치한 플랩의 중량 $G$의 모멘트에 의해 폐쇄된다.

$$M_0 = GLsin\theta \tag{2.1}$$

상기 모멘트는 다음과 같은 유동의 두 수력학적 모멘트에 의해 반대된다.

- 플랩의 전면과 후면 사이 압력차이에 의해 작용하는 모멘트

$$M_1 = AL\gamma dh \tag{2.2}$$

- 다음과 같이 계산되는 플랩 면에 부딪히는 유동에 의해 발생하는 모멘트

$$\xi = Ft = \frac{Wv}{g} \tag{2.3}$$

단위 시간당 플랩 단면적 $A$에 부딪히는 유체의 무게는

$$W = Q\gamma t = Av\gamma t \tag{2.4}$$

플랩에 작용하는 힘은

$$F = \frac{Wv}{gt} = \frac{Av^2\gamma}{g} \tag{2.5}$$

플랩이 유동의 부딪히는 방향으로 경사가 있으면 $Acos\theta$가 되고 합성력은 다음과 같다.

$$F = \gamma A\frac{v^2}{g}cos\theta \qquad (2.60$$

상기 힘은 힌지로부터 거리 $Lcos\theta$ 떨어진 곳에 작용하며 결과적으로 모멘트는 다음과 같다.

$$M_2 = \gamma AL\frac{v^2}{g}cos^2\theta \qquad (2.70$$

두 모멘트의 비율은 인양각도에 따라 변화한다. 개방 첫 단계에서 압력차이로부터 발생하는 힘은 플랩의 동작에 모든 일을 하게 된다. 그러나 이미 초기 단계에서 플랩의 양면에 작용하는 압력과 개방 10도 정도에서 이 힘은 밸브를 개방상태로 유지하는 데 필요한 일의 50% 정도가 되고 30~40도에서는 실제적으로 압력차에 의한 이 힘은 무시할 수 있으며 인양의 대부분은 유체의 제트에 의해 수행된다.

밸브가 개방되어 인양각도가 증가하면서 제트에 의해 발생되는 모멘트는 감소한다. 따라서 밸브 개도를 더욱 증가시키기 위해서는 상당한 유속 증가가 필요하게 된다. 나머지 플랩의 모든 위치 이동은 유속의 크기에 따라 결정된다.

밸브의 완전 개방 위치에서는 플랩 면 사이에는 더 이상 압력차이가 발생하지 않으며 플랩을 개방위치로 유지하기 위한 모든 일은 유동의 모멘텀에 의해 수행된다. 이 단계에서 물과 접촉하는 면적 $Acos\theta$는 매우 작고, 유속은 적정하게 높고, 모든 스윙식 체크밸브 내 최대 인양 각도는 대략 70도 이내가 된다.

모멘트 평형으로부터 인양각도에 따라 결정되는 유속을 대략적으로 계산할 수 있다.

$$M_0 = M_1 + M_2 \tag{2.8}$$

식 2.1, 2.2 및 2.7를 상기 식에 대입하면

$$LGsin\theta = LA\gamma\frac{v^2}{g}cos^2\theta + LA\gamma dh \tag{2.9}$$

완전 개방위치에서 손실수두 $dh$는 무시할 수 있으며 따라서 체크밸브 인양각도 $\theta$를 유지하기 위한 유속은 다음과 같다.

$$v = \sqrt{\frac{Ggtan\theta}{A\gamma cos\theta}} \tag{2.10}$$

가동부 $G$의 유효 중량과 플랩 면적 $A$를 알 수 있다면 플랩 개방 위치를 유지하기 위해 필요한 대략적인 유속을 계산할 수 있다. 이러한 자료들은 후에 기술하겠지만 임의 시스템에서 체크밸브의 규격을 결정하는 데 상당히 중요하다.

체크밸브 내 개방 각도와 유속에 대한 개념을 이해하기 위해 암-플랩 조립품의 중량이 각각 15㎏ 및 20㎏, 공칭직경 250㎜ 스윙식 체크밸브를 예로 들어 계산하기로 한다. 표 2.1은 플랩의 중량에 따른 최대 인양각도를 유지하기 위해 필요한 유속을 나타낸다.

[표 2.1] 플랩 중량물을 고려한 인양 각도에 따른 유속

| 최대 인양 각도 | 유속 $v(m/s)$ | |
|---|---|---|
| | 15㎏ 플랩 | 20㎏ 플랩 |
| 5 | 0.51 | 0.59 |
| 10 | 0.73 | 0.85 |
| 15 | 0.91 | 1.05 |
| 20 | 1.08 | 1.24 |
| 25 | 1.24 | 1.43 |
| 30 | 1.41 | 1.63 |
| 35 | 1.60 | 1.85 |
| 40 | 1.81 | 2.09 |
| 45 | 2.06 | 2.38 |
| 50 | 2.36 | 2.72 |
| 55 | 2.73 | 3.15 |
| 60 | 3.22 | 3.72 |
| 65 | 3.89 | 4.50 |
| 70 | 4.90 | 5.65 |

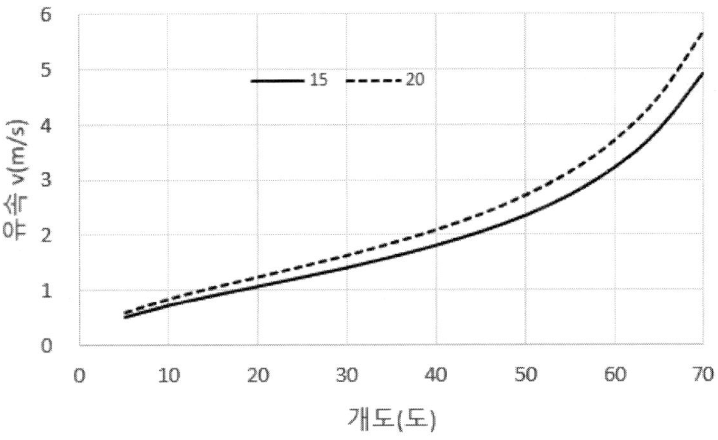


**그림 2.5** 플랩 중량물 개방을 위한 최소 유속

밸브의 개방 단계에서 인양 각도가 유속에 미치는 영향을 구하기 위해 평형식 내 다양한 플랩의 위치 내 손실수두를 고려하여야만 하며, 이는 밸브의 특징에 좌우된다. 그러나 관련된 매개변수들의 상호 영향들을 적정하게 평가하기 위해서 인양 각도 $sin\theta$에 비례하여 변경시키기 위해 상당한 신뢰도를 갖고 밸브 내 유량계수 $C_v$를 가정할 수 있다. 따라서 손실수두는 다음과 같이 나타낼 수 있으며, 여기서 $N$은 주어진 밸브 특성으로 상수이다.

$$dh = \frac{2N}{sin^2\theta}\frac{v^2}{2g} \tag{2.11}$$

모멘트 평형은 다음과 같이 된다.

$$LGsin\theta = LA\gamma\frac{v^2}{g}\left(cos^2\theta + \frac{N}{sin^2\theta}\right) \tag{2.12}$$

유속을 구하면

$$v = \sqrt{\frac{Gg\left(1 - cos^2\theta\right)^{1.5}}{A\gamma\left(N + cos^2\theta - cos^4\theta\right)}} \tag{2.13}$$

다른 인양 각도에서 $N = 0.03$으로 가정한 것에 상응하는 $K$ 수치는 표 2.3과 같다. 인양 각도 30도 이후부터는 상당한 손실수두의 수치 변화가 없으며 상당히 낮은 수로 유지된다. 나머지 수치들은 전술한 것과 동일하고 $N = 0.03$으로 가정하면, 플랩 인양위치에 따른 유속은 다음과 같다. 상기 모든 계산과 자료들은 현장 시험과 기술 문헌에 기술된 유용한 실험실 시험에 기초하였다. 상기 계산들은 체크밸브 기능을 대략적으로 설명하기 위해 제공하였으며 확고하게 정립된

이론으로는 고려할 수 없다.

[표 2.3] 인양 각도에 따른 $K$ 수치

| $\theta$ | $K$ | $\theta$ | $K$ |
|---|---|---|---|
| 5 | 7.90 | 40 | 0.15 |
| 10 | 2.00 | 45 | 0.12 |
| 15 | 0.90 | 50 | 0.10 |
| 20 | 0.51 | 55 | 0.09 |
| 25 | 0.34 | 60 | 0.08 |
| 30 | 0.24 | 65 | 0.07 |
| 35 | 0.18 | 70 | 0.07 |

[표 2.3] 플랩 손실수두를 고려한 인양 각도에 따른 유속

| 최대 인양 각도 | 유속 $v(m/s)$ | |
|---|---|---|
| | 15㎏ 플랩 | 20㎏ 플랩 |
| 5 | 0.23 | 0.27 |
| 10 | 0.51 | 0.59 |
| 15 | 0.75 | 0.86 |
| 20 | 0.95 | 1.09 |
| 25 | 1.13 | 1.31 |
| 30 | 1.31 | 1.51 |
| 35 | 1.50 | 1.73 |
| 40 | 1.71 | 1.97 |
| 45 | 1.94 | 2.24 |
| 50 | 2.22 | 2.57 |
| 55 | 2.56 | 2.96 |
| 60 | 2.99 | 3.45 |
| 65 | 3.55 | 4.10 |
| 70 | 4.31 | 4.98 |

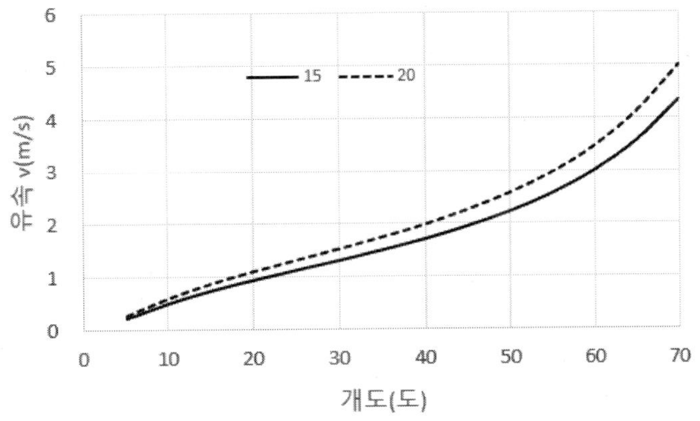


**그림 2.6** 유속에 따른 개도

### ② 수직식 체크밸브

지금까지 수평으로 설치된 스윙식 체크밸브의 수력적 특징을 고려하였다. 그러나 체크밸브는 경사 또는 수직의 상방향 유동관로에 설치될 수 있다. 수직으로 설치된 체크밸브 플랩의 폐쇄 모멘트는 다음과 같으며 밸브가 개방되면서 감소된다.

$$M_1 = GLsin\theta \tag{2.14}$$

모멘트 평형식은 다음과 같다.

$$GLcos\theta = LA\gamma\left(dh + \frac{v^2}{g}cos^2\theta\right) \tag{2.15}$$

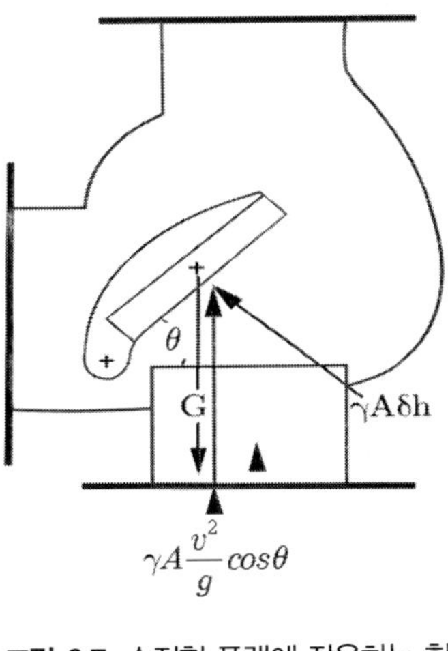


**그림 2.7** 수직형 플랩에 작용하는 힘

수직형은 동일한 위치에서 플랩을 개방하고 유지하기 위해 수평형보다 더 큰 힘이 필요하지만 밸브 개도 증가에 따라 감소한다. 완전 개방 위치에서 유속은 다음과 같다.

$$v = \sqrt{\frac{Gg}{A\gamma cos\theta}} \tag{2.16}$$

체크밸브의 최대 개방을 위한 유속비는 다음과 같다.

$$v_v = \frac{v_p}{\sqrt{tan\theta}} \tag{2.17}$$

여기서 $v_v$ : 수직 속도성분

$v_p$ : 수평 속도성분

체크밸브를 $\theta = 50°$ 이하로 개방시키기 위한 유속은 수직형 체크밸브가 크지만 $\theta = 50°$ 이상에서는 수평형 체크밸브가 30~40% 정도 커야 한다.

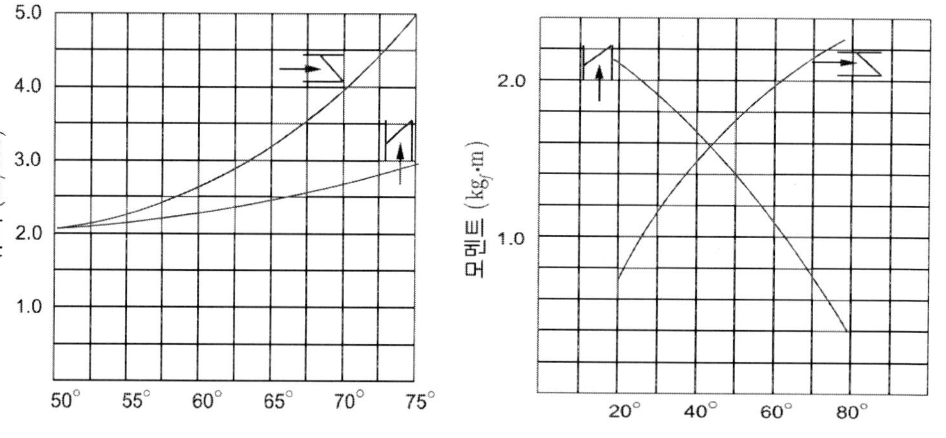


**그림 2.8** 10인치 스윙 체크밸브 개도에 따른 유속과 모멘트

## 2.2 수평식 체크밸브

### 2.2.1 구조

수평식 체크밸브는 글로브 형태, 직선 유동형태, Y 형태로 나눌 수 있다. 직선 유동 내 수평 체크밸브는 가장 광범위하게 사용되며, 이 밸브 몸체는 통상적으로 하나로 구성되고, 난형(ovoid) 형태, 플랜지가 없는 웨이퍼(wafer) 형태, 플랜지 또는 나사 체결용이 있다. 둥근 면을 갖는 플랫형 또는 원뿔형의 동작 요소는 스파이더에 의해 몸체 중앙에 고정된 축 또는 가이드상에서 동작한다. 통상적으로 이러한 형태의 대구경 밸브는 수직 유동축에 설치된다.

유동이 정지된 조건에서 밀봉 요소는 밸브 바닥에 놓여 이 요소 자체 중량과 상부 수주 및 보조 스프링에 의해 시트에 압착된다.

하부로부터 유입되는 유동은 밀봉 요소들을 들어 올려 밸브를 개방하여 밀봉 요소 둘레로 빠져나가 이 밀봉 요소 상부를 통해 밸브를 떠난다.

가장 광범위하게 사용되는 직선 유동밸브는 웨이퍼 형식이다. 이 밸브는 플랜지가 없으며 인접 배관에 용접된 두 개의 플랜지 사이에 수직 배관 내 삽입된다. 50㎜ 이하의 경우 안 나사 및 바깥 나사로 수직, 수평, 경사진 배관에 설치될 수 있다. 그러나 유동이 하부 방향인 관로에 설치하면 밸브가 비정상적으로 동작할 수 있으며 적정한 역류의 차단을 방해할 수 있다.

글로브 체크밸브는 디스크 형태의 차단밸브와 유사하게 제작되나, 밀봉 디스크는 가이드에서 작동 메커니즘에 의해 제한을 받지 않고 자유롭게 이동한다. 물은 중량으로 또는 스프링으로 힘을 받는 디스크를 들어 올리면서 90도로 두 번 전환되어 밸브를 통과한다.

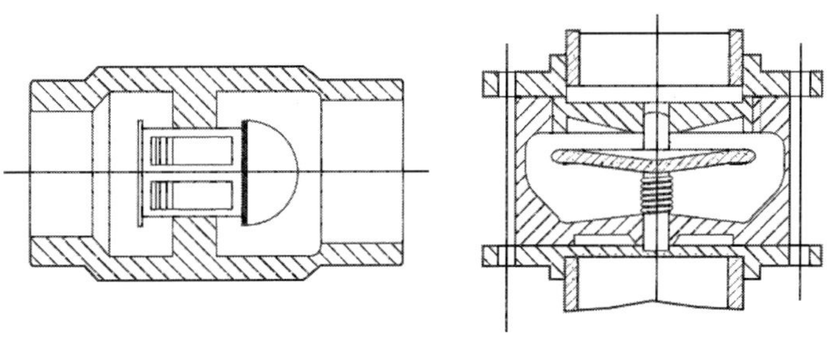


**그림 2.9** 직선 유동 체크밸브

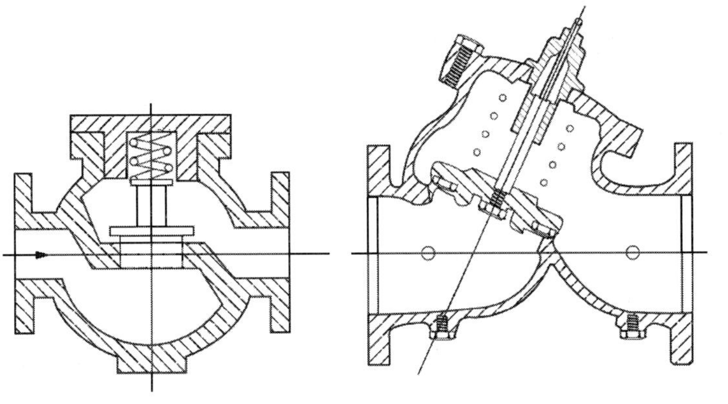


**그림 2.10** 스프링 장력 체크밸브

## 2.2.2 수력 성능

디스크에 작용하는 수직력을 등가시켜 수평 또는 수직으로 설치된 체크밸브의 성능을 나타낼 수 있다. 수평형 체크밸브에서는 힌지를 중심으로 한 모멘트가 없으므로 계산은 회전식보다 단순하다.

하부 방향으로 작용하는 전체 힘은 움직이는 부분의 중량 $G$, 스프링 힘, 또는 추가적인 부하 $W$로 구성되며, 상부 방향으로 작용하는 힘들은 다음과 같다.

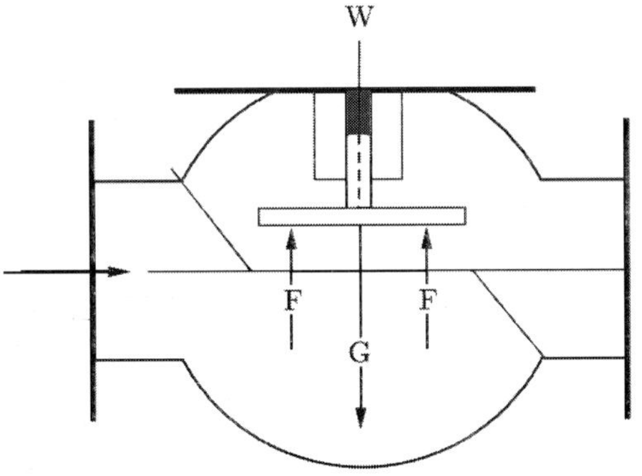


**그림 2.11** 수평 체크밸브 내 힘

디스크 단면에 작용하는 압력차에 의한 힘

$$F_1 = A\gamma dh_1 \tag{2.18}$$

디스크 하부 방향에 작용하는 물 제트의 충격에 의한 힘

$$F_2 = A\gamma\frac{v^2}{g} \tag{2.19}$$

따라서 체크밸브에 작용하는 힘의 평형은 다음과 같다.

$$W+G = F_1 + F_2 = A\gamma\left(dh_1 + \frac{v^2}{g}\right) \tag{2.20}$$

상기 식으로부터 디스크에 작용하는 압력차는 다음과 같다.

$$dh_1 = \frac{W+G}{A\gamma} - \frac{v^2}{g} \tag{2.21}$$

유속증가 및 디스크 위치 이동에 따른 유동단면적 증가에 따라 압력차가 감소한다. 그러나 오리피스 내 마찰과 유동의 전환에 의해 몸체 내에서 발생하는 에너지 손실은 상당하여 무시할 수 없으므로

$$dh_2 = K\frac{v^2}{2g} \tag{2.22}$$

밸브 내 전체 손실수두는 다음과 같다.

$$dh_{total} = \frac{W+G}{\gamma A} + \frac{v^2}{g}\left(\frac{K}{2} - 1\right) \tag{2.23}$$

상기 식 오른쪽의 두 항의 의미는 유체가 밸브를 통과할 때 스윙식 체크밸브 및 다른 형식의 체크밸브 내에서 에너지 손실은 주로 움직이는 요소를 통과할 때 발생하며, 따라서 디스크의 후면에 작용하는 압력은 유출 압력과 근사하다. 따라서 디스크 양면에 작용하는 압력차는 밸브가 오직 부분적으로 개방되는 위치에서의 대략적인 손실수두로 간주할 수 있다.

글로브 체크밸브에서 유동은 디스크 밑에서 유입되고 오리피스를 통과한 후 90도로 전환되어 유출부로 향한다. 따라서 디스크 상부측 압력은 유출압력과 직접적인 관련은 없지만 실험실 시험을 통해 중간 수치를 얻을 수 있다. 이 중간 수치는 디스크에 힘으로 작용하고 밸브 내 손실수두와는 별개로 고려하여야 한다.

올바르게 설계된 체크밸브 내 손실계수는 $K=2.0$에 근접하며, 디스크 개방위치가 증가하면 식 2.23 우변의 마지막 항은 0에 접근하고 대부분의 스트로크에서 전체 손실수두는 상수가 되며,

낮은 유속에서 최초 개방위치를 제외하고 이 식은 유지된다.

$$\left(\frac{K}{2}-1\right)\approx 0 \tag{2.24}$$

$$dh=\frac{W+G}{A\gamma} \tag{2.25}$$

인양 높이가 $D/4$에 도달하면 디스크는 완전하게 유동영역 외부에 위치하고, 유입 유동 모멘텀에 의해 그 위치가 유지되고, 이 순간부터 밸브는 다른 수력설비와 동일하게 거동한다.

$$dh=K\frac{v^2}{2g} \tag{2.26}$$

완전 개방을 위한 유속은 다음 식으로 구할 수 있다.

$$v=\sqrt{\frac{g(W+G)}{A\gamma}} \tag{2.27}$$

대략적이지만 상기 계산은 밸브 내 기계적, 수력적 조건의 일반적인 개념을 제공한다. 밸브에서의 마찰과 스프링력이 다를 경우 상기 수치들은 주로 스프링의 특성에 따라 결정된다. 이와 관련하여 스프링 힘은 상대적인 압축에 비례하여 변화하고 스프링의 전체길이와 밸브 인양거리에 따라 결정된다. 대부분 체크밸브 내 스프링은 상대적으로 짧지만 이 스프링은 에너지 손실 및 밸브에 작용하는 힘에 상당한 영향을 미친다. 그러나 수평형 밸브 내 유동특성은 회전식 밸브 내에서와 같이 광범위한 운영 유속에 걸쳐 상당히 일정하다.

## 2.3 버터플라이 체크밸브

### 2.3.1 구조

버터플라이 체크밸브는 매우 짧은 원통형 몸체, 플랜지 또는 웨이퍼 형식으로 구성되어 관로에 설치하기에 매우 편리하다. 몸체 내 직경방향으로 설치된 축은 반원형인 한 쌍의 날개의 힌지의 역할을 한다. 이 한 쌍의 날개는 축방향 유동에 직각인 폐쇄위치와 유동과 평행한 개방위치 사이에서 85°~90°로 동작한다. 하나 또는 두 개의 코일형태의 토션 스프링이 축을 감싸며 유동이 정지된 상태에서는 날개를 폐쇄시킨다.

밸브 몸체와 가동부는 구상흑연 주철 또는 주철 또는 동합금으로 제작되며 축은 스테인리스 스틸로 제작된다. 날개에 고정된 두 개의 반원형 탄성 플레이트 또는 시트링들은 때로는 밀봉 역할을 하나 날개의 원주 근방 홈에 삽입된 기계적 수압 형태의 밀봉장치가 가장 좋다. 다른 모델들은 탄성체로 라이닝된 몸체로 설계되어 날개에 추가적인 밀봉이 필요 없도록 설계된다.

밸브는 유체가 상부로 유동하는 수직관로 또는 수평으로 유동하는 수평관로 내 수직으로 설치되도록 설계된다. 다른 형태로 밸브를 설치하면 밸브가 적정하게 동작하지 못해 손상될 수 있다.

수평관로에 밸브를 설치할 경우에는 밸브 축이 수직으로 설치되어 완전 개방 및 폐쇄가 보장되어야 한다. 그러지 않을 경우 날개의 중량은 날개의 위치에 영향을 미쳐 유동이 정지된 조건에서 상부 날개의 폐쇄를 방해하거나 유동시 하부 날개가 완전 개방되지 않을 수 있다.

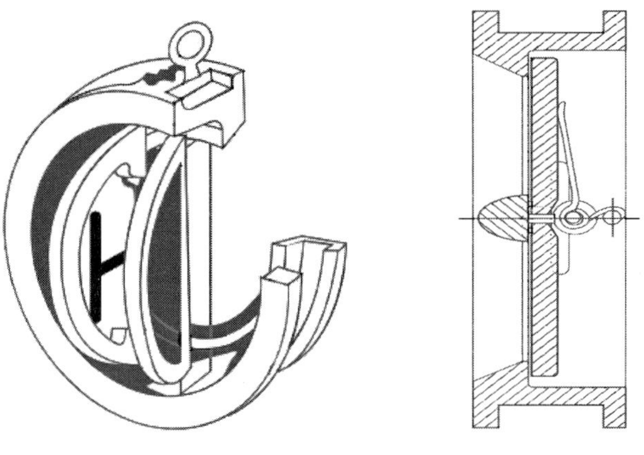

**그림 2.12** 버터플라이 체크밸브

## 2.3.2 수력 성능

유입하는 유체는 밸브의 유동 단면적을 제외한 밸브 날개 면적 $A(1-cos\theta)$와 충돌하며, 여기서 $A$는 밸브전체 유동 단면적이다. 이 유동 단면적은 개방 첫 단계에서는 완만하게 증가하고 30°에서는 전체 단면적의 15% 정도에 지나지 않는다.

밸브 내 기계적 조건들은 스윙식 체크밸브와 유사하나 계산시 힌지로부터 대략 $0.21D$인 날개의 무게중심 거리로 날개 암(arm)의 유효길이를 대체하여야 한다. 또한, 비틀림 각도에 비례하는 코일 형식의 토션 스프링에 의해 발생하는 힘으로 날개의 무게를 대체하여야 한다.

이 밸브는 부싱 내에서 회전하고 몸체 밖으로 돌출한 상부 밸브 축을 이용하여 명령이나 유동 지시계로 사용한다. 두 날개들 중 오직 하나만이 세트 나사에 의해 축에 견고하게 고정되며 이 축은 날개의 이동과 함께 회전한다. 회전하는 축에 지시계 또는 명령 장치를 연결할 수 있다. 다른 날개는 축을 오직 힌지로서 사용하면서 축의 회전과 무관하게 자유롭게 동작한다.

버터플라이밸브의 매우 짧은 몸체는 설치시 특별한 관심이 필요하다. 버터플라이밸브의 날개는 플랜지 밖으로 돌출하므로 인접설비와의 간섭에 의해 손상될 우려가 있다. 이러한 가능성을 최소화하기 위해 밸브가 설치되는 배관의 직경은 최소한 밸브의 직경 보다 커야한다. 밸브를 설치할 인접 배관이 몰탈 라이닝 되었거나 또는 플랜지 용접 심(seam)이 있을 때는 날개의 가장자리(rim)에 심각한 손상이 발생한다. 체크밸브의 토출측에 다른 장비들을 직접적으로 연결하면 밸브 및 장비의 동작부들 사이에 간섭이 발생하여 심각한 손상이 발생할 수 있다.

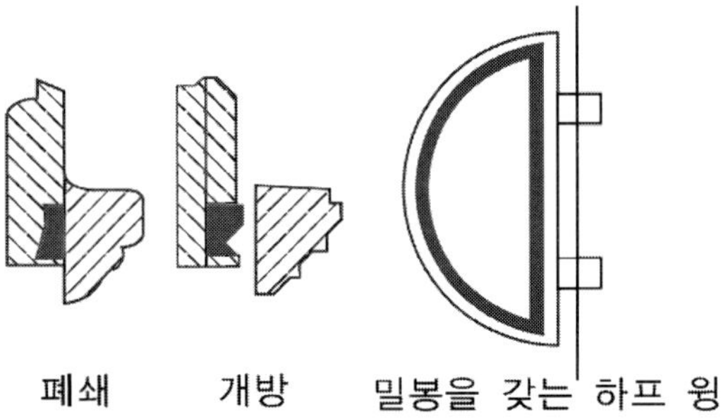


**그림 2.13** 수력기계적 밀봉장치

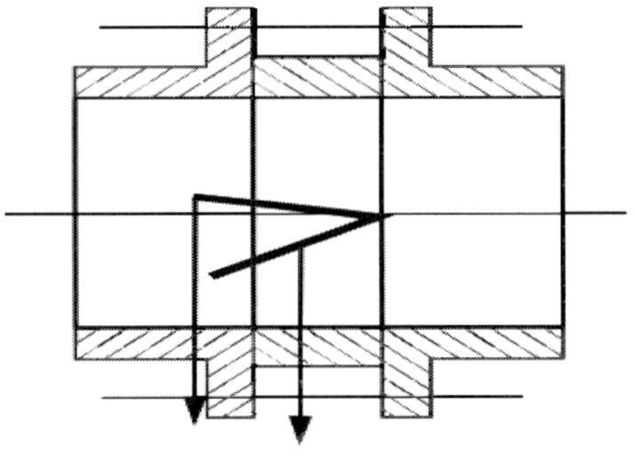

**그림 2.14** 수평식 B/F밸브 체크밸브 폐쇄력

## 2.4 틸팅 디스크 체크밸브

틸팅 디스크 체크밸브의 구조는 편심 차단 버터플라이밸브와 유사하다. 몸체는 짧은 플랜지 또는 웨이퍼 형식이 있으며 날개는 축에 고정되어 회전한다. 이 밸브의 축은 항상 배관 내 수평으로 하여 설치하여야 한다. 축은 밸브 유동중심 축으로부터 $0.25D$ 상부에 위치하며 축 하부 날개의 면적은 전체 날개의 80% 정도이다.

유입 유체가 하부 날개에 작용하는 힘은 상부 날개에 작용하는 힘보다 크므로 밸브가 개방된다. 유동이 없을 경우에는 날개 무게에 의해 밸브가 폐쇄되며 역류에 의한 압력은 날개를 시트에 견고하게 밀착시킨다.

밀봉은 금속 대 금속 또는 몸체 내부 전체 표면을 탄성체 라이닝으로 구성할 수 있다. 때로는 밀봉은 몸체 또는 날개에 탄성체 링으로 구성할 수도 있다. 어떤 모델은 시트링이 수직과 30~45°각도로 경사지게 설치되어 낮은 역류압력에서 폐쇄정도가 개선된다.

특히, 이 체크밸브는 스윙식 체크밸브와 유사하지만 역류시 상부 날개에도 압력이 작용하여 날개가 더욱 완만하게 동작하도록 제동력을 주는 특징을 갖는다.

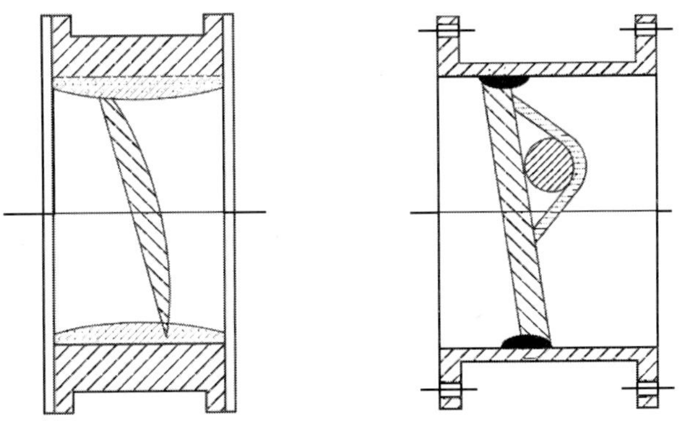

슬리브 밀봉을 갖는 웨이퍼 형식　　링 밀봉을 갖는 플랜지 형식

**그림 2.15** 틸팅 체크밸브

## 2.5 방사형 체크밸브

방사형 체크밸브는 난형 몸체 통(ovoid-shaped body shell)의 안쪽 원주방향으로 넓은 탄성체 링의 외부가 견고하게 고정된다. 이 탄성체 링의 안쪽은 자유롭게 움직이며 원형 플랩의 형태가 되며 구형 몸체에 의해 지지된다. 이 구형 몸체는 밸브 중앙에서 방사상 지주(radial strut)에 의해 지지된다. 밸브로 유체가 유입되면 플랩을 들어 올려 몸통(shell)과 난형 몸체 사이로 통과한다. 유동이 정지하면 플랩은 폐쇄위치로 되돌아와 역류를 방지하게 된다.

이 방사형 체크밸브의 주된 장점은 중력과 무관하게 작동하므로 이론적으로는 수직배관에서 하류측 방향으로 설치되어도 체크밸브의 역할을 충분히 수행한다는 것이다. 그리고 기계적인 동작부, 축, 부싱 및 밀봉장치가 필요 없다. 그러나 이 체크밸브에 대한 손실수두 곡선 및 압력-면적비와 같은 수력적 자료들이 없다.

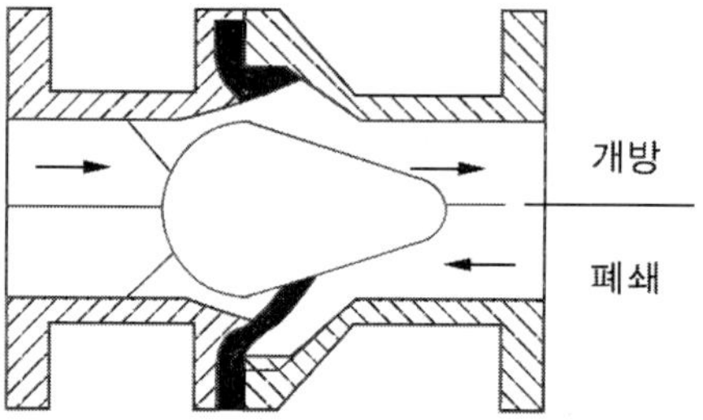


**그림 2.16** 방사형 체크밸브

## 2.6 유압식 체크밸브

하류측 압력과 분리된 작동 요소인 피스톤 또는 다이어프램의 크기를 작게한 압력 조정 밸브들은 압력챔버를 하류측 배관에 연결하여 체크밸브로 사용할 수 있다.

정상적인 유동 조건에서 디스크에 작용하는 힘에 의해 밸브가 개방된 상태가 유지된다. 만일 유동 방향이 바뀌어 하류측 압력이 상승하면 하류측 압력이 압력챔버에 작용하여 밸브가 폐쇄된다.

서보 시스템 내 파일롯을 우회하는 회로 내 작은 기계적 보조 체크밸브를 설치하여 유압밸브 및 압력 조정기 등과 같은 밸브에 한쪽 방향으로 동작하는 기능을 추가할 수 있다. 하류측 압력이 낮은 경우 이 보조 체크밸브는 폐쇄된 상태를 유지하여 주 밸브가 정상으로 동작하도록 한다. 그러나 하류측 압력이 상류측 압력을 초과하면 이 보조 체크밸브가 개방되어 유체가 압력챔버에 유입되어 주 체크밸브를 폐쇄하여 역류를 방지한다.

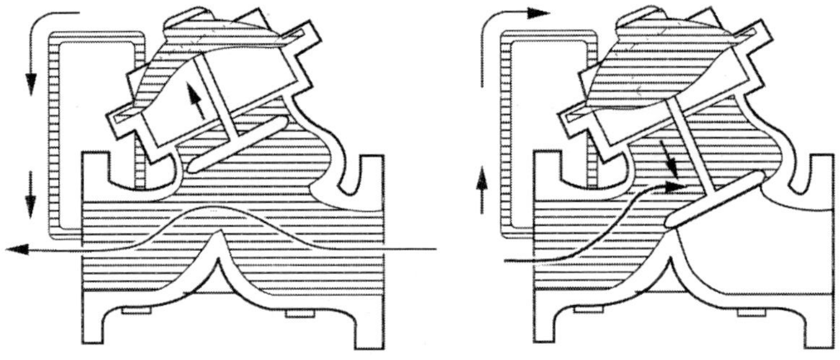

**그림 2.17** 유압식 체크밸브

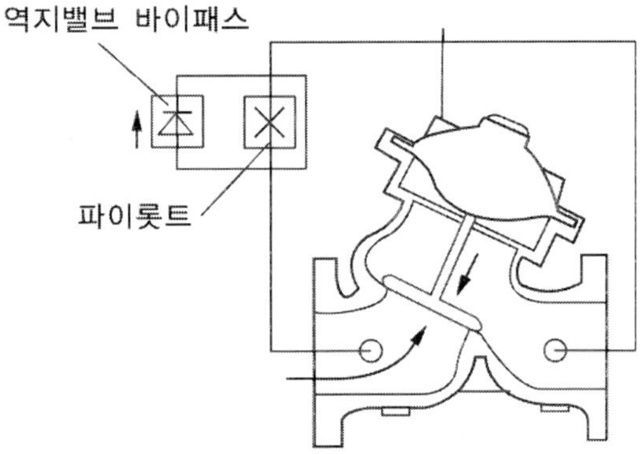


**그림 2.18** 체크밸브 압력조정

## 2.7 체크밸브 설치

체크밸브 설치의 중요성에 대해서는 이미 전술하였다. 체크밸브 설치시 주의하여야 할 사항들을 다시 한번 요약하면 다음과 같다.

수평 배관 내 축이 수직으로 설치하여야 하는 버터플라이 체크밸브를 제외하고 모든 회전식 체크밸브의 힌지를 정확하게 수평으로 설치하여야 한다. 힌지가 약간이라도 경사지게 설치되면 밸브의 올바른 동작을 보장할 수 없으며 동작부가 급속하게 마모된다. 모든 수평식 밸브들은 동작부가 수직이 되도록 설치되어야 한다. 조금이라도 경사지면 성능에 상당한 지장을 초래한다. 그러나 제작사가 승인할 경우 수평으로 설치되는 작은 규격의 밸브들은 예외이다.

유동이 수평 직선인 스윙식 및 버터플라이식 체크밸브를 수직 또는 경사 관로에 설치할 수 있지만 이로 인한 성능의 차이는 감안하여야 한다. 이런 형식의 모든 밸브들은 상향 유동 관로인 경우에만 설치하여야 한다. 만일 하향 유동 관로에 설치할 경우 밸브의 적정한 성능이 발휘될 수 없다. 펌프의 흡입관로에 사용할 풋(foot) 밸브는 반드시 관로의 수직 부분에 설치되어야 한다. 이 밸브를 다른 위치에 설치하면 밸브가 제대로 동작하지 않아 누수되며 또한 펌프 및 관로 속에 있는 물이 배수된다.

배관 내에서 다른 설비들과 직접 인접하여 체크밸브를 설치해서는 안 된다. 플랜지 밖으로 돌출하는 동작부는 다른 설비와 충돌하여 손상을 초래한다. 체크밸브의 힌지, 부싱, 그리고 플랩과 같은 동작부가 절대적으로 자유롭게 작동하도록 설계하여야 한다. 밸브의 중요 부분의 정기적인 점검 그리고 침적된 침전물, 모래 등을 주기적으로 제거하여야 밸브의 올바른 성능을 보장할 수 있다.

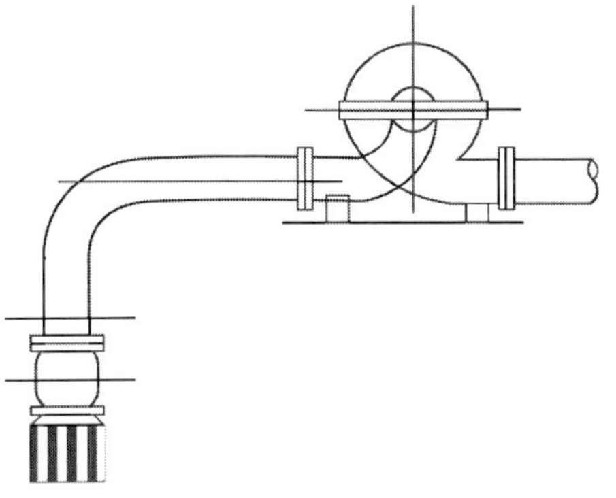

**그림 2.19** 흡입관로에 설치된 풋밸브

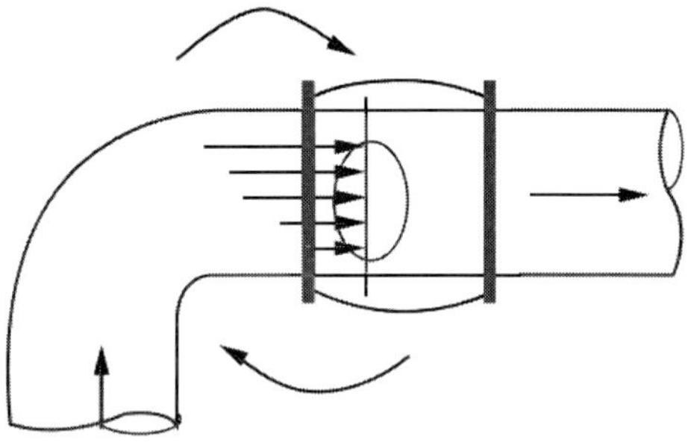

**그림 2.20** 곡관 직하류 체크밸브 불평형력

체크밸브 설계시 유입 유동은 대칭이고 유체의 제트는 밸브 디스크에 균등하게 충돌한다고 가정한다. 대부분의 설치 위치에서 이 조건은 만족하나 때로는 유속이 불균등하게 분포되면 플랩에 작용하는 힘이 다를 수 있다. 이와 같은 불평형력은 힌지를 이동시켜 부싱, 축 및 다른 동작부에 편심이 발생하여 신속하게 마모된다.

이러한 현상은 체크밸브가 배관 내 곡관부 하류로부터 짧은 거리에 설치될 경우 발생한다. 곡관 내 불균등한 유동분포는 밸브에 작용하는 힘에 영향을 미치며 조속한 마모와 고착 및 고장을 유발한다. 따라서 곡관부, 조정 밸브 또는 임의 유동에 장애를 초래하는 설비에 인접하여 체크밸브를 설치하는 것을 피하는 것이 좋다. 체크밸브 상류측에 충분한 직관길이를 확보하여 균등한 유속분포를 형성시켜 이러한 문제를 방지할 수 있다. 배관 설계시 충분한 직관거리 확보가 불가능할 경우 이와 같은 불균등 유동으로부터 영향을 적게 받는 글로브 체크밸브를 사용하여야 한다.

## 2.8 에너지 손실

글로브밸브를 예를 들어 체크밸브 내 수력 조건들을 설명하지만 회전식에 적용하여도 유용하며 밸브에 작용하는 차등 모멘트(different monent)에서 약간의 오차만이 발생한다.

앞에서 설명한 것과 같이 체크밸브 내 손실수두는 유동에 따른 디스크의 인양각도를 결정하는 압력차와 몸체 내 에너지손실에 기인한다. 압력차는 식 2.21에 의해 주어지고, 여기서 $W+G$는 가동부의 전체 중량, A는 디스크 면적이다. 몸체 내 에너지손실은 식 2.22에 의해 주어지며 여기서 $K$는 밸브 내부 구조에 좌우되는 손실수두계수이다.

개방 초기단계의 낮은 유속에서 대부분의 손실수두는 유동을 방해하는 가동부의 중량에 기인한다. 유속이 증가되면 가동부는 기울거나 상승하고, 압력차로 인한 손실수두는 감소하지만 유속 상승에 기인한 마찰손실수두는 증가한다. 따라서 상당한 인양거리(lift)에서 전체 손실수두는 다소 균등하게 유지된다.

디스크 인양거리가 $D/4$에 도달하면 수력적 관점에서 체크밸브는 완전 개방된 상태이고 이 지점으로부터 손실수두는 오직 유속의 자승 및 손실수두계수 $K$에 따라 결정되며 손실수두곡선으로부터 이를 확인할 수 있다.

그림 2.21의 유속-손실수두 곡선상에서 두 개의 중요한 점을 확인할 수 있다. 낮은 유속에서 곡선은 힘의 평형 지점인 하 임계점에 도달할 때까지 가파르게 상승한다. 이후 곡선은 대략 수평이고 밸브가 완전 개방되는 상 임계점까지 손실수두는 일정하게 유지된다. 이 점 이후에서 곡선은 다른 제어설비에서와 같이 포물선 형태이다. 대부분 체크밸브의 하 임계점은 유속 1m/s 근방에 위치하고 유속이 3~5m/s 근방에서 밸브는 완전히 개방되고 이 점은 상 임계점이 된다.

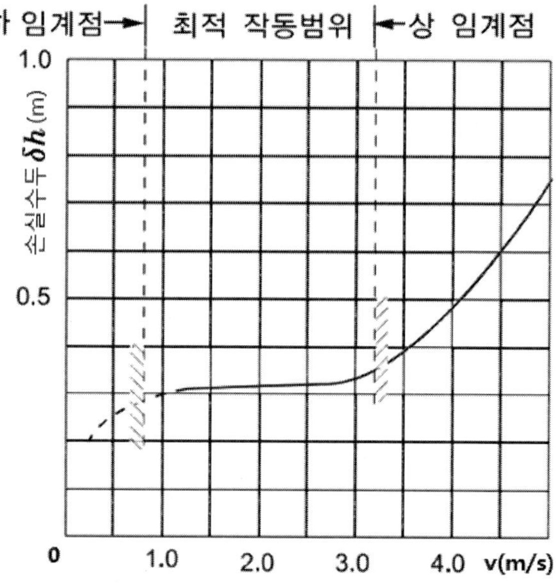


**그림 2.21** 대표적인 체크밸브 손실수두

이 두 임계점 사이가 밸브의 효율적인 운영 및 설계 범위가 된다. 하 임계점 이하에서 인양거리는 매우 작고 좁은 유동 단면에서 형성되는 에디(eddy)는 디스크 채터링을 유발할 수 있고, 시트에 슬램을 발생하여 심각한 기계적 손상을 유발한다. 또한 폐쇄와 개방이 급속히 교대로 발생하면 수격이 발생할 수 있으며 이로 인해 시설물이 파괴될 수 있다.

반대로 상 임계점 이상에서 손실수두는 매우 크고 가파르게 상승한다. 따라서 이 범위에서의 밸브 성능은 비경제적이다. 가장 효율적인 성능은 높은 유속에서도 손실수두가 상대적은 작은 상 임계점에서 얻을 수 있다. 따라서 이 지점에서 최대유속이 형성될 수 있도록 밸브 규격을 결정하여야 한다. 이렇게 규격을 결정하면 낮은 유속범위는 물론 전체 운영범위에서 걸쳐 밸브가 올바르게 동작한다. 관로 설계시 이러한 원리에 근거하여 선정한 대부분의 체크밸브는 인접 배관의 공칭직경보다 상당히 작게 된다. 그러나 실제로 대부분 체크밸브는 인접 배관과 동일한 규격으로 선정하므로 하 임계점 이하에서 운영되어 밸브와 시스템에 파손을 초래할 수 있다.

체크밸브의 형식, 가동부의 전체 중량 그리고 몸체의 내부 형상은 수력 성능에 상당한 영향을 미친다. 스윙식 체크밸브의 경우 플랩의 중량 및 외부의 추가적인 중량에 의해 영향을 받는 폐쇄 모멘트가 클수록 플랩을 완전개방하기 위해 높은 유속이 필요하다. 이 모멘트가 하 임계점을 오른쪽으로 이동시켜 불안전 성능 범위가 더욱 커지게 된다.

효율적 성능관점에서 최상의 체크밸브는 두 임계점 사이에서 매우 넓은 운영 범위를 갖는 틸팅 디스크 체크밸브이다.

체크밸브들의 완전 개방 위치(상 임계점)에서의 $K$는 형식마다 광범위하게 다르다. 특정 모델에서 $K = 5.0$이고, 버터플라이 체크밸브 및 틸팅 체크밸브에서는 $K = 0.5$가 된다.

## 2.9 폐쇄 속도

### 2.9.1 슬램 완화

체크밸브의 문제들 중 하나는 수격의 결과로 발생하는 슬램의 가능성이다. 이 슬램은 시스템 내 제어밸브가 폐쇄되거나, 펌프가 정지되면 유동의 관성은 수주를 압축하여 압력파를 형성하고 이 압력파는 관로를 따라 상류측과 하류측으로 이동한 후 관로 말단부에서 반사된다. 반사파가 개방된 체크밸브에 도달하면 체크밸브를 큰 힘으로 폐쇄시키면서 소음이 발생한다. 이러한 슬램이 빈번히 발생하여 인접 구조물, 빌딩, 콘크리트 기초는 물론 장비, 펌프, 밸브 및 배관에 심각한 파손을 야기할 수 있다. 그러나 압력파가 돌아올 때 체크밸브가 이미 폐쇄되어 있으면 압력파는 조용히 반사되어 관로를 따라 이동한다.

반사파의 충격에 대항하여 체크밸브 동작을 제어하여 폐쇄시간을 연장시키거나, 반사파가 체크밸브에 도달하기 전에 신속하게 체크밸브를 패쇄시키는 두 방법으로 슬래밍현상을 방지할 수 있다.

**① 폐쇄시간 지연**

대형 스윙 체크밸브에서는 주로 실린더(대시포트)와 피스톤 조립품으로 구성된 유압 브레이크를 사용하여 체크밸브 폐쇄동작을 제어한다.

경 광유로 완전히 충진된 실린더는 통상적으로 밸브 몸체에 볼트로 체결된다. 실린더에 장착된 니들밸브에 의해 조정되는 바이패스는 오일이 한쪽 피스톤에서 다른 쪽 피스톤으로 이동할 수 있도록 한다. 피스톤은 실린더 내에 느슨하게 조립되고 레버로 체크밸브의 돌출 축에 연결된다.

밸브가 개방되면 피스톤이 상승하고 배제되는 오일은 바이패스를 통해 실린더 하부쪽으로 이동한다. 폐쇄 행정에서 이러한 동작은 역전되며 유압에 의해 폐쇄 동작이 제어된다. 피스톤의 개방 및 패쇄속도는 니들 밸브에 의해 조정될 수 있다. 이와 같은 브레이크 내 오일의 저항은 반사파에 의한 슬램을 방지하지만 완만한 폐쇄 동작에 의해 압력파의 일부가 상류측 관로로 유입된다. 따라서 이 방법은 효과적으로 역류를 방지할 수 없다.

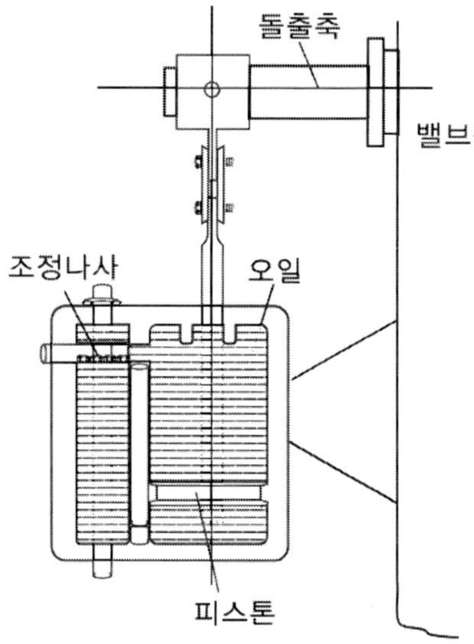


**그림 2.22** 유압 브레이크

#### ② 신속한 폐쇄

더욱 효율적으로 슬램을 방지하는 방법은 압력파가 돌아오기 전에 체크밸브를 폐쇄시키는 것이다. 이 압력파가 관로를 따라 이동하는 소요되는 시간은 수격 이론에 따라 계산된다. U.P.V.C 배관에서 파속은 약 400m/s, 강관 및 석면 시멘트 관에서 파속은 대략 1000m/s 정도이다. 관로를 왕복하는 데 소요되는 시간은 식 1.81과 같다.

예를 들어 길이 100m인 강관에서 슬램을 방지하기 위한 체크밸브의 폐쇄시간은 0.2초보다 커야 한다.

### 2.9.2 중량물을 이용한 체크밸브

신속한 폐쇄를 향상시키기 위한 방법을 빈번하게 오해하는 경우가 있다. 체크밸브의 디스크 이동 속도를 증가시키거나 체크밸브 이동 거리를 감소시켜 폐쇄 시간을 감소시킬 수 있다. 폐쇄 시간을 감소시키기 위해 주로 사용되는 방법 중 하나는 밸브 형식에 따라 레버를 이용하거나 또는 움직이는 요소에 직접적으로 중량을 증가시키는 것이다.

용수공급 시스템에 종사하는 많은 운영자들은 밸브레버에 중량을 증가시키면 플랩 이동속도를 상당히 증가시킬 수 있다고 굳게 믿고 있다. 그러나 가동부의 중량을 증가시키면 또한 관성력이 증가하고, 하부 방향 이동을 제한하며, 결과적으로 증가된 디스크의 중량 또는 플랩의 커다란 모멘트로 동작을 신속하게 할 수 없다. 이미 배운 것처럼 어느 지점에서나 낙하하는 물체의 속도는 중량에 의해 결정되지 않고 낙하 높이와 중력가속도에 의해 결정된다. 이 중량은 밀봉 장치와 축의 부싱 내 마찰 저항과 밸브 내 물의 드래그 저항을 극복하는 데 도움을 줄 뿐 플랩의 동작에 미치는 영향은 실제로 매우 미소하다.

반대로 추가적인 중량은 디스크 하부 방향 힘 또는 플랩의 모멘트를 증가시키고, 임의 유속에서 인양은 작게 된다. 따라서 폐쇄속도는 크게 변하지 않지만 이동 거리가 감소하여 폐쇄시간이 감소한다. 따라서 디스크의 증가된 속도에 의해 폐쇄시간이 짧아지는 것이 아니라 이동거리가 짧아져서 폐쇄시간이 짧아진다. 이렇게 감소된 밸브 개도는 에너지손실을 증가시켜 시스템의 성능에 상당한 영향을 미칠 수 있다.

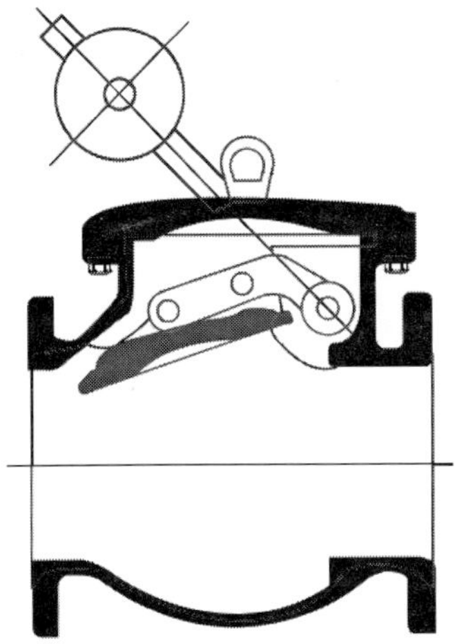

**그림 2.23** 웨이트 체크밸브

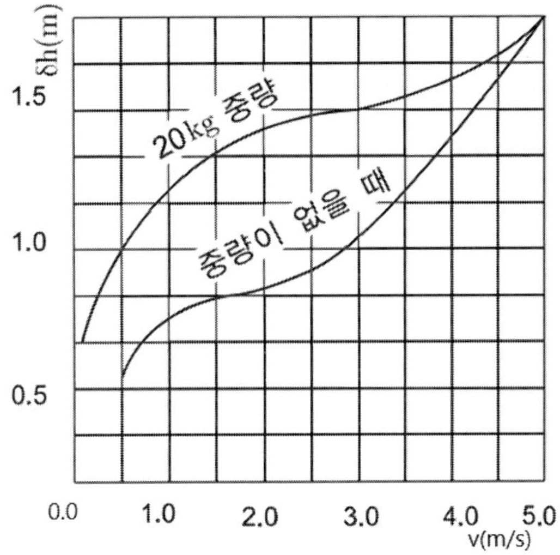


**그림 2.24** 체크밸브 손실수두

상기 내용을 더욱 쉽게 설명하기 위해서 다음과 같이 대략적인 계산과 수치들을 제공한다. 그러나 이러한 계산은 많은 다양한 매개변수들에 의해 영향을 받으므로 체크밸브 내 수력적 현상을 정확하게 나타내지 못한다는 것을 분명히 이해하여야 한다. 실험 자료들로부터 다음 계산을 수행할 수 있다.

지금부터 기술하는 내용들은 용수공급 시스템 내 설치된 글로브밸브 형식의 체크밸브에 관한 것이다. 이 밸브의 성능을 더욱 쉽게 계산할 수 있으나 약간의 변화를 주어 다른 형식의 밸브에도 적용할 수 있다.

시스템 내 유동이 정지되면, 수주는 중력가속도 $g$에 의해 밑으로 당겨지고, 유동 저항에 대항하여 디스크가 가라앉기 시작하면 항력은 다음과 같다.

$$F_D = C_D \frac{A\gamma v^2}{2g} \tag{2.28}$$

중력에 대항하여 작용하는 감속은

$$dec = \frac{F_D g}{G} = \frac{A\gamma v^2}{2g} \tag{2.29}$$

디스크의 합성 가속도는 다음과 같다.

$$\alpha' = g - dec = g - \frac{A\gamma v^2}{2G} \tag{2.30}$$

거리 $s$에 거쳐 가속된 동작의 속도는

$$v = \sqrt{2\alpha' s} \tag{2.31}$$

따라서

$$v^2 = 2gs - \frac{A\gamma s v^2}{G} \tag{2.32}$$

디스크의 순간 낙하속도는

$$v = \sqrt{\frac{2gs}{1 + \frac{As\gamma}{G}}} \tag{2.33}$$

거리 $s$ 도달에 소요되는 낙하시간은

$$t_d = \frac{v}{\alpha'} \tag{2.34}$$

$v$와 $\alpha'$을 상기 식에 대입하면

$$t_d = \sqrt{\frac{2s(G + As\gamma)}{gG}} \tag{2.35}$$

상기 식으로부터 유동이 정지한 후 체크밸브의 이론 폐쇄 시간을 계산할 수 있다. 디스크 직경 $D = 0.2m$, 중량은 각각 5kg, 10kg, 20kg, 30kg일 경우 수직 거리 0.1m (0.5D) 또는 0.03m(0.15D)에서 디스크가 낙하할 때 식 2.35를 이용한 폐쇄 시간(초) 계산결과는 표 2.4와 같다.

[표 2.4] 디스크 중량에 따른 이론 폐쇄 시간

| 전체 디스크 중량 G(kg) | 5 | 10 | 20 | 30 |
|---|---|---|---|---|
| 낙하거리 s=0.1m | 0.18 | 0.16 | 0.15 | 0.15 |
| 낙하거리 s=0.03m | 0.09 | 0.08 | 0.08 | 0.08 |

이 표로부터 추가적인 중량은 폐쇄 속도에 영향을 거의 미치지 못하지만 밸브 내 에너지 손실을 증가시키고 손실수두 곡선상 임계점을 높은 유속범위로 이동시키는 것을 알 수 있다. 이 결과로서 낮은 유속에서 밸브의 안정성, 헌팅, 디스크의 채터링(chattering) 및 물리적 파손을 야기할 수 있다.

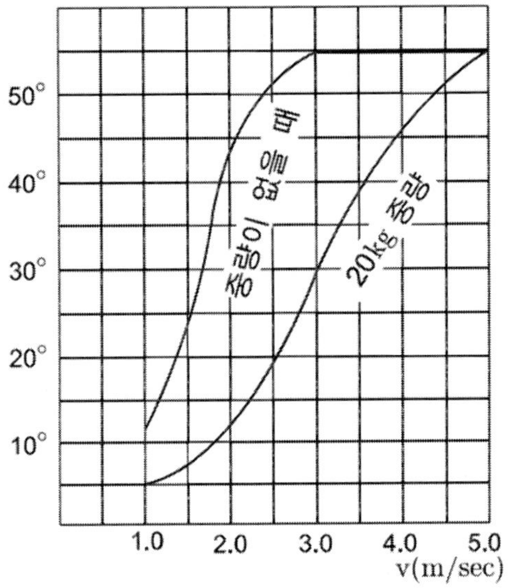


**그림 2.25** 스윙 체크밸브 개방각도

상기 그림에서 폐쇄 각도 55°스윙식 체크밸브 실험으로부터 구한 곡선들은 추가적인 중량물이 없는 경우 유속 3m/s에서 완전개방되는 것을 보여준다. 외부에서 추가적으로 0.6kgf·m 모멘트를 가하면 유속 5m/s에서도 완전개방되지 않는다. 정상적인 유속에서 중량물을 추가하여 모멘트를 크게 한 체크밸브는 낙하속도의 증가가 아닌 개방위치의 감소에 의해 폐쇄 시간이 감소된다.

그러나 초기 개방 단계에서 추가 중량물이 없을 때 유속 1m/s에서 개도는 10°이지만 모멘트가 추가되면 개도는 5°가 된다. 개도 5°는 용수공급 시스템에서 빈번히 발생하는 플랩의 채터링 현상을 유발하여 유속에서 밸브의 비정상적인 성능을 초래한다.

매우 높은 유속에서 중량을 추가하여도 밸브는 완전개방되고, 이동거리는 감소되지 않고, 폐쇄 시간은 중량물에 의해 영향을 받지 않으며, 폐쇄는 상대적으로 긴 시간이 소요된다.

### 2.9.3 스프링을 이용한 체크밸브

스프링 힘에 의해 폐쇄력이 증가된 체크밸브의 패쇄 속도는 오직 스프링 힘에 의해 영향을 받을 수 있다. 스프링 힘은 중력과 관계없으며 밸브 가동부를 가속시킨다. 이 힘은 전체 스프링 길이와 압축길이의 비에 따라 변화한다. 만일 이 비율이 크면 스프링 힘은 일정한 것으로 가정할 수 있다. 중량 요소 G에 작용하는 스프링 힘 U에 기인한 가속도는 다음과 같다.

$$\alpha_1 = g\frac{U}{G} \tag{2.36}$$

디스크의 전체 하부 방향 가속도는 다음과 같으며 이 식의 마지막 항은 항력을 나타낸다.

$$\alpha_2 = g + g\frac{U}{G} - \frac{Av^2\gamma}{G} \tag{2.37}$$

상기 식을 식 2.33에  대입하여 디스크의 낙하속도를 구하면 다음과 같다.

$$v = \sqrt{2gs\frac{G + A\gamma}{G + U}} \qquad (2.380$$

낙하시간은

$$t_d = \frac{v}{\alpha_2} = \sqrt{\frac{2s}{g}\frac{G + As\gamma}{G + U}} \tag{2.39}$$

상기 식에서 플랩의 중량 G = 5kgf이고 스프링 힘 U를 증가시킬 때 밸브 폐쇄에 필요한 시간은 표 2.5와 같다.

이제 스프링 부하 체크밸브의 장점을 분명하게 알 수 있으며 이러한 이유로 스프링 부하 체크밸브들은 때로는 "조용한 체크밸브"라 불린다. 급작스런 유동 정지의 경우 이 체크밸브의 반응속도는 슬램 및 이에 따라 수반되는 파손들을 방지할 수 있다.

[표 2.5] 디스크 중량 및 스프링 힘에 따른 이론 폐쇄 시간

| 전체 부하(kgf) | | 5<br>G=5kgf<br>U=0kgf | 10<br>G=5kgf<br>U=5kgf | 20<br>G= 5kgf<br>U=15kgf | 30<br>G= 5kgf<br>U=25kgf |
|---|---|---|---|---|---|
| 낙하거리<br>s=0.1m | 중량물 | 0.18 | 0.16 | 0.15 | 0.15 |
| | 스프링 | 0.18 | 0.13 | 0.09 | 0.07 |
| 낙하거리<br>s=0.03m | 중량물 | 0.09 | 0.08 | 0.08 | 0.08 |
| | 스프링 | 0.09 | 0.06 | 0.04 | 0.03 |

# 03 체크밸브 특성 실험

CHAPTER

## 3.1 실험 목적

체크밸브 슬램은 사소한 문제로 발생하든 건물이 흔들리는 천둥소리로 발생하든 주의 깊은 연구와 이해가 필요하다. 체크밸브의 특성은 유럽에서 수년 동안 광범위하게 연구되어 왔다. 최근에야 미국의 체크밸브 제조업체가 밸브 설계의 동적 특성을 테스트하고 이 데이터를 설계 전문가에게 제공하기 시작했다. ValMatic Valve社와 MFG社는 여러 유형의 기본 체크밸브에 대한 철저한 테스트 프로그램을 완료하였다.

체크밸브 특성 데이터를 사용하고 모든 응용 분야에서 체크밸브 슬램을 예측하는 방법론을 설명한다. 이 방법론은 어렵지만 향후 몇 년간의 현장 경험과 결합하여 상수 및 하수 산업에서 입증된 체크밸브선정방법을 채택할 수 있도록 하는 건전한 출발점이 되기를 바란다.

체크밸브 선정에 도움이 되는 여러 기술 문서, 밸브 핸드북, 소프트웨어 설계 도구가 있지만 그 과정은 종종 어렵다. 체크밸브 선정에는 논슬래밍 특성, 손실수두 특성, 운영 비용, 설치 길이에 이르기까지 다양한 기준이 포함될 수 있다. 이러한 기준의 대부분은 간단하며 사용 가능한 다양한 체크밸브 유형에 대해 계산할 수 있다.

가혹한 펌핑 응용 분야에서는 모든 기본 체크밸브가 쾅 닫히고, 일부 응용 분야에서는 쾅 닫히지 않는다는 것도 사실이다. 체크밸브선정을 어렵게 만드는 것은 이러한 극단 사이의 중간 지점을 예측할 수 없기 때문이다.

체크밸브슬램은 펌프 정지 후 체크밸브가 완전히 닫히기 전에 시스템 유동이 펌프 쪽으로 역류할 때 발생한다. 역류로 인해 체크밸브가 나머지 이동부를 통해 빠르게 닫힌다. 그런 다음 닫힌

밸브에 의해 역류가 순간적으로 중단되어 배관에서 때때로 큰 수격현상이 발생한다. 슬램과 관련된 소음은 디스크가 시트에 충격을 가하는 것이 아니라 수격으로 인해 배관이 빠르게 늘어나는 것이다. 놀랍게도 탄성 시트 체크밸브도 금속 시트 밸브와 동일한 금속성 슬램 소리를 낼 수 있다.

체크밸브슬램을 방지하려면 상당한 역류가 발생하기 전에 즉, 역류 유속이 매우 낮을 때 체크밸브가 매우 빠르게 닫히거나 또는, 상당한 역류가 발생한 후에는 매우 천천히 닫혀야 한다. 연구결과에 따르면 신속하게 폐쇄하려면 다음이 필요하다.

- 디스크는 관성과 마찰이 낮아야 한다.
- 디스크의 이동 거리가 짧아야 한다.
- 움직임은 스프링의 도움을 받아야 한다.

천천히 닫히려면 체크밸브에 오일 대시포트와 같은 외부 장치가 장착되어 있어야 하며 펌프는 어느 정도의 역회전을 견딜 수 있어야 한다. 대시포트 장치는 효과적인 것으로 입증되었지만 이 방법론의 범위를 벗어난다. 체크밸브 슬램 방지의 답은 역류유속이 최소일 때 신속하게 닫히는 체크밸브를 찾아 '표준'으로 만드는 것이 아니라 체크밸브의 논슬램 특성을 펌핑 시스템과 통합시키는 것이다. 모든 체크밸브에는 저렴한 비용, 낮은 수두 손실 또는 특수한 유동 특성과 같은 고유한 장점이 있다. 최상의 체크밸브가 반드시 슬램 가능성이 가장 적은 밸브는 아니다.

펌프장 설계자는 논슬램 체크밸브를 선정하기 위해 먼저 펌핑 시스템을 분석하고 펌프 정지 후 수주의 감속(decelleration)을 계산하여야 한다. 감속 계산은 펌프 관성, 수주의 길이, 관로시스템의 마찰 손실, 관로의 정수두 또는 경사와 같은 많은 매개변수의 함수이기 때문에 어려울 수 있다. 통상적으로 기술자는 시스템의 부정류 해석을 통해 펌프가 정상 운영 중 유속이 정지될 때의 유속차를 이 때 소요되는 시간으로 나누어 감속을 계산한다.

기술자가 발생할 수 있는 최대역류유속을 예측할 수 있도록 체크밸브 제작사는 밸브의 동적 특성을 제공하여야 한다. 각 체크밸브 유형에 대해 수주의 감속과 체크밸브를 통한 최대 역류 유속 사이의 관계를 보여주기 위해 반응곡선을 작성하는 것이 좋다.

## 3.2 실험 내용

체크밸브의 동적 특성을 작성하기 위해 Val-Matic社와 유타 주 로건에 있는 Utah Water Research Laboratory에서 유량 테스트를 수행하였다. 그림 3.1의 시험장치로 그림 3.2와 같이 이중 디스크 체크밸브에 서로 다른 초기 정방향 유속과 다양한 역류 유속을 적용하였다.

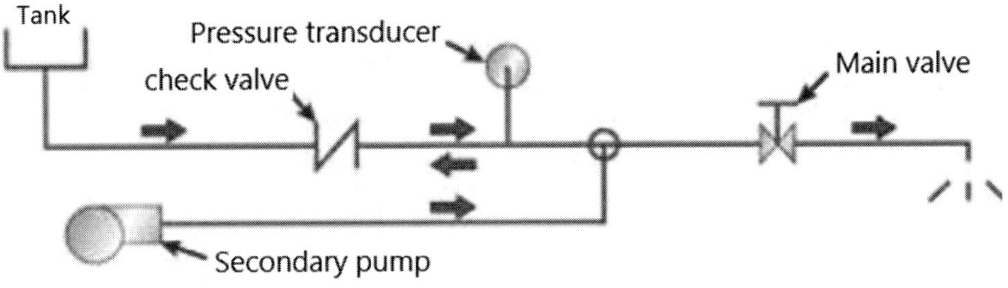


**그림 3.1** 체크밸브 시험장치 개요도

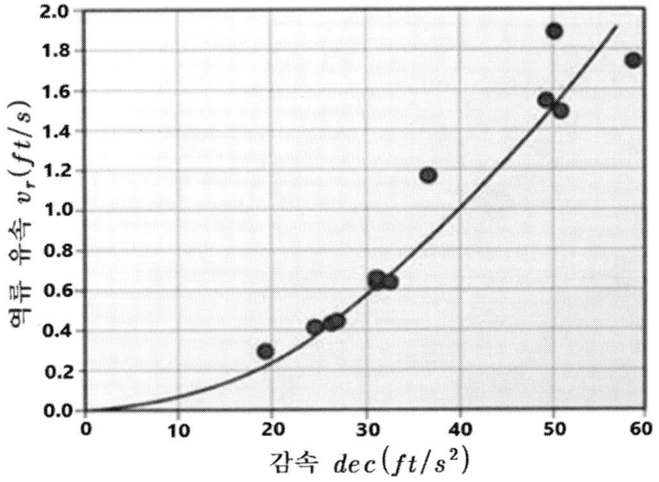


**그림 3.2** 이중 디스크 체크밸브 동적특성시험

그림 3.2는 이중 디스크 체크밸브 동적 특성시험 결과 다양한 관로시스템의 감속에서 체크밸브가 폐쇄되는 역류 유속을 보여준다. 예를 들어 관로시스템의 감속이 $20ft/s^2$일 때 이중 디스크 체크밸브는 역류 유속 $v_r = 0.3ft/s$에서 폐쇄되는 것을 의미한다.

그림 3.1의 시험장치로 체크밸브 성능시험시 대표적인 압력변화는 그림 3.3과 같으며 이 그림

과 관련된 시퀀스는 다음과 같다.

- A : 탱크 압력
- A-B : 주 밸브가 폐쇄되면서 정방향 유동을 정지시키고, 체크밸브가 폐쇄되기 시작한다.
- B : 유동은 정지되고, 체크밸브는 지속적으로 폐쇄된다.
- B-C : 역류 유동 형성
- C : 체크밸브 디스크가 시트와 충돌하면서 슬램과 수격이 발생한다.
- D : 급속한 역류 유동 정지로 인한 슬램 압력
- E : 보조 펌프 압력

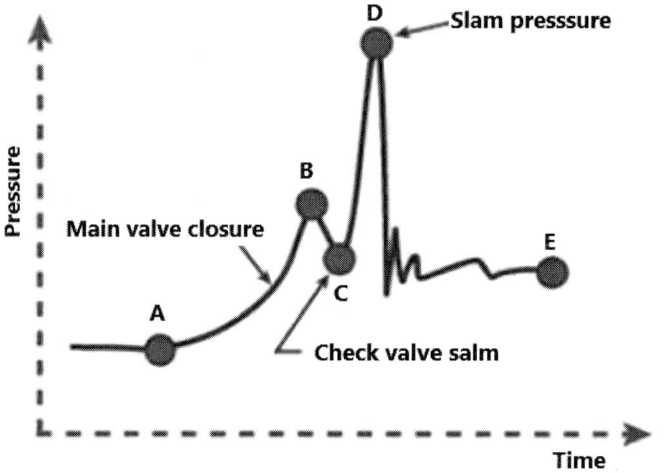


**그림 3.3** 압력기록 샘플

다양한 체크밸브 유형의 테스트 결과는 스윙 체크 및 볼 체크밸브에 대한 데이터와 함께 그림 3.4와 같다. 수평축은 관로시스템의 감속, 수직축은 체크밸브를 통과하는 최대역류유속이다. 저수두 단일 펌프시스템의 감속은 $20ft/s^2(6.1m/s^2)$ 이하이지만 고수두 다중 펌프시스템의 감속은 최대 $40ft/s^2(12.2m/s^2)$에 이를 수 있다. 식 1.37에 기초하여 역류 유속 $1ft/s(0.3m/s)$마다 $100ft(31m)$의 수두상승이 발생하는 수격현상의 기본 관계를 사용하여 역류 유속에 대한 수격압력으로 직접 변환할 수 있다.

## 3.3 슬램 심각도

그림 3.4에서는 슬램 정도를 No Slam, Mild Slam, Severe Slam의 세 범위로 구분하였다. 이러한 구분은 체크밸브 슬램에 대한 수많은 현장 관찰과 밸브 및 펌핑 시스템에 대한 허용 가능한 소음 및 교란 수준을 기반으로 한다. 현장 경험에 따르면 역류 유속 $0.5 \sim 1.0ft/s(0.15 \sim 0.3m/s)$ 범위에서의 $50 \sim 100ft(15 \sim 30m)$ 수격은 가벼운 슬램을 발생시키고, $1.0ft/s(0.3m/s)$ 이상 역류 유속의 $100ft(30m)$ 수격은 심각한 슬램을 발생시키므로 다른 체크밸브를 선정하거나 더 강력 스프링이나 유압 대시포트로 체크밸브를 수정하여 방지해야 한다.

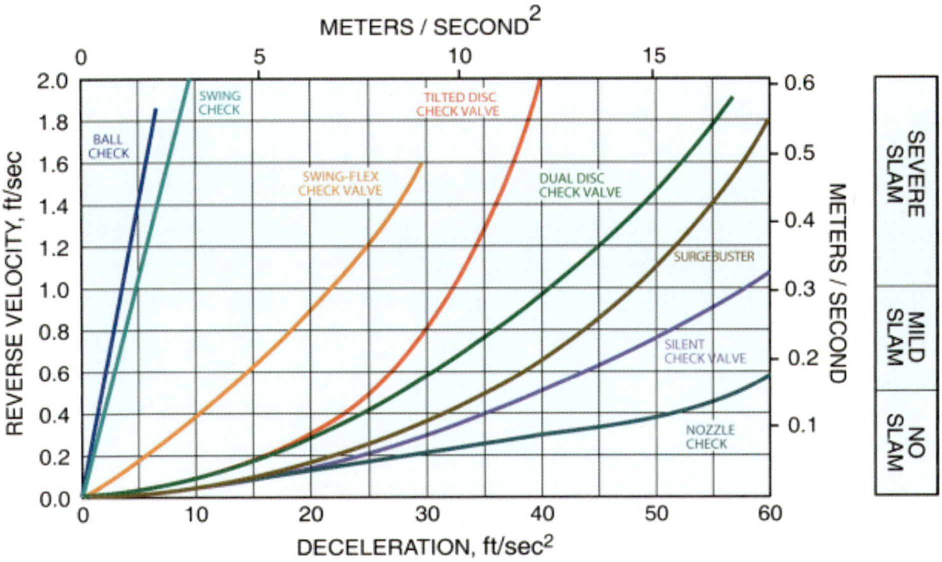


**그림 3.4** 체크밸브 형식별 슬램 특성(Valmatic社 제공)

시험결과에 따르면 Val-Matic이 제공하는 최고의 논슬램 체크밸브는 모두 스프링 보조식 폐쇄 기능을 갖춘 이중 디스크 체크밸브(DDCV), 서지버스터(SB) 및 무소음 체크밸브(SCV)이다. 다음으로 좋은 체크밸브는 스윙-플렉스 체크밸브(SFCV)와 틸트 디스크 체크밸브(TDCV)로 경사진 시트와 짧은 스트로크가 특징이다. 마지막으로 스트로크가 길고 스프링 보조 장치가 없는 볼 체크 및 스윙 체크는 슬래밍 가능성이 가장 높다.

[표 3.1] 체크밸브 형식별 역류 유속과 슬램 정도

| 밸브 형식 | 역류 유속 | | 슬램 정도 |
|---|---|---|---|
| | $ft/s$ | $m/s$ | |
| 무소음 체크밸브(SCV) | 0.33 | 0.09 | None |
| 서지 버스터 체크밸브(SB) | 0.44 | 0.14 | None |
| 이중 디스크 체크밸브(DDCV) | 0.60 | 0.18 | Mild |
| 틸트 디스크 체크밸브(TDCV) | 0.80 | 0.25 | Mild |

설계자는 그림 3.4로부터 수평 축에서 관로시스템 감속을 찾은 다음 다양한 체크밸브 유형의 역류 유속을 읽는다. 예를 들어, 감속이 $30ft/s^2(9.0m/s^2)$인 다중 펌프장의 경우 설계자는 가변속 펌프로 변경하거나 더 강한 스프링이나 오일 대시포트를 사용하는 이중 디스크 체크밸브를 사용하거나 또는 완충효과가 큰 오일 대시포트가 장착된 스윙 체크밸브를 사용하여 심각한 슬램을 약한 슬램으로 완화시킬 수 있다. 언뜻 보기에는 비실용적일 수 있지만 틸트 디스크 체크밸브의 특징적인 낮은 수두 손실은 이 응용 분야에 중요할 수 있으며 오일 대시포트가 경제적으로 타당할 수 있다.

마지막으로 동적 특성 데이터 사용 시 몇 가지 제한 사항에 유의하는 것이 중요하다. 첫째, 테스트 데이터는 수평관로를 기반으로 한다. 스윙, 틸티드 디스크 및 스윙 플렉스와 같은 일부 체크밸브는 중력으로 디스크 폐쇄를 가속화하기 때문에 수직 배관에 설치하면 슬램하는 경향이 더 커질 수 있는 반면 이중 디스크 및 무소음와 같은 다른 체크밸브는 디스크에 대한 중력 효과로 인해 수직선에서 더 빨리 닫히고 슬램 경향이 적다. 또한, 체크밸브의 동적 특성은 밸브 규격에 따라 달라지지만 현재로서는 규격의 정확한 영향을 예측할 수 있는 데이터가 없다. 밸브가 클수록 디스크가 무거워지고 스트로크가 길어지며 역류 유속이 다소 높아질 가능성이 높다. 선정한 밸브의 성능에 대한 방향 및 크기의 잠재적 영향에 대해 제조업체에 문의해야 한다.

체크밸브의 동적 특성 데이터는 설계자에게 다양한 체크밸브의 논슬램 특성을 평가하는 데 필요한 도구만 제공한다는 점은 분명하다. 이 정보는 수두 손실, 관로 길이, 고형물이 포함된 유체의 수로 설계 및 비용과 같은 쉽게 사용할 수 있는 다른 밸브 특성과 결합되어 설계자에게 신뢰할 수 있는 체크밸브선정에 필요한 모든 도구를 제공한다.

CHAPTER

# 04 체크밸브 종류 및 특징

## 4.1 스윙 체크밸브

견고한 구조와 전체 유동 영역을 갖춘 스윙 체크밸브는 도시/산업용수 및 폐수 응용 분야에 가장 적합한 체크밸브이다. 원활하고 제한되지 않는 유동 설계로 포트가 줄어든 다른 체크밸브에 비해 펌핑 비용을 크게 절감할 수 있다. 연철 250psi 등급과 융착식 에폭시 코팅으로 인해 Val-Matic 스윙 체크밸브는 다른 물용 스윙 체크밸브보다 뛰어난 성능을 발휘한다. 레버 및 웨이트, 에어쿠션, 레버 및 스프링의 사용 가능한 폐쇄 옵션을 통해 밸브를 광범위한 펌핑 시스템 응용 분야에서 효과적으로 사용할 수 있다.

### 4.1.1 구조

스윙 체크밸브를 구성하고 있는 상세한 구성요소와 이들의 역할은 다음과 같다.

A. 100% 유동 면적. 100% 제한되지 않은 유동 면적으로 에너지가 절약된다.

B. 디스크 안정화. 유체역학적으로 볼록한 디스크는 리프트, 안정성 및 강도를 제공한다.

C. 조정 가능한 정지. 일반적인 유량 범위를 벗어나는 응용 분야에서 디스크 플러팅 현상을 방지하기 위해 조정 가능한 탄력 있는 개방형 정지 장치가 제공된다.

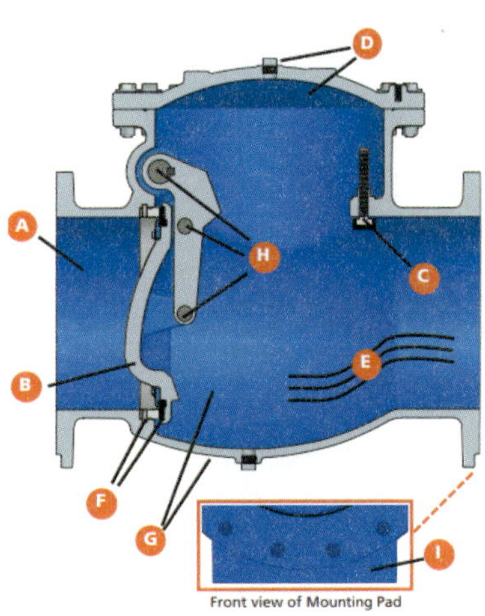


그림 4.1 스윙 체크밸브 구조

D. 전체 돔형 액세스. 배기 포트가 있는 커버 전체 돔형 액세스 커버를 사용하면 라인에서 밸브를 제거하지 않고도 유지 관리가 용이하다. 배기 포트를 통해 공기 배출 밸브 또는 압력 게이지를 추가할 수 있다.

E. 막힘 없는 디자인. 부드러운 유선형 윤곽과 결합된 무제한의 전체 유동 면적은 큰 고체를 통과시켜 잠재적인 막힘을 방지한다.

F. 시팅 옵션. 일체형 O-링이 있는 현장 교체 가능한 합성 시트는 고압 및 저압에서 확실한 시팅을 보장한다.

몸체 시트는 스테인레스 스틸로 제작되어 밸브 수명을 연장하고 현장 교체도 가능하다. 작동 조건에 따라 금속-금속 시트가 필요한 경우 디스크에는 정밀 가공된 알루미늄 청동 시트 표면이 장착된다. 디스크 시트는 현장에서 교체 가능한 알루미늄 청동 본체 시트를 밀봉하여 열악한 조건에서도 안정적인 작동을 보장한다.

G. FBE(Fusion Bonded Epoxy). FBE가 밸브 내부와 외부에 표준으로 제공된다. FBE는 NSF/ANSI 61 인증을 받았으며 AWWA C550을 준수한다.

H. 견고한 디스크 연결. 우수한 강도, 내마모성 및 수명 연장을 위해 고장력 스테인리스 스틸로 제작된 견고한 샤프트 및 디스크 고정 핀이다.

I. 장착 패드. 일체형 장착 패드는 설치가 용이하도록 수직 지지대를 제공한다. 패드는 두 플랜지 모두에 통합되어 있으며 시리즈 7800 밸브의 표준이다. 설치에 필요한 경우 시리즈 7900 밸브에 장착 패드를 제공할 수 있다.

J. 폐쇄 다양성. Series 7800 AWWA 스윙 체크밸브는 에어쿠션, 레버와 웨이트, 레버와 스프링과 같은 다양한 현장 조정 가능 폐쇄 옵션과 함께 사용할 수 있다. 시리즈 7900은 하단 또는 측면 대시포트과 함께 사용할 수 있다.

## 4.1.2 특징 및 장점

### ① 입증된 디자인

Val-Matic 스윙 체크밸브에는 에너지 절약, 유지 관리 용이성 및 밸브 수명 연장을 제공하는 많은 설계 기능과 특성이 통합되어 있다. 이 밸브는 도시 및 산업 물과 폐수 응용 분야용으로 설계되었으며 ANSI/AWWA C508 및 MSS SP-71/MSS SP-136을 완벽하게 준수한다.

### ② 폐쇄 다양성

ⓐ 7800 에어쿠션, 레버 및 웨이트, 레버 및 스프링

Series 7800 스윙 체크밸브는 디스크 폐쇄 제어를 위해 에어쿠션, 레버 및 웨이트 또는 레버 및 스프링과 함께 제공될 수 있다.

레버와 웨이트 또는 레버와 스프링 설계는 수평 또는 수직 관로에 설치하기에 적합하며 현장에서 쉽게 조정할 수 있다. 급격한 역류가 발생하면 스윙 체크밸브에 이중 레버 암, 웨이트 및 스프링이 제공될 수 있다. 완전히 밀폐되고 조정 가능한 에어쿠션을 표준 레버 및 웨이트에 추가하여 밸브 작동을 제어하고 수격을 줄일 수 있다.

ⓑ 7900 대시포트

Series 7900 스윙 체크밸브에는 웨이트가 있는 단일 또는 이중 레버 암이 포함되어 있으며 측면 또는 하단대시포트이 장착되어 있다. 하단대시포트은 디스크 폐쇄의 최종 10%를 조정 가능하게 제어한다. 측면대시포트을 사용하면 폐쇄 속도를 2단계 또는 3단계로 독립적으로 조정할 수 있다.

### ③ 연성 철 구조

Val-Matic은 250 psig 냉간 작동 압력(CWP) 등급의 연성 철 구조를 갖춘 표준 스윙 체크밸브를 제공한다. 연성이 있는 철은 기존의 회주철 재료보다 더 큰 강도와 인성을 제공한다. 연성 철 구조로 바디, 디스크, 디스크 암이 높은 응력과 충격 하중을 안전하게 견딜 수 있다.

### ④ 시팅 시스템

Val-Matic 스윙 체크밸브는 방수형 탄성 시트 또는 알루미늄 청동 금속 시트로 제공된다.

ⓐ 탄성 시트 시스템

탄성 시트 밸브의 경우 본체에는 고형분이 많은 응용 분야에서 밀봉을 보장하기 위해 본체에서 올려진 300 시리즈 스테인리스강 시트가 장착되어 있다. 디스크에 장착된 성형 탄성 시트에는 고압 및 저압에서 낙하 방지 밀봉을 위한 일체형 O-링 밀봉 표면이 있다. 두 시트 모두 스테인리스 스틸 패스너로 고정되어 있으며 라인에서 밸브를 제거하지 않고도 현장에서 교체할 수 있다(그림 4.2 참조).

ⓑ 금속 시트 시스템

금속 시트 밸브의 경우 본체에 알루미늄 청동 시트가 고정되어 있다. 몸체 시트는 디스크와 통

합된 두 번째 알루미늄 청동 시트와 짝을 이룬다(그림 4.3 참조).

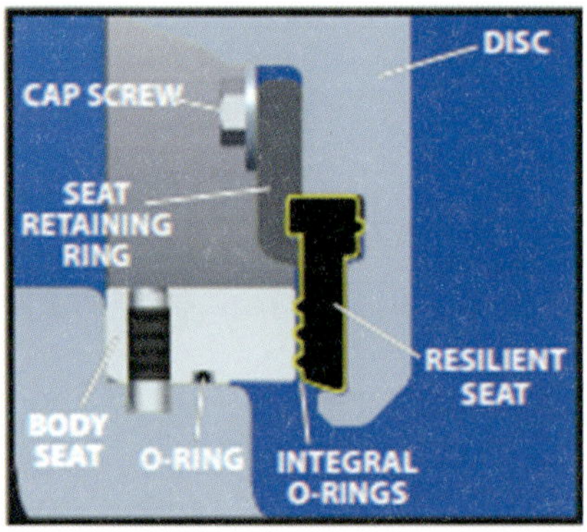


그림 4.2 탄성 시팅 시스템

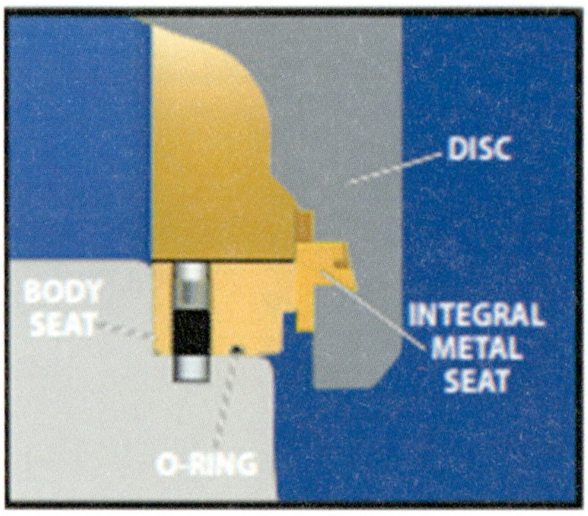


그림 4.3 금속 시팅 시스템

### ⑤ 샤프트 씰 시스템

ⓐ V형 패킹

Series 7800 스윙 체크밸브는 패킹 누출 및 고장의 가장 일반적인 원인인 패킹의 과부하를 방지하기 위해 향상된 V형 패킹 시스템으로 설계되었다. 패킹이 과도하게 조여지는 것을 방지하기 위해 샤프트 씰에는 당김 탭(pull tabs)이 있는 패킹 과부하 보호 POP(Packing Overload Protection) 심이 통합되어 있다. 당김 탭 기능을 활용하여 필요에 따라 심을 제거하여 쉽게 조정할 수 있다(그림 4.4 참조).

ⓑ O–링 카트리지

Series 7900 스윙 체크밸브는 부식 방지 카트리지에 포함된 이중 O-링 씰로 설계되어 작동 중 낮은 토크를 제공한다(그림 4.5 참조).

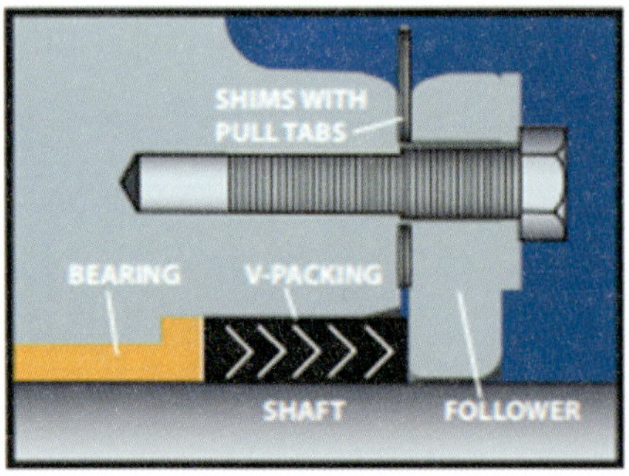


그림 4.4 축 밀봉 시스템 V–패킹

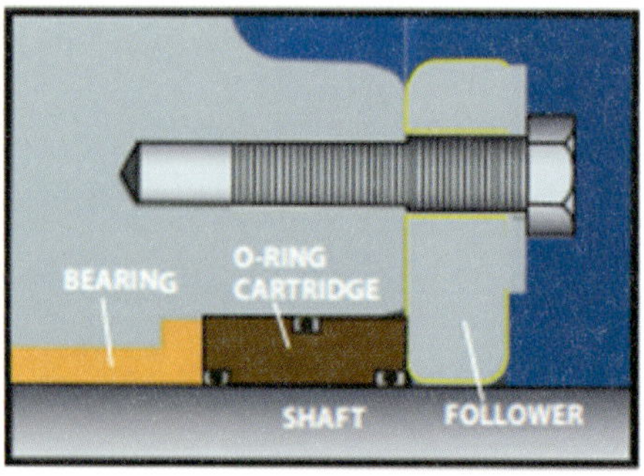


그림 4.5 축 밀봉 시스템 O–링 카트리지

⑥ 부식 저항

본체와 디스크는 AWWA C550에 따라 NSF/ANSI 61 인증 융합 결합 에폭시로 완전히 캡슐화되어 부식을 방지하고 서비스 수명을 연장한다. 샤프트, 디스크 핀 및 시트 하드웨어는 스테인리스 스틸로 제작되어 가혹한 환경에서도 최대의 내식성을 제공한다. 부드럽고 안정적인 디스크 폐쇄를 제공하기 위해 무연 청동 부싱이 본체에 제공된다.

## 4.1.3 동작 원리

① 대시포트 밸브

Series 7900 대시포트 스윙 체크밸브는 슬래밍을 줄이고 시스템 압력서지를 줄이기 위해 단일 또는 다중 펌프 시스템을 포함한 다양한 설치 구성에 이상적이다. Series 7900 체크밸브에는 정전 후에도 펌프 시스템의 디스크 폐쇄를 돕기 위해 하단 또는 측면대시포트이 옵션으로 제공된다. 유압대시포트는 고압 유압 오일 실린더, 유량제어밸브 및 정격 디스크 연결을 포함한다. 유압대시포트을 사용하면 디스크의 움직임이 정밀하게 제어된다. 조정 가능한 유량제어밸브는 실린더 밖으로 나오는 유압 오일의 유량을 조절하고, 이는 차례로 디스크 폐쇄 동작을 제어한다.

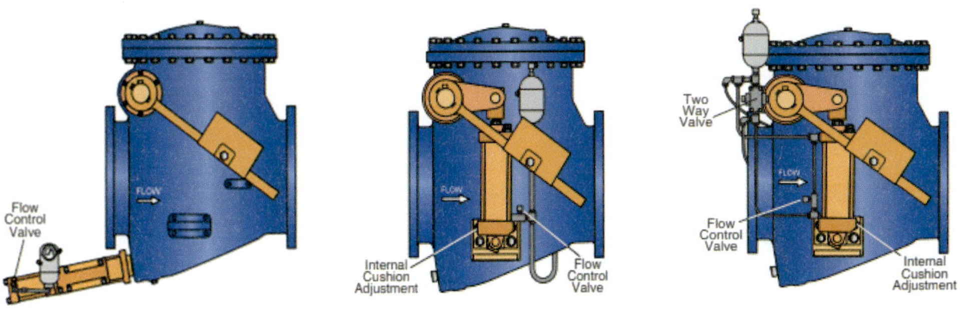


**그림 4.6** 하단유압대시포트, 2단 측면유압대시포트, 3단 축면유압대시포트

② 시리즈 7900B 하단유압대시포트

빠른 역류가 예상되는 고압 응용 분야에서는 스트로크 끝 부분에서 밸브 디스크와 접촉하는 유압 실린더와 스너버 로드로 구성된 하단유압대시포트를 사용하여 최종 폐쇄 10%를 제어하여 슬래밍을 방지할 수 있다. 밸브를 통과하는 유동이 있을 때 밸브 디스크는 스너버 로드에서 들어 올려지고 유속이 증가함에 따라 정상적으로 열린다. 밸브가 열리면 어큐뮬레이터의 공기 압력이 실린더를 확장하여 스너버 로드를 밸브 본체 안으로 밀어 넣는다. 유동이 멈추면 디스크는 이

동 거리의 90%를 통해 빠르게 닫힌 다음 스너버 로드에 부딪힌다. 최종 폐쇄 10%는 오일 유량이 조정 가능한 유량제어밸브를 통해 측정되므로 유압 실린더에 의해 1~3초 내에 제어된다.

#### ③ 7900S2 시리즈 2단 측면유압대시포트

시스템 서지를 줄이기 위해 전체 밸브 폐쇄 제어가 필요한 경우 고압 유압 실린더와 샤프트에 직접 부착된 레버로 구성된 2단계 유압대시포트를 사용할 수 있다. 밸브를 통해 유동이 있을 때 샤프트 레버가 실린더를 확장하는 동안 밸브는 정상적으로 열린다. 유동이 멈추면 레버가 실린더를 수축시키고 폐쇄 속도는 1단계의 조정 가능한 유량제어밸브를 통한 오일 유량에 의해 5~30초 내에 제어된다. 최종 폐쇄 10% 동안 2단계의 내부 실린더 쿠션 조정을 사용하여 1~3초 내에 폐쇄가 제어된다.

#### ④ 7900S3 시리즈 3단 측면유압대시포트

긴 관로의 경우 여러 단계로 전체 밸브 이동을 제어하여야 할 때 3단계 유압대시포트를 사용하여 체크밸브의 폐쇄 속도를 3개 비율로 제어할 수 있다. 3단 유압대시포트은 고압의 유압실린더와 샤프트에 직접 부착되는 레버, 유량을 유량조절밸브로 유도하는 캠작동식 2방향 방향밸브로 구성되어 있다. 체크밸브를 통과하는 유동이 있으면 힌지 핀 레버가 실린더를 확장하는 동안 밸브는 정상적으로 열린다. 유동이 멈추면 레버가 1단계 실린더를 수축시키는 동안 체크밸브가 빠르게 닫힌다. 밸브가 50% 위치(조정 가능)로 이동하면 2방향 밸브가 닫히고 실린더의 오일 유량이 통과된다. 2단계의 경우 5~30초 내에 조정 가능한 유량제어밸브가 작동한다. 최종 폐쇄 10% 동안 3단계의 경우 내부 실린더 쿠션 조정을 사용하여 폐쇄가 1~3초 내에 제어된다.

### 4.1.4 선정 도표

다양한 폐쇄 메커니즘을 통해 모든 응용 분야에 적합한 스윙 체크밸브를 선택할 수 있으며 다음 선정 도표는 다양한 스윙 체크밸브의 사용 범위를 보여준다.

낮은 정수두와 점진적인 관로 유동 흐름 감속을 갖춘 펌핑 시스템은 기존 레버 및 웨이트 또는 에어쿠션 스윙 체크를 통해 가장 잘 작동될 수 있다. 정수두가 큰 경우 빠른 스프링 보조 폐쇄의 이점을 얻는다. 펌핑 시스템에 심각한 감속이 있는 경우 유압대시포트 폐쇄는 체크밸브 슬램 가능성을 크게 최소화하면서 부정류현상과 관련된 서지를 방지하는 경제적이고 안정적인 수단을 제공한다. 유압대시포트 스윙 체크밸브의 폐쇄시간 조정 기능을 통해 각 용도에 맞게 작동할 수 있다.

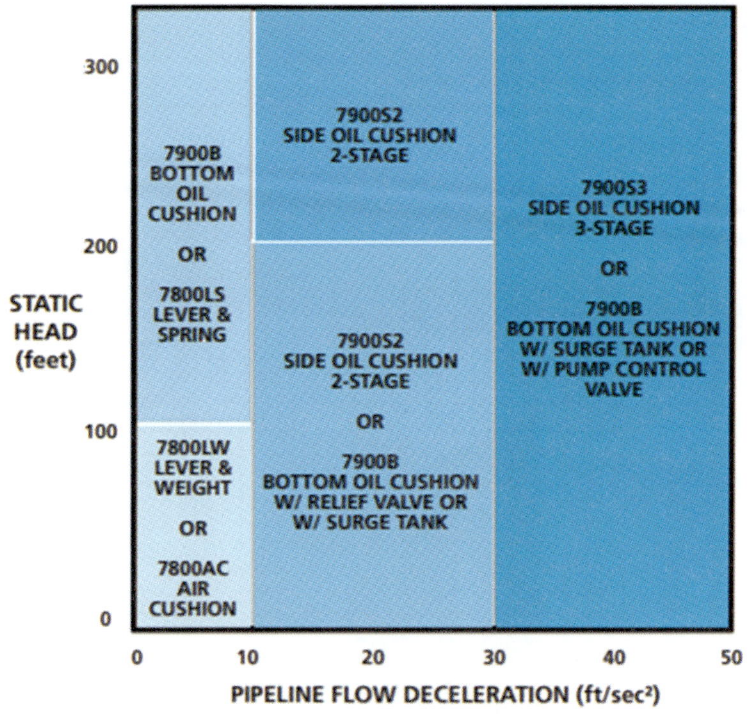


**그림 4.7** 스윙 체크밸브 선정 기준

## 4.1.5 손실수두 도표

**Flow Coefficients**

| Size | 2 | 2 1/2 | 3 | 4 | 6 | 8 | 10 | 12 | 14 | 16 | 18 | 20 | 24 | 30 | 36 | 42 | 48 |
|---|---|---|---|---|---|---|---|---|---|---|---|---|---|---|---|---|---|
| Cv | 95 | 150 | 210 | 380 | 850 | 1,515 | 2,370 | 3,410 | 4,640 | 6,060 | 7,670 | 9,470 | 13,600 | 21,300 | 30,700 | 41,750 | 54,550 |

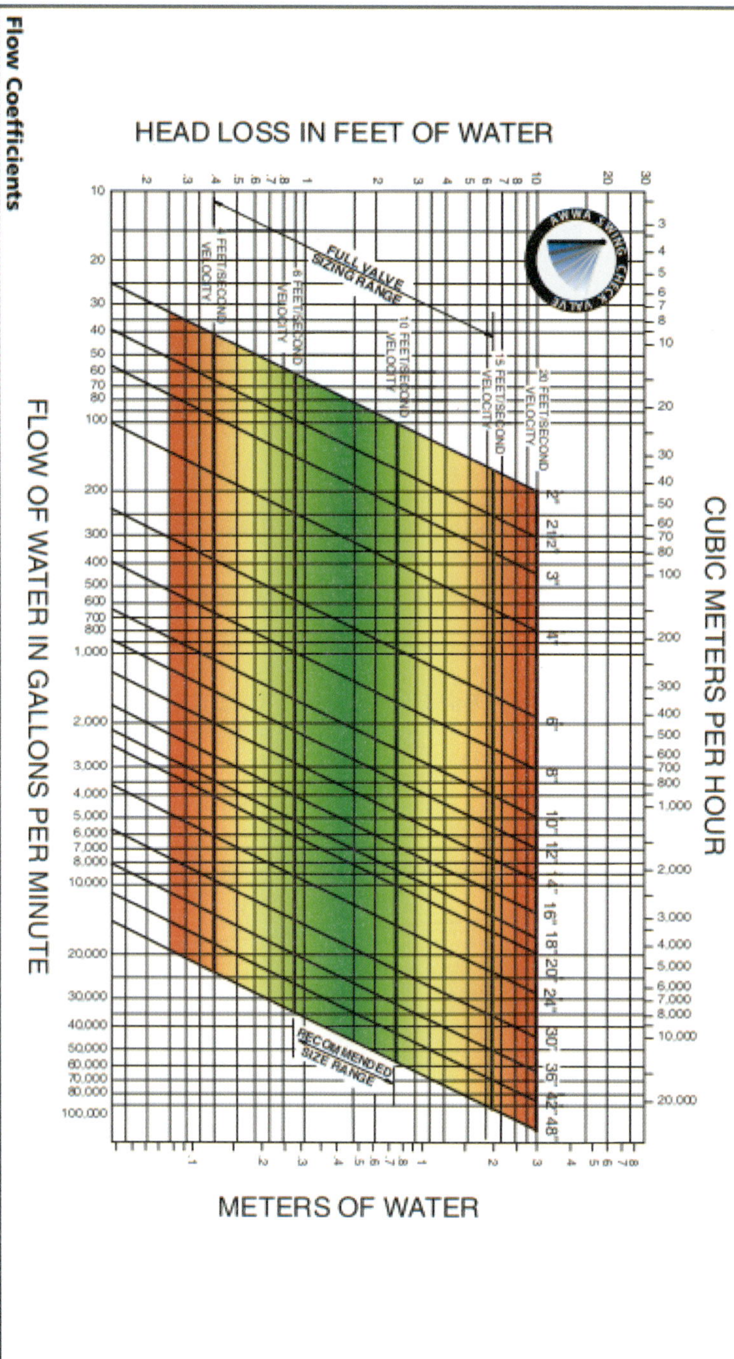


그림 4.8 스윙 체크밸브 손실수두

## 4.2 Swing Flex check valve

Swing-Flex 체크밸브는 유동특성을 개선하고 수두 손실을 낮추기 위해 100% 제한되지 않은 유동영역을 갖추고 있다. 일체형 정밀 성형 강철 디스크는 나일론으로 강화되었으며 25년 보증이 제공된다. Memory-Flex 디스크는 긴 수명과 최소한의 유지 관리를 위해 움직이는 유일한 부품이다. 전체 크기의 상단 액세스 포트를 사용하면 라인에서 밸브를 제거하지 않고도 디스크를 제거할 수 있다. 디스크의 일체형 O-링은 고압 및 저압에서 확실한 장착을 보장한다. 짧은 디스크 스트로크와 Memory-Flex 디스크 동작이 결합되어 잠재적으로 파괴적인 수격현상을 줄여준다. 역류 기능은 옵션인 나사형 역류 액추에이터를 통해 사용할 수 있다. 모든 Swing-Flex 체크밸브는 낙하 밀봉을 보장하는 시트 테스트와 주물의 무결성을 보장하는 정수압 테스트를 포함하여 100% 테스트를 거쳤다.

커버에 장착된 디스크 위치 표시기는 밸브의 디스크 위치를 명확하게 나타낸다. 원격 위치에 대한 열림/닫힘 위치를 표시하기 위해 근접 제한 스위치도 제공될 수 있다. 수동 역류 작동이 필요한 경우 역류 액츄에이터를 사용할 수 있다. 일반적인 응용 분야는 펌프 프라이밍, 역세척, 배수 라인 및 시스템 테스트이다.

기존 스윙 체크밸브와 달리 Swing-Flex 체크밸브는 합성 또는 천연 고무 라이닝을 수용하도록 설계되었다. 합성 Memory-Flex 디스크와 결합된 바디 라이닝은 Swing-Flex 체크밸브를 마모성 또는 부식성 유체가 포함된 시스템에 이상적으로 만든다.

### 4.2.1 구조

본 체크밸브를 구성하고 있는 상세한 구성요소와 이들의 역할은 다음과 같다.

A. 막힘없는 디자인. 향상된 유동 특성과 낮은 수두 손실을 위한 100% 유동 면적. 부드럽고 유선형인 윤곽과 결합된 제한 없는 유동 면적은 막힘 가능성을 최소화하면서 큰 고형물의 통과를 허용한다.

B. 강화 디스크. 일체형 정밀 성형 디스크는 강철과 나일론으로 강화되어 수년간 문제없는 성능을 제공한다. 디스크의 플렉스 부분에 대해 25년 보증이 제공된다.

C. 하나의 가동부. 유일하게 움직이는 부품인 Memory-Flex 디스크는 최소한의 유지 관리로 긴 수명을 보장한다. 마모될 패킹, 기계적 경첩, 피벗 핀 또는 베어링이 없다.

D. 본체. 250 PSI 등급의 연성 철 본체

E. 드롭 타이트 시트. 일체형 O-링 유형 씰 설계를 갖춘 합성 강화 디스크는 고압 및 저압에서 확실한 시팅을 보장한다.

F. 돔형 액세스 포트. 풀 사이즈 상단 액세스 포트를 사용하면 라인에서 밸브를 제거하지 않고도 디스크를 제거할 수 있으며 막힘 없는 성능을 위해 밸브 디스크에 대한 플러싱 작업을 제공한다. 커버에는 옵션 디스크 위치 표시기(I) 설치를 위한 드릴 및 탭 포트가 포함되어 있다.

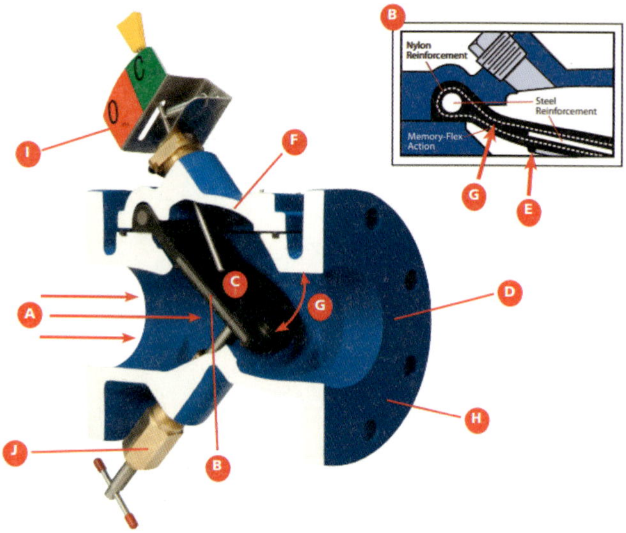


그림 4.9 스윙 플렉스 체크밸브 구조

G. 논슬램 폐쇄. Memory-Flex디스크 액션과 결합된 "짧은 디스크 스트로크"는 잠재적으로 파괴적인 수격현상을 줄여준다.

H. FBE(Fusion Bonded Epoxy). FBE는 밸브 내부와 외부의 표준 코팅이다. FBE는 NSF/ANSI 61 인증을 받았다.

I. 기계식 디스크 위치 표시기. 이는 밸브의 디스크 위치를 명확하게 표시한다. 또한 외부 모니터링을 위해 SCADA 호환 리미트 스위치가 제공될 수도 있다(선택 사항).

J. 역류 액츄에이터. 역류 액츄에이터 설치를 위해 본체에 드릴링 및 탭 가공이 되어 있다. 수동 역류 운전이 필요한 경우에 사용 가능하다. 펌프 프라이밍, 역세척, 배수 라인 및 시스템 테스트에 가장 일반적으로 사용된다(선택 사항).

## 4.2.2 특징 및 장점

### ① 입증된 디자인

설계의 단순성을 통한 효율성과 신뢰성은 Val-Matic Swing-Flex 체크밸브의 뛰어난 성능과 긴 수명의 핵심이다. Swing-Flex® 본체의 유선형 윤곽은 밸브를 통과하는 모든 지점에서 제한 없이 100% 유동면적을 제공한다(그림 4.10). 유타 주립 수자원 연구소(Utah State Water

Research Laboratory)에서 수행한 유량 테스트에 따르면 이 독특한 본체 설계는 밸브를 통한 수두 손실을 최소화하는 것으로 나타났으며 테스트 데이터를 바탕으로 개발된 유량-손실수두 도표가 작성된다.

완전 개방 위치에서는 디스크가 흔들리는 것을 방지하고 긴 디스크 수명을 보장하기 위해 디스크 쪽으로 유동을 유도하기 위해 부드럽고 유선형의 몸체 윤곽을 사용하여 디스크가 안정화된다(그림 4.10). 막힘 방지 성능은 방해받지 않는 100% 유동 면적 영역을 유지하고 매끄러운 융합 결합 에폭시 코팅을 사용하여 달성된다. 밸브 설계에서 힌지 메커니즘을 제거하여 고체 및 끈끈한 물질이 갇히거나 수집되는 것을 최소화한다. 표준 100㎜(4인치) Swing-Flex는 75㎜(3인치) 고형물을 통과하도록 설계되었다.

### ② 선호하는 기능

Swing-Flex 체크밸브 슬램 방지 폐쇄 특성은 밸브 디스크의 고유한 "Memory-Flex동작"과 함께 "짧은 디스크 스트로크"를 활용하여 달성된다. 경사진 시트로 인해 발생하는 35°스트로크는 기존 스윙 체크밸브의 일반적인 80°~90°스트로크의 절반 미만이다(그림 4.10 및 4.11).

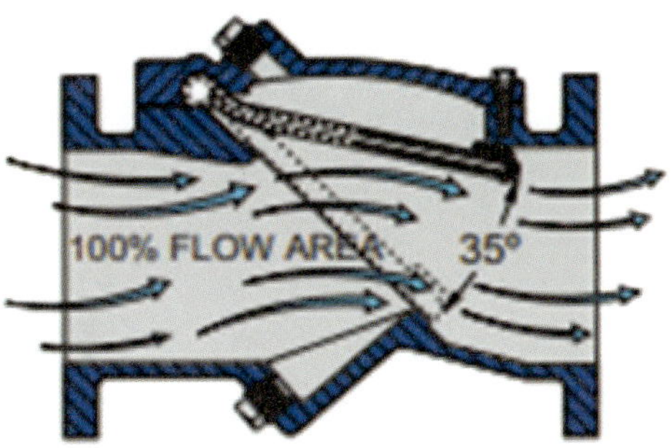


**그림 4.10** 스윙 플렉스 체크밸브

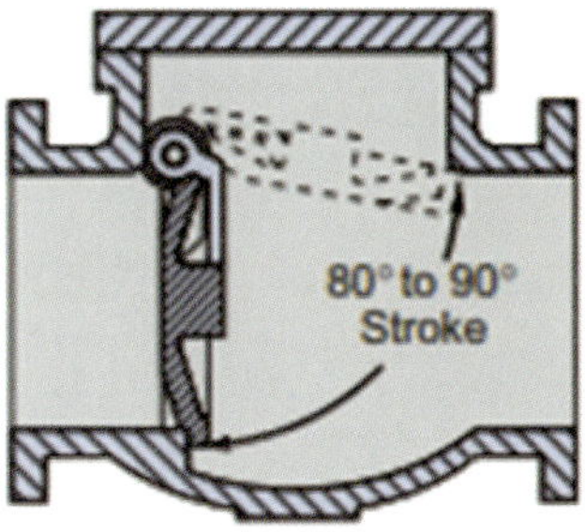


**그림 4.11** 스윙 체크밸브

짧은 디스크 스트로크와 "Memory-Flex™ 작동"(그림 4.10)은 밸브의 폐쇄시간을 줄여 역류 및 일반적으로 역류의 갑작스러운 중단과 관련된 수격 현상을 최소화한다.

유일한 가동부인 Memory-Flex 디스크를 활용하여 작동 안정성을 달성한다. 강철 및 나일론 보강재가 디스크에 정밀하게 성형되어 디스크의 유연한 부분에 대해 25년 보증이 제공되는 견고하고 내구성이 뛰어난 디스크를 제공한다(그림 4.12). 기존 스윙 체크밸브와 달리 Swing-Flex에는 마모되는 패킹, 기계식 힌지, 샤프트, 피벗 핀 또는 베어링이 없다. 일체형 O-링 유형 씰 설계를 갖춘 Memory-Flex™ 디스크는 높은 작동 압력과 낮은 작동 압력 모두에서 빈틈없는 시팅을 보장한다. 1,000,000 주기 테스트를 마친 후 독립적인 테스트 연구소에서 밸브에 눈에 띄는 마모 징후가 없으며 빈틈없는 시팅 상태를 유지하였다고 보고하였다.

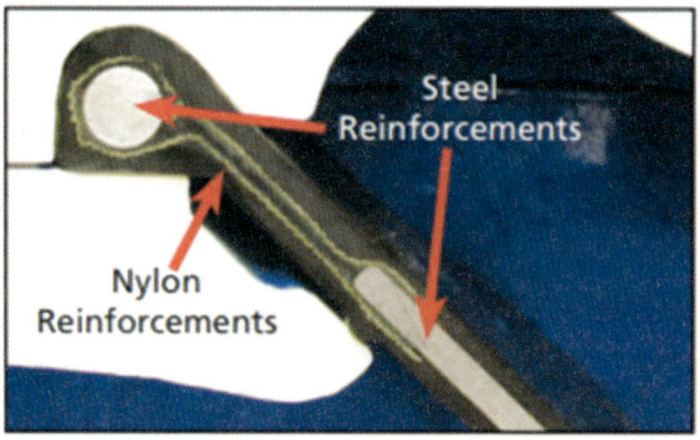


**그림 4.12** 강화 디스크

### ③ 첨단 기술

최신 밸브 기술을 통합하면 오랜 서비스를 제공하는 고품질 밸브가 보장된다. 설계 과정에서는 주요 구조 구성요소의 솔리드 모델링과 유한요소해석(FEA)을 활용하였다. 유량-손실수두 데이터는 유동 테스트, 수학적 모델 및 전산유체역학(CFD)에서 파생되었다. 제조 기술은 주조 공장의 자동화된 공정 제어와 ISO 9001 제어 제조 공정을 사용한다.

### ④ 제품 인증

Val-Matic Swing-Flex 체크밸브는 NSF/ANSI 61에 따라 식수에 사용하도록 인증되었으며 NSF/ANSI 372에 따라 무연(lead free) 인증을 받았다. 모든 밸브는 AWWA C508에 따라 테스트되었다. 모든 밸브는 ISO 표준에 따라 보정된 게이지를 사용하여 자동화된 유압 테스트 장비에서 테스트된다. 모든 Val-Matic 밸브는 인증된 ISO 9001 품질 관리 시스템에 따라 제조된다.

## 4.2.3 압력 등급

[표 4.1] 스윙 플렉스 체크밸브 압력 등급

| 규격(㎜/인치) | 연결 | 압력(bar/psi) |
|---|---|---|
| 50～600(2～24) | Ansi Class 125 Ductile Iron | 17.2(250) |
| 800～1200(30～48) | Ansi Class 125 Cast Iron | 10.3(150) |
| 800～1200(30～48) | Ansi Class 125 Ductile Iron | 17.2(250) |

## 4.2.4 손실수두 도표

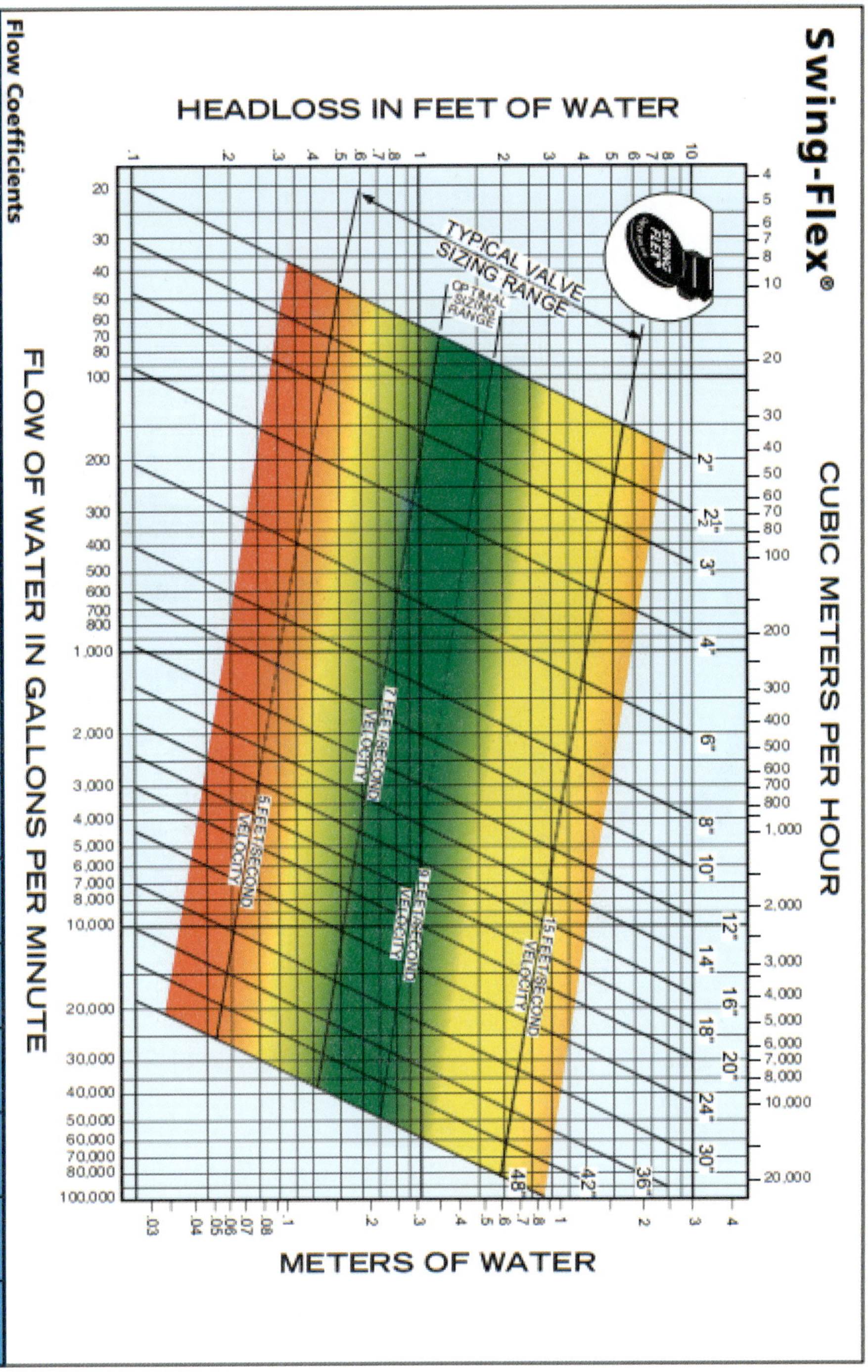


**Flow Coefficients**

| Size | 2 | 2 1/2 | 3 | 4 | 6 | 8 | 10 | 12 | 14 | 16 | 18 | 20 | 24 | 30 | 36 | 42 | 48 |
|---|---|---|---|---|---|---|---|---|---|---|---|---|---|---|---|---|---|
| Cv | 95 | 155 | 225 | 440 | 1040 | 1900 | 3050 | 4600 | 6600 | 8700 | 11,200 | 14,200 | 21,000 | 33,500 | 50,000 | 68,000 | 88,800 |

**그림 4.13** 스윙 플렉스 체크밸브 손실수두

## 4.3 틸트 디스크 체크밸브

틸트 디스크 체크밸브는 원수, 냉각수 및 처리수/폐수 응용 분야에 탁월한 선택이다. 유선형의 몸체 윤곽, 공칭 파이프 크기보다 40% 더 큰 유동 면적 및 유체역학적 디스크가 결합되어 현재 생산되는 모든 체크밸브 중 가장 낮은 수두 손실을 제공한다.

### 4.3.1 구조

본 체크밸브를 구성하고 있는 상세한 구성요소와 이들의 역할은 다음과 같다.

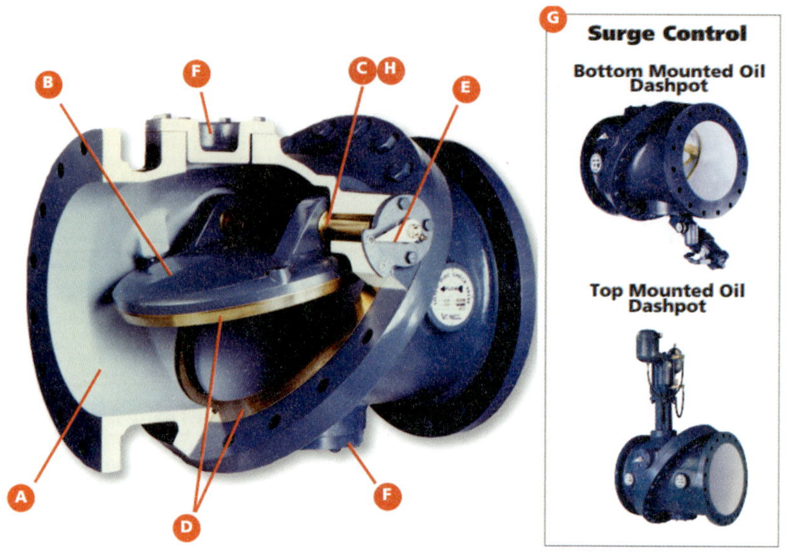


**그림 4.14** 틸티 체크밸브 구조

A. **에너지 효율적인 본체.** 매우 낮은 손실수두는 유선형 바디 윤곽과 바디 시트 영역을 통한 140% 유동영역의 결과이다.

B. **윤곽 디스크.** 윤곽이 잡힌 디스크는 매우 낮은 수두 손실과 에너지 절약을 제공한다. 유체역학적으로 균형 잡힌 설계는 다양한 조건에 대한 양력 및 안정화, 유동에 대한 최소 저항 및 우수한 유동 특성을 제공한다.
윤곽 디스크는 최소 수두 손실과 에너지 절약을 제공한다. 디스크 반작용과 짧은 40° 디스크 스트로크로 인해 빠른 폐쇄가 가능해 역류 및 서지 가능성이 최소화된다.

C. **피벗 핀 및 부싱.** 고강도 알루미늄 청동 소재로 제작된 대구경 핀과 부싱을 활용하여 최대 강도를 달성한다. 이 소재는 높은 브리넬 경도(BHN)와 결합 부품 간의 선택된 경도 차이로 인해 뛰어난 내마모성과 내갤링성(anti-galling)을 제공한다.

D. **삼중 오프셋 시트 형상.** 뛰어난 밀봉과 낮은 마모 특성을 제공하는 삼중 오프셋 시팅 형상을 활용하여 모든 운영압력에서 누출방지와 긴 수명이 달성된다. 오프셋을 사용하면 열 때 미끄러지거나 고착되지 않고 디스크 가장자리가 시트로부터 들어 올려질 수 있다.

E. **디스크 위치 표시기.** 직접 연결을 통해 항상 디스크 위치를 정확하게 표시할 수 있다. 150㎜(6인치) 이상 크기에서는 표준이다.

F. **검사 포트.** 포트를 통해 시스템 유지 관리를 위해 시트의 상류 및 하류 측면에 접근할 수 있으며 옵션 대시포트을 위한 장착 패드 역할을 한다. 검사 포트 커버는 난류를 최소화하기 위해 본체 내부와 동일한 높이로 윤곽이 잡혀 있다.

G. **서지 제어.** 하단 장착형 유압대시포트는 최종 폐쇄단계를 제어하여 빠른 역류 특성을 갖는 시스템과 관련된 슬래밍을 줄인다. 상단 장착형 유압대시포트은 디스크에 직접 연결되어 있으며 밸브 디스크의 완전 개방 및 폐쇄 제어를 제공하여 서지 및 수격 현상의 가능성을 더욱 줄인다.

H. **오프셋 피벗.** 오프셋 피벗 반작용은 디스크를 1/3과 2/3 비율로 나누어 자체 쿠션 효과를 제공하여 슬래밍을 줄여준다(그림 4.15 참조).

### 4.3.2 용도

틸트 디스크 체크밸브는 Val-Matic 제품군의 최고의 체크밸브이다. 이는 밸브 수명 동안 비교할 수 없는 다양성, 신뢰성 및 상당한 비용 절감을 제공한다. 일부 밸브는 특정 응용 분야나 방향에 이상적으로 적합하지만 틸트 디스크 체크밸브는 원수, 냉각수, 처리수 및 폐수 배출수와 같은 다양한 설치 구성 및 다양한 매체에서 선호된다.

단일 펌프 시스템 또는 한 번에 하나의 펌프만 작동하는 시스템에서 틸트 디스크 체크밸브는 유속이 1.2~6.0m/s(4~20ft/s)이고 압력이 최대 27.6bar(400psi)인 원심 펌프와 터빈 펌프에 일반적으로 사용된다.

다중 펌프, 서지를 고려하고 대용량 펌핑시스템의 경우 유압대시포트가 있는 틸트 디스크 체크밸브가 이상적이다.

시스템 압력에 따라 여러 펌프가 시스템 종료시 급격한 역류를 일으킬 수 있으며 유속은 지속적으로 달라질 수 있다. 틸트 디스크 체크밸브는 정전 후에도 다중 펌프 시스템에서 디스크 폐쇄를 제어하기 위해 상단 또는 하단 장착형 유압대시포트(옵션)과 함께 제공된다.

폐쇄형 서지탱크 응용 분야에서는 펌프 정지 후 펌프를 통한 역류를 방지하기 위해 체크밸브를 빠르게 닫는 것이 중요하다. 하단에 대시포트가 장착된 틸트 디스크 체크밸브는 이 응용 분야에 이상적인 솔루션이다. 이를 통해 외부 전원이 필요 없이 밸브가 빠르게 닫히고 최종 폐쇄 10%를 완충할 수 있다.

틸트 디스크 체크밸브는 다양한 응용 분야와 환경에서 우수한 서비스와 기능을 제공하기 위해 전 세계적으로 사용된다. 특정 적용 매개변수와 틸트 디스크 체크밸브의 이점에 대한 추가 정보는 www.valmatic.com에서 온라인으로 확인할 수 있다.

### 4.3.3 특징 및 장점

Val-Matic 틸티드 디스크 체크밸브는 논슬램 폐쇄, 내마모성, 누출 방지 시팅 및 서지 제어와 같은 기능을 통해 가장 가혹하고 까다로운 응용 분야를 쉽게 처리하는 동시에 에너지 효율적인 작동을 제공한다. 이 고성능 체크밸브는 다양한 작동 조건에서 탁월한 성능을 발휘하며 수두 손실이 매우 낮다는 추가 이점도 있다.

#### ① 에너지 효율–비용 절감

틸티드 디스크 체크밸브는 현재 사용 가능한 체크밸브 중 가장 낮은 압력 손실 특성을 제공하므로 에너지를 절약하고 가장 낮은 운영 비용을 제공한다. 매우 낮은 손실수두는 유선형 바디 윤곽과 유체역학적으로 설계된 디스크(그림 4.15)와 바디 시트를 통과하는 140% 유동 면적의 결과이다. 기존 스윙 체크밸브 대신 750㎜(30인치) 틸트 디스크 체크밸브를 사용하여 실현된 에너지 절약으로 인해 40년간 $189,232의 에너지 비용을 절약할 수 있다.

#### ② 논슬램 클로징 – 시스템 보호

틸티드 디스크 체크밸브의 논슬램 폐쇄특성은 짧은 디스크 스트로크, 고유한 디스크 반작용 및 스템 패킹이 없는 고정 피벗 핀을 활용하여 달성된다. 경사진 시트 설계로 인한 짧은 디스크 스트로크는 기존 스윙 체크밸브의 스트로크가 대략 80~90°인 것과 비교하여 40°에 불과하다(그림 4.16). 이 짧은 스트로크는 밸브 디스크의 폐쇄시간을 줄여준다. 감소된 폐쇄시간은 일반적으로 역류의 갑작스러운 정지와 관련된 역류 및 수격 현상을 최소화한다.

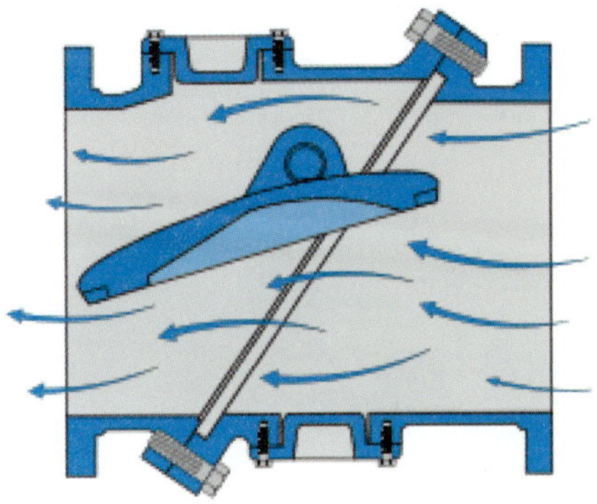

**그림 4.15** 틸트 유동 면적

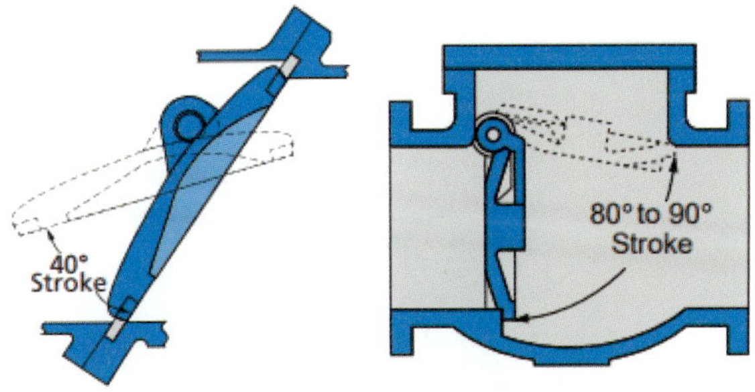


**그림 4.16** 스윙 및 틸트 체크밸브 스트로크

디스크 반작용은 디스크를 대략 1/3과 2/3 비율로 나누는 오프셋 피벗의 결과이다(그림 4.17). 이를 통해 피벗 아래를 통과하는 2/3의 유동과 피벗 위를 통과하는 1/3의 유동에 의해 상쇄될 수 있다. 이러한 반작용은 기존 스윙 체크밸브에서는 볼 수 없는 자체 완충 효과를 제공하여 슬래밍을 감소시킨다.

마지막으로, 기존 스윙 체크밸브에는 패킹이 포함된 회전 스템이 있는 반면, 틸티드 디스크 체크밸브의 디스크는 고정 핀 위에서 자유롭게 회전한다. 이는 낮은 관성과 마찰을 제공하여 디스크 폐쇄를 가속화한다.

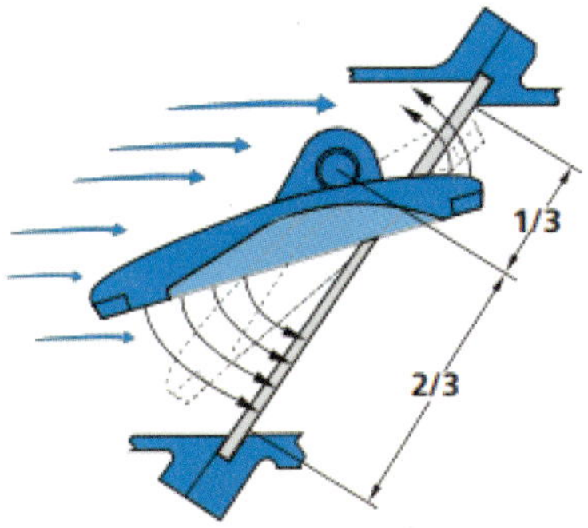


**그림 4.17** 분할된 유동 면적

### ③ 고성능 삼중 오프셋 시팅

삼중 오프셋 시팅 형상을 활용하여 누출 방지 시팅과 긴 수명을 달성한다. 디스크 피벗은 시트 전면(1)과 시트 중심선(2) 모두에서 오프셋된다. 이러한 오프셋은 원추형 시트(3)의 기울어진 오프셋과 함께 구속력이 없고 자체 해제되는 시팅을 제공한다(그림 4.18). 오프셋을 사용하면 열 때 미끄러지거나 묶이지 않고 디스크 가장자리가 시트에서 들어올려질 수 있다(그림 4.19).

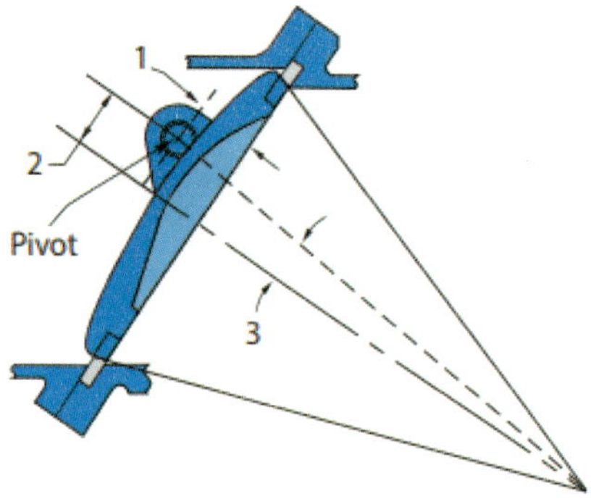


**그림 4.18** 삼중 오프셋

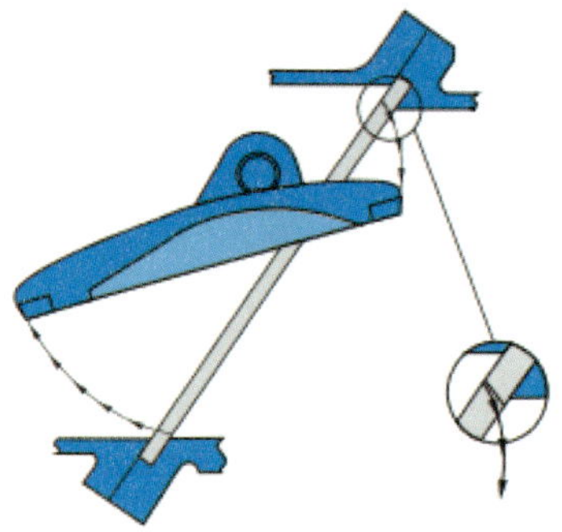

**그림 4.19** 리프팅

### ④ 내마모성(장기 수명)

연장된 밸브 수명은 디스크 안정화, 삼중 오프셋 시팅, 결합 표면 구성 재료의 세심한 선택 등의 고급 기능을 통해 탁월한 내마모성을 제공한 결과이다. 디스크 엣지와 시트, 피벗 핀과 부싱에 다양한 등급의 알루미늄 청동이 사용되어 상당한 경도차를 제공함으로써 마모와 흠집을 줄인다. 디스크 모양의 유체역학적 설계는 유동 중에 리프트 및 디스크 안정화를 제공한다. 독립 실험실에서 실시한 테스트에 따르면 디스크는 저유량 및 고유량 조건 모두에서 매우 안정적이어서 디스크 플러터와 관련된 마모가 최소화되는 것으로 나타났다.

### ⑤ 설계 시험 증명

틸트 디스크 체크밸브의 탁월한 시팅 및 내마모성을 입증하기 위해 독립 엔지니어링 컨설팅 회사가 광범위한 풀 스케일 사이클 테스트를 수행하고 이를 입증하였다. 100,000회 이상의 주기 후에 Val-Matic 틸티드 디스크 체크밸브는 AWWA 및 MSS 표준의 테스트 섹션에서 요구되는 새 밸브에 대한 허용 누출의 10% 미만을 기록하였다.

### ⑥ 서지 제어

대시포트 구성에는 고압 유압실린더와 전체 정격 디스크 연결이 포함된다. 유압대시포트을 사용하면 디스크는 공기의 압축성으로 인해 최소한의 감쇠 효과만 생성하는 에어쿠션과 달리 실린더 외부의 오일량을 조절하는 유량제어밸브를 사용하여 정밀하게 제어된다.

적절한 밸브 구성을 선택하려면 몇 가지 기준을 고려하여야 한다. 펌프 수와 정수두는 펌프가 정지할 때 수주가 얼마나 빨리 역전되는지에 영향을 미친다. 펌프 제어유형은 밸브의 필수 폐쇄 특성에 영향을 미친다. 일반적인 제어유형에는 온-오프, 소프트 스타트, 가변속 및 전기 작동식 제어밸브가 포함된다. 관로시스템의 길이는 유속 변화로 인한 서지를 추정하는 데 사용된다.

서지 완화 시스템의 유형에 따라 필요한 밸브 폐쇄시간이 결정된다. 서지탱크에는 저장된 물이 펌프를 통해 다시 손실되는 것을 방지하기 위해 신속한 밸브폐쇄가 필요하다. 위에 나열된 기준은 다음과 같이 최상의 밸브 구성을 선택하는 데 사용된다.

ⓐ 기본 밸브(Base Valve)

기본 밸브는 저수두 펌프시스템에서 슬램 방지 폐쇄를 제공한다. 기본 밸브는 일반적으로 단일 또는 다중 펌프 적용에서 정수두가 30m(100ft) 미만일 때 사용된다. 일반적인 응용 분야는 수처리 공장의 필터 역세 펌프이다.

매우 긴 관로시스템에서는 동력으로 작동되는 제어 밸브가 때때로 사용된다. 제어 밸브는 펌프 제어 장치에 전기적으로 연결되어 있으며 30~300초에 걸쳐 시스템의 유량을 점진적으로 변경하기 위해 천천히 열리고 닫히도록 프로그래밍되어 있다. 그러나 정전 후 제어 밸브는 펌프의 역회전이나 서지탱크의 물 손실을 방지할 만큼 신속하게 닫히지 못할 수 있다. 이러한 경우 틸티드 디스크 체크밸브는 제어 밸브의 하류에 설치되는 경우가 많다

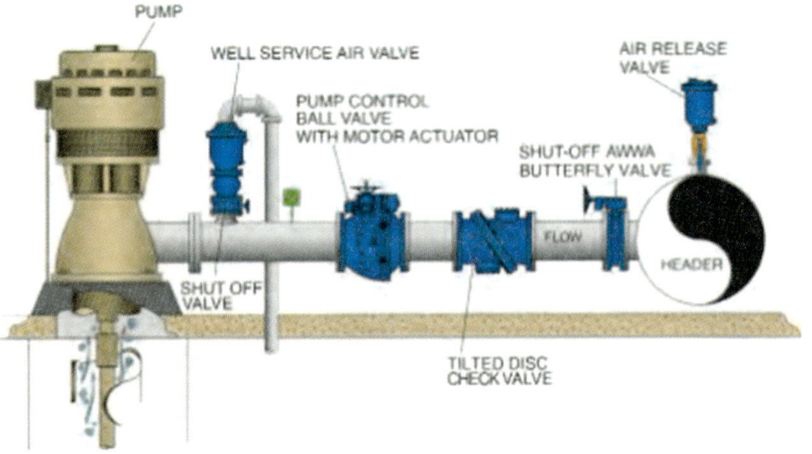


**그림 4.20** 기본 밸브 개요도

ⓑ 하단 장착 유압 대시포트

대시포트는 빠른 역류 경향이 있는 고수두 펌프시스템에 사용된다. 대시포트는 닫히는 동안 디스크와 접촉하는 완충 로드와 유압 실린더로 구성된다. 대시포트는 밸브의 최종 폐쇄 10%를 제어하여 디스크의 슬래밍을 방지하고 수격을 줄인다.

밸브는 밸브 정격압력까지 정수두가 있는 짧은 길이의 관로시스템에 효과적이다. 대시포트는 서지탱크 또는 다중 펌프 시스템 사용으로 인해 급격한 역류가 발생하는 더 긴 관로시스템에도 사용된다.

그림 4.21 상단 장착 유압대시포트

그림 4.22 하단 장착 유압대시포트

ⓒ 상단 장착 유압 대시포트

상단에 장착된 유압대시포트는 밸브의 완전 개방 및 완전 폐쇄 스트로크를 모두 제어한다. 또한, 밸브의 최종 폐쇄 10%는 조정 가능한 유압 실린더 쿠션에 의해 독립적으로 제어된다.

상단에 장착된 유압대시포트를 사용하면 디스크가 유압 실린더에 기계적으로 연결되며 연결장치는 전체 시스템 압력을 받을 때 디스크의 전체 추력을 견딜 수 있도록 설계되었다.

상단 유압대시포트가 장착된 밸브는 밸브의 전체 유량 및 압력 등급까지 극한 서비스 응용 분야에 사용되었다. 펌프와 밸브 사이에 직선 배관을 제공할 공간이 부족한 경우 상단에 장착된 대시포트가 디스크 이동을 제어하고 밸브의 수명을 연장한다.

## 4.3.4 작동 원리 및 시퀀스

### ① 하단 장착형 유압대시포트 작동 원리

하단 장착형 유압대시포트 BMOD(Bottom Mounted Oil Dashport)는 빠른 역류특성을 갖는 관로시스템과 관련된 수격 가능성을 줄인다. 이러한 중요한 조건은 일반적으로 체절수두가 높거나 서지탱크를 사용하는 관로시스템에서 발견된다. BMOD는 디스크에 직접 연결되지 않으므로 밸브 디스크가 제한 없이 자유롭게 열리고 90%의 이동 동안 자유롭게 닫힐 수 있다. 디스크는 남은 스트로크 동안 대시포트 스너버 로드에 접촉한다. 일단 접촉이 이루어지면 디스크 최종 폐쇄 10%가 응용 분야에 가장 적합한 조정 가능한 비율로 완충된다.

BMOD는 시스템 매체와 대시포트 실린더 사이에 에어 갭이 있는 독립형 유압 작동식 시스템이다. 이 에어 갭은 가압된 유압유가 밸브 하우징으로 들어가 시스템 매체를 오염시킬 가능성을 방지한다. BMOD는 틸티드 디스크 체크밸브의 하단 검사 포트에 설치되며 밸브 규격 150㎜(6인치) 이상에서 사용할 수 있다. 필요한 경우 장치를 현장에 설치할 수도 있다.

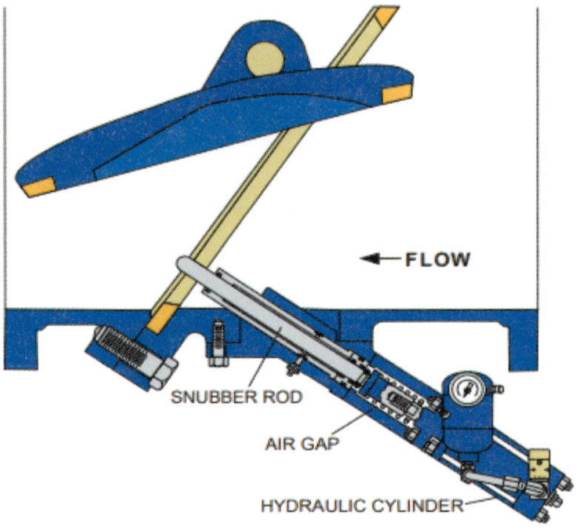


**그림 4.23** 하단 장착형 유압대시포트

### ② 하단 장창형 유압대시포트 작동 시퀀스

체크밸브의 최종 폐쇄 10%는 빠른 역류가 예상되는 곳에서 슬래밍을 방지하기 위해 선택적 유압 대시포트 실린더로 제어할 수 있다. 실린더 로드는 스너버 로드를 밀어내고 스너버 로드는 밸브 디스크와 접촉한다. 유압 실린더의 양쪽은 최대 라인 압력 + 50psi로 유지되는 가압 오일 어큐뮬레이터에 연결된다. 실린더 피스톤은 로드 끝 반대쪽의 압력 면적이 더 크므로 어큐뮬레이터의 공기 압력은 디스크의 최종 폐쇄 10%를 제어하기 위해 시트를 지나 로드를 확장하는 경향이 있다. 개방 스프링은 또한 공기압이 손실되는 경우 로드를 확장하도록 설계되었다.

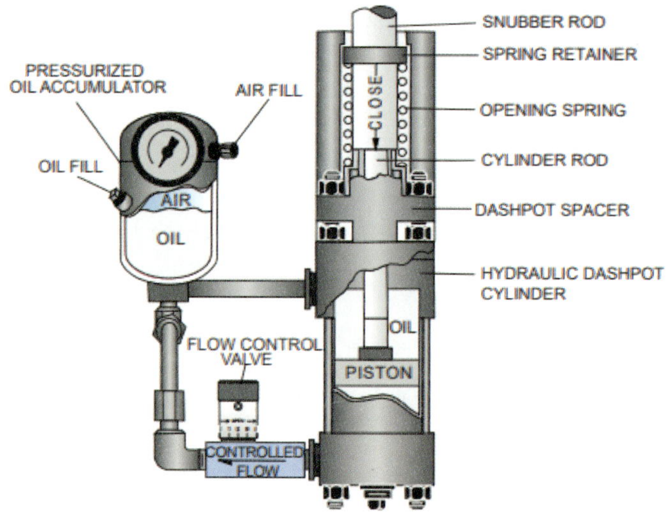


**그림 4.24** 하단 장착형 유압대시포트의 실린더

● 개방 스트로크

급수 시스템 펌프가 기동되면 수압으로 인해 체크밸브 디스크가 열린다. 어큐뮬레이터 내 공기압력과 스프링 힘으로 인해 실린더와 스너버 로드가 밸브 포트까지 확장된다.

● 폐쇄 스트로크

급수 시스템 펌프가 정지되면 디스크의 무게와 물의 역류로 인해 체크밸브 디스크가 강제로 닫히고 쿠션 로드가 충격을 받는다. 스너버 로드는 표시된 방향으로 실린더 로드를 밀고 조정 가능한 유량제어밸브를 통해 오일을 강제로 통과시킨다. 유량제어밸브는 통상적으로 1~5초 내에 밸브 이동의 마지막 10% 동안 폐쇄 속도를 제어한다.

### ③ 상단 장창형 유압대시포트 작동 원리

상부 장착형 유압대시포트 TMOD(Top Mounted Oil Dashport)는 디스크에 직접 연결되어 있으며 밸브 디스크를 완벽하게 제어하여 서지 및 수격 현상의 가능성을 더욱 줄인다. 이 장치는 열린 위치로의 디스크 이동에 대한 단일 단계 조정 가능 속도 제어를 제공하여 펌프 시동 시 시스템 압력서지를 줄인다. 밸브가 닫히는 동안 2단계 제어가 제공되어 급속한 역류 시스템과 관련된 수격 현상과 서지를 줄인다. 첫 번째 단계는 디스크 폐쇄의 90%를 제어하고, 두 번째 단계는 최종적으로 중요한 10%의 폐쇄를 제어한다. 모든 제어는 서로 독립적이며 용도에 가장 적합하도록 현장에서 조정할 수 있다. 예를 들어, 첫 번째 폐쇄단계는 개방 비율보다 느린 속도로 진행될 수 있으며, 최종 폐쇄 10%에서 속도는 훨씬 더 느릴 수 있다.

대시포트가 있는 틸트 디스크 체크밸브는 시스템 서지 제어 장비를 교체하기 위한 것이 아니라 기존 스윙 체크밸브와 관련된 슬래밍 및 수격 현상을 더욱 최소화하기 위한 것이다. TMOD는 시스템 매체와 대시포트 사이에 공극 스페이서가 있는 독립형 유압 작동식 시스템이다. 에어갭은 유압유가 시스템에 유입되어 라인 매체를 오염시킬 가능성을 방지한다. TMOD는 150㎜(6인치) 이상의 모든 밸브 크기에 사용할 수 있다. Val-Matic의 독점적인 퀵 체인지 커플링은 라인에서 밸브를 제거하지 않고도 필요할 경우 실린더를 쉽게 제거할 수 있도록 제공된다.

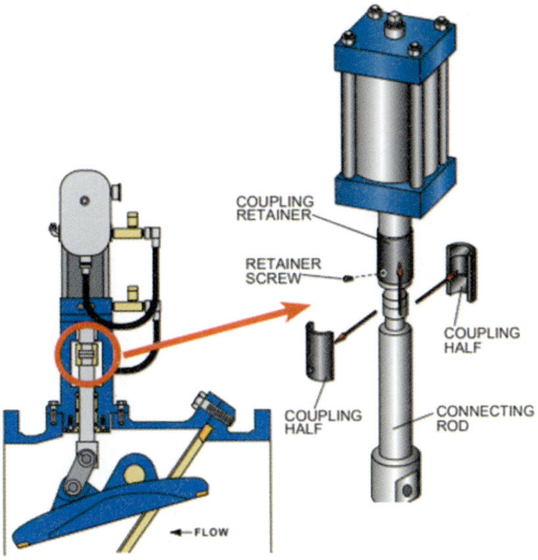


그림 4.25 상단 장착형 유압대시포트

### ④ 상단 장창형 유압대시포트 작동 시퀀스

체크밸브의 개폐는 옵션인 유압 대시포트 실린더로 제어하여 밸브 슬래밍과 서지를 제어할 수 있다. 실린더 로드는 실린더 바닥 밖으로 뻗어 있으며 체크밸브의 디스크에 연결된다. 관로에 흐르는 물의 힘에 의해 체크밸브 디스크가 열리거나 닫히면 실린더 로드가 대시포트 실린더에서 2단계로 스트로크 된다. 첫 번째 단계에서는 2개의 유량제어밸브가 개방 및 폐쇄 시간(통상적으로 5~30초)을 독립적으로 제어하도록 설정된다. 두 번째 단계에서는 실린더 유압 쿠션이 1~5초 내에 마지막 10% 폐쇄를 제어한다.

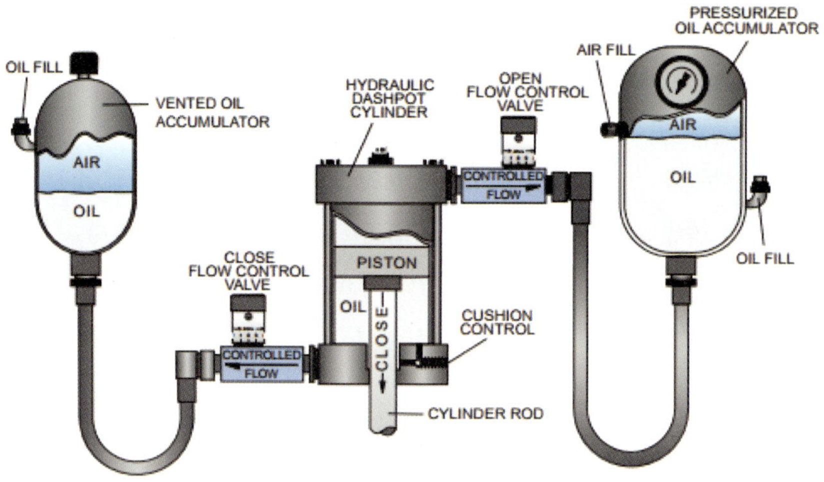


**그림 4.26** 상하단 장착형 유압대시포트 실린더

### ● 개방 스트로크

관로시스템 펌프가 기동되면 수주가 체크밸브 디스크를 강제로 열어 실린더 로드를 위쪽으로 밀어낸다. 실린더 피스톤 위의 오일은 가압되어 개방 유량제어밸브를 통해 통상적으로 5~30초 내에 가압된 오일 어큐뮬레이터로 유입된다. 또한, 오일은 폐쇄 유량제어밸브의 체크밸브 부분과 배출 오일 어큐뮬레이터를 통해 실린더의 하부로 유입된다.

### ● 폐쇄 스트로크

관로시스템 펌프가 정지되면 디스크의 무게와 물의 역류로 인해 체크밸브 디스크가 강제로 닫히고 실린더 로드가 아래로 당겨진다. 실린더 피스톤 아래의 오일은 가압되어 폐쇄 유량제어밸브를 통해 통상적으로 5～30초 내에 배출 오일 어큐뮬레이터(vented oil accumulator)로 유입된다. 또한, 가압 오일 어큐뮬레이터(pressurized oil accumulator)로부터 오일은 개방 유량제어밸브의 체크 부분을 통해 에서 실린더 상단으로 유입된다. 가압 오일 어큐뮬레이터는 밸브 폐쇄를 돕기 위해 관로 압력의 20%로 유지된다.

### ● 최종 10% 폐쇄

최종 폐쇄 10% 동안 실린더 로드의 더 큰 직경 부분이 대시포트 실린더의 하부 헤드에 있는 쿠션 챔버로 들어간다. 최종 폐쇄 10% 동안 폐쇄 속도는 실린더 헤드에 있는 쿠션 제어 조정 나사를 사용하여 통상적으로 1~5초로 추가로 제어할 수 있다.

## 4.3.5 선정 도표

다음 선정 도표는 1) 기본 밸브, 2) 하단 장착형 유압대시포트, 3) 상단 장착형 유압대시포트의 세 가지 밸브 구성에 대한 사용 범위를 보여준다. 예를 들어, 수두 50m(150ft)에서 작동하는 길이 760m(2,500ft) 송수관로에서는 상단 장착 유압대시포트가 있는 틸티드 디스크 체크밸브가 선택된다. 또는 서지 완화 시스템이 제공되는 경우 하단 장착 유압대시포트 구성을 사용할 수 있다.

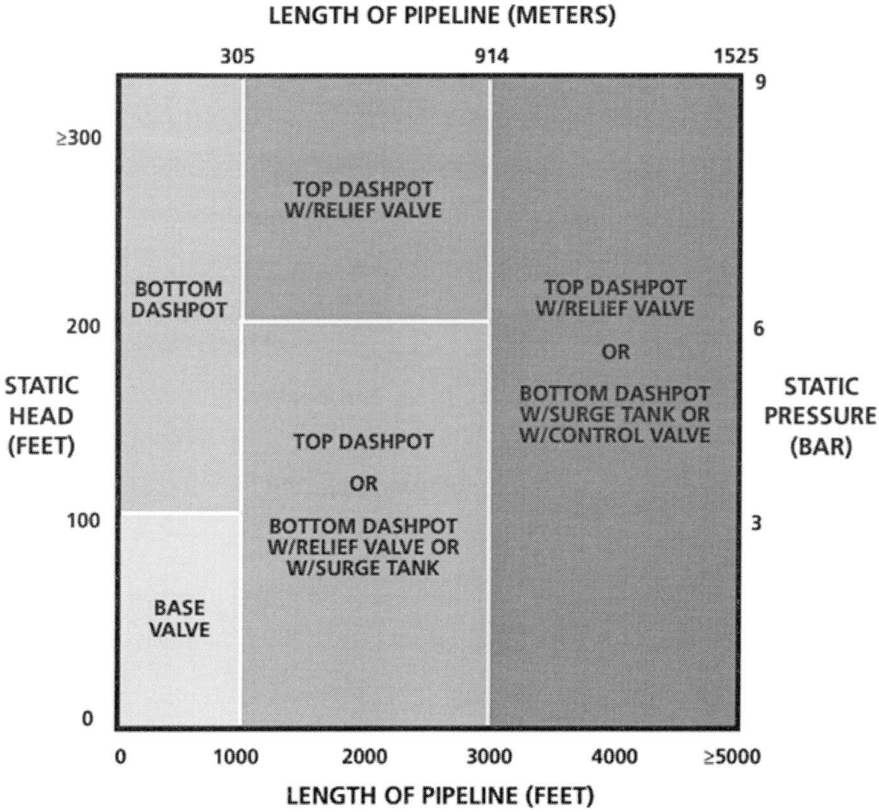


**그림 4.27** 유압대시포트 권장 기준

[표 4.2] 틸트 디스크 체크밸브 권장 용도

| 설치 형식 | 길이(m/ft) | 정수두 | 서지완화시스템 | 권장 체크밸브 |
|---|---|---|---|---|
| 단일 펌프 | 0~1000 | 0~100 | None | 기본 밸브 |
| 다중 펌프 | 0~1000 | 0~100 | None | 기본 밸브 |
| 단일/다중 펌프 | 0~1000 | >100 | None | valve w/BMOD |
| 단일/다중 펌프 | 10000~3000 | 0~200 | None | valve w/TMOD |
| 단일/다중 펌프 | 10000~3000 | 0~200 | Relief valve/<br>Surge tank | valve w/BMOD |
| 단일/다중 펌프 | 10000~3000 | >200 | Relief valve | valve w/TMOD |
| 단일 펌프 | >3000 | >50 | Relief valve | valve w/TMOD |
| 단일 펌프 | >3000 | >50 | Surge tank/<br>Control valve | valve w/BMOD |

## 4.3.6 압력 등급

틸트 디스크 체크밸브는 125$psi$(8.6$bar$), 150$psi$(10$bar$), 250$psi$(17$bar$)의 3개 플랜지 등급으로 제공된다. 다음 도표는 각 플랜지 등급의 최대 비충격 압력을 나타낸다. 참고로 덕타일 주철 9600 시리즈, 클래스 150$psi$은 285$psi$ 등급이며 150 또는 125 ANSI 클래스 드릴링을 사용하여 플랜지에 직접 볼트로 고정할 수 있다.

[표 4.3] 틸트 디스크 체크밸브 압력등급 bar(psi)

<table>
<tr><th rowspan="4">온도(℉)</th><th colspan="3">Series 9800</th><th colspan="4">Series 9700</th><th>Series 9600</th></tr>
<tr><th colspan="3">Class 125</th><th colspan="4">Class 250</th><th>Class 150</th></tr>
<tr><th colspan="3">Cast Iron</th><th rowspan="2">80~<br>300㎜</th><th rowspan="2">80~<br>300㎜</th><th rowspan="2">350~<br>600㎜</th><th rowspan="2">800~<br>1200㎜</th><th rowspan="2">80~<br>1500㎜</th></tr>
<tr><th>80~<br>300㎜</th><th>350~<br>600㎜</th><th>800~<br>1500㎜</th></tr>
<tr><td>100</td><td rowspan="2">13.8<br>(200)</td><td rowspan="2">10.3<br>(150)</td><td rowspan="2">10.3<br>(150)</td><td colspan="2" rowspan="2">27.6<br>(400)</td><td rowspan="2">20.7<br>(300)</td><td rowspan="2">20.7<br>(300)</td><td>19.7<br>(285)</td></tr>
<tr><td>150</td><td>18.6<br>(270)</td></tr>
<tr><td>200</td><td>13.1<br>(190)</td><td>9.3<br>(135)</td><td>7.9<br>(115)</td><td colspan="2">25.5<br>(370)</td><td>19.3<br>(280)</td><td>17.2<br>(250)</td><td>17.9<br>(260)</td></tr>
<tr><td>250</td><td>〃</td><td>〃</td><td>〃</td><td colspan="2">24.5<br>(355)</td><td>18.6<br>(270)</td><td>15.5<br>(225)</td><td>17.2<br>(250)</td></tr>
<tr><td>시험<br>정수압</td><td>20.7<br>(300)</td><td>15.9<br>(230)</td><td>15.9<br>(230)</td><td colspan="2">41.4<br>(600)</td><td>31.0<br>(450)</td><td>31.0<br>(450)</td><td>31.0<br>(450)</td></tr>
</table>

## 4.3.7 손실수두 차트

**Flow Coefficients**

| Size | 3 | 4 | 6 | 8 | 10 | 12 | 14 | 16 | 18 | 20 | 24 | 30 | 36 | 42 | 48 | 54 | 60 |
|---|---|---|---|---|---|---|---|---|---|---|---|---|---|---|---|---|---|
| Cv | 248 | 475 | 1,160 | 2,200 | 3,600 | 5,400 | 7,600 | 10,300 | 13,200 | 16,800 | 25,500 | 42,000 | 63,000 | 90,000 | 119,000 | 155,000 | 195,000 |

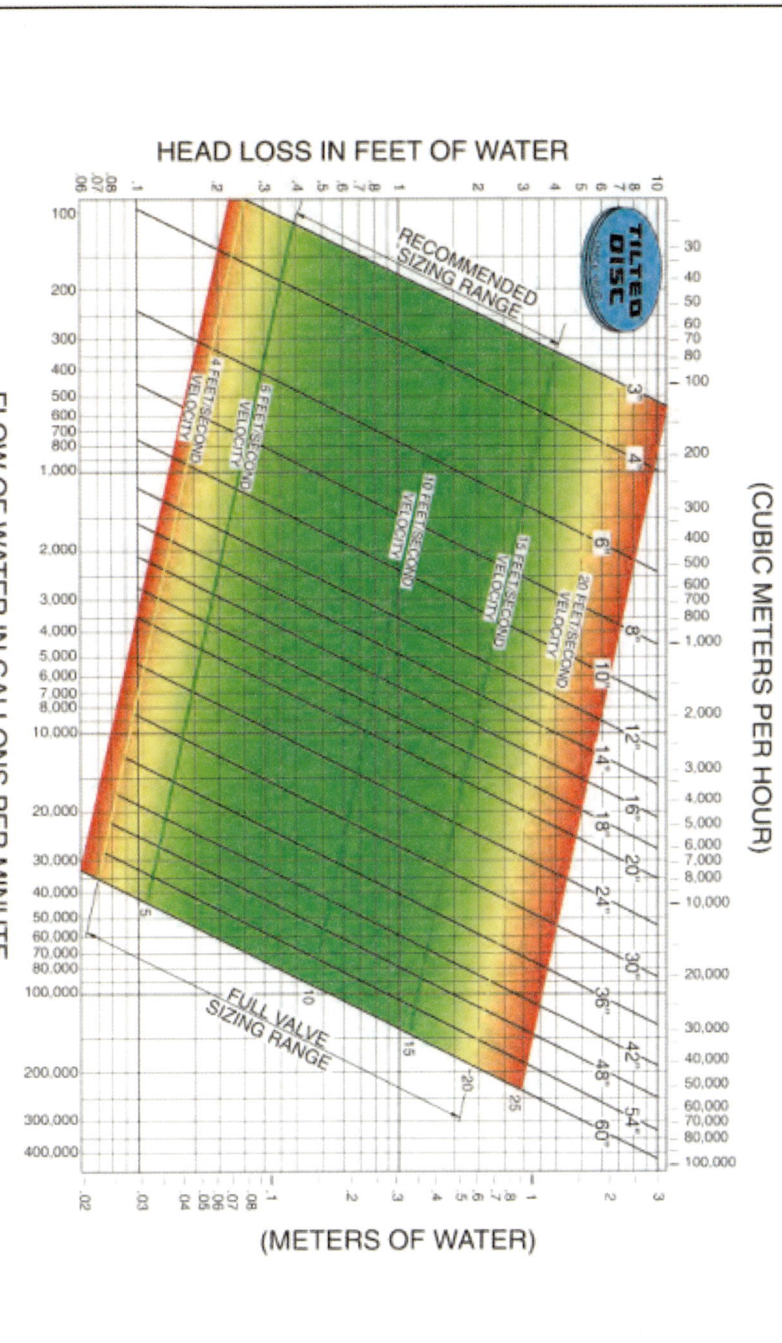


**그림 4.28** 틸트 디스크 체크밸브 손실수두

## 4.4 이중 디스크 체크밸브

공간과 가격이 밸브 선택의 주요 요소일 때 컴팩트한 웨이퍼 디자인과 저렴한 비용을 갖춘 이중 디스크 체크밸브가 인기 있는 선택이 되었다. 이중 디스크 체크밸브는 슬램 방지 스프링 보조 폐쇄, 저압과 고압 모두에서 타이트한 폐쇄를 제공하는 압력 감지 가황 시트, 시트 마모를 줄이고 시트 수명을 연장하는 리프트 및 피벗 디스크 동작을 특징으로 한다. 밸브는 최대 500psi의 압력 범위에 대해 2"~60" 크기로 제공된다. 웨이퍼(ANSI 125, ISO PN10, ISO PN16), 러그 및 그루브 엔드 연결 방식으로 제공된다.

### 4.4.1 구조

본 체크밸브를 구성하고 있는 상세한 구성요소와 이들의 역할은 다음과 같다.

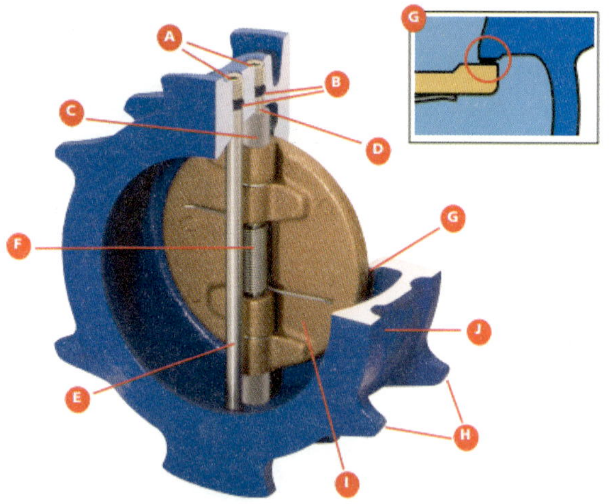


**그림 4.29** 이중 디스크 체크밸브 상세 구조

A. 리테이너 플러그(Retainer plug). 안정화 구체에 압축을 제공하면서 힌지 및 정지 핀을 유지한다.

B. 안정화 구체(Stabilization Spheres). 안정화 구체 힌지와 스톱 핀을 안정화시켜 진동과 마모를 방지한다.

C. 스러스트 베어링(Thrust bearing) 디스크 작동 중 마찰과 마모를 줄인다.

D. 힌지 핀(Hinge pin) 베어링 표면과 강도가 향상된 견고한 구조이다.

E. 정지 핀(Stop pin) 디스크가 흔들리는 것을 방지하기 위해 디스크를 완전 개방 위치에 배치하고 안정시킨다.

F. 스프링(Spring) 특별히 설계된 토션 스프링은 펌프 종료시 디스크를 닫아 통상적으로 밸브 차단과 관련된 수격 현상을 최소화한다. 또한, 리프트 및 피벗 디스크 동작을 제공한다. 길고 문제 없는 수명을 보장하기 위해 50,000회 사이클 테스트를 거쳤다.

G. 가황 시트(Vulcanized seat) 전체 디스크를 오버랩하는 압력 민감 시트는 고압 및 저압에서 확실한 시팅을 제공한다.

H. 정렬 러그(Alignment lugs) ANSI 125, ISO PN10 및 PN16 설치 시 정밀한 정렬을 제공한다.

I. 디스크(Disc) 이중 디스크 설계는 유동에 대한 밸브 민감도를 높여 펌프 종료시 디스크가 빠르게 닫힐 수 있도록 한다.

J. 본체(Body). 공간요구사항을 최소화하기 위한 컴팩트한 웨이퍼 디자인 또는 설치가 용이한 홈이 있는 끝단 중 하나를 선택한다. 둘 다 초기설치비용이 낮고 유지 관리가 최소화된다. 컴팩트한 웨이퍼 스타일로 설치 시간이 단축되고, 설치에 필요한 공간이 최소화되며, 초기 단가가 저렴하다. 러그 스타일을 사용할 수 있다.

### 4.4.2 특징 및 장점

#### ① 지정 가능한 기능

오늘날의 까다로운 시스템 요구 사항으로 인해 엔지니어는 비용 효율적이고 안정적인 관로 구성요소를 지정하여야 한다. Dual Disc 체크밸브의 설계는 유사한 체크밸브에서는 볼 수 없는 많은 고유한 특성을 통합하여 이러한 요구에 부응한다. 50~300㎜(2~12인치) 밸브에는 17.2bar(250psi), 냉간 작동 압력 등급을 갖춘 연성 철 구조가 포함되어 있다. 이 제품은 UL 등록, FM 승인을 받았으며 웨이퍼(ANSI 125, ISO PN10, ISO PN16) 및 Grooved End IPS 연결에서 사용할 수 있다. 350㎜(14인치) 이상의 크기는 주철 및 연성철로 제공된다.

#### ② 설치비용

공간요구사항을 최소화하기 위한 컴팩트한 웨이퍼 설계 또는 설치가 용이한 홈이 있는 끝단을 선택할 수 있다. 둘 다 초기설치비용이 낮고 수평 또는 수직 흐름 설치에 대한 유지 관리가 최소화된다. 다음과 같은 품질 특성은 웨이퍼 엔드 밸브와 그루브 엔드 밸브 모두에서 찾을 수 있다.

### ③ 운영 비용

최적의 유동 면적과 결합된 입구 윤곽 및 유선형 유동 설계에 세심한 주의를 기울인 결과압력 손실이 낮다. 결과적으로 낮은 전력 소비는 밸브의 긴 수명 전반에 걸쳐 비용 절감으로 이어진다.

### ④ 제품 신뢰성

리프트 및 피벗 디스크 동작, 안정화 구체, 압력 감지 시트, 디스크 안정화, 디스크 씰 오버랩 및 유동 민감 폐쇄와 같은 설계 기능은 신중한 구성 재료 선택과 결합되어 고품질 밸브를 만들기 위한 노력을 반영한다. 이러한 노력의 결과로 수년간 문제없는 서비스를 제공할 수 있는 비용 효율적이고 신뢰할 수 있는 제품이 탄생하였다.

### ⑤ 리프트 및 피벗 디스크 동작

더 긴 밸브 수명을 제공하도록 설계된 이 기능은 개방 및 폐쇄 주기 동안 활성화된다. 이는 피벗 핀과 디스크 보어 사이의 간격과 토션 스프링 다리의 배치를 조합하여 작동한다. 이 디자인을 사용하면 디스크가 열릴 때 항상 피벗에서 먼저 들어 올려지고 디스크가 닫힐 때까지 돌아오지 않아 디스크와 시트 표면 사이의 마모가 방지된다.

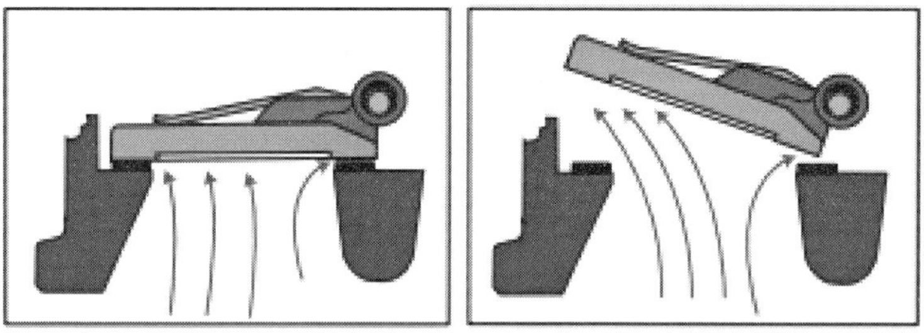

**그림 4.30** 이중 디스크 체크밸브 리프트 및 피벗 동작

### ⑥ 안정화 구

힌지와 스톱 핀 구멍에 삽입된 탄력 있는 합성 구체는 핀에 대해 압축되어 유동 조건에서 핀을 효과적으로 안정화시켜 진동과 마모를 제거한다.

### ⑦ 압력 민감 시트

이 설계는 낮은 압력에서 최소 디스크-시트 접촉을 제공하고 높은 압력에서 최대 접촉을 제공하여 모든 조건에서 확실한 시팅을 제공한다.

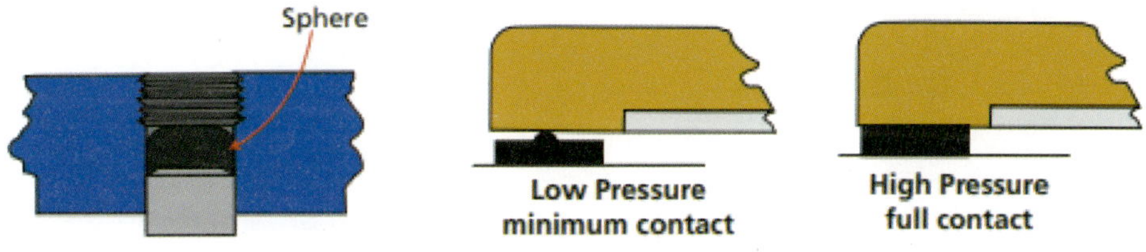


**그림 4.31** 안정화 구 및 압력 민감 시트

### ⑧ 디스크 안정화

밸브가 완전히 열리면 디스크가 적은 각도로 배치되어 유속으로 인해 디스크가 정지 핀에 단단히 고정된다. 그에 따른 벡터 힘은 유동 상태에서 디스크를 안정화시켜 디스크 "플러터"로 인한 과도한 마모를 방지한다.

### ⑨ 디스크 씰 오버랩

씰과 디스크 사이의 접촉은 디스크가 씰과 완전히 겹치는 것을 허용하지 않는 설계에서 발견되는 움푹 들어간 부분을 제거하도록 독특하게 설계되었다. 씰보다 직경이 작은 디스크를 사용한 밸브 설계로 인해 움푹 들어간 부분이 생기면 밸브 누출이 발생할 수 있다.

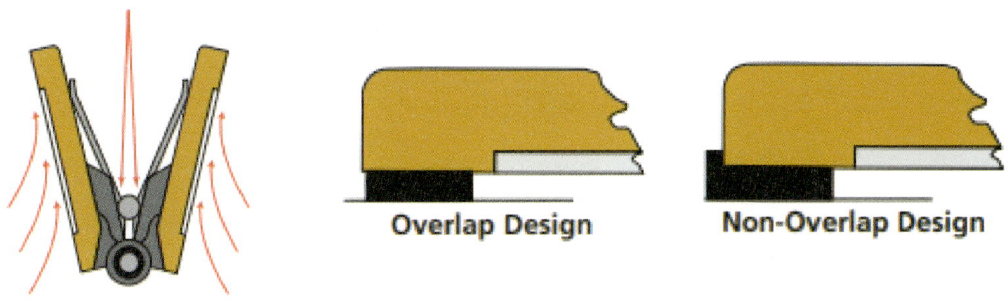


**그림 4.32** 디스크 안정화 및 씰 오버랩

### ⑩ 유동에 민감한 폐쇄

토션 스프링은 유량이 감소할 때 밸브를 닫아 역류를 방지하고 일반적으로 기존 스윙 체크밸브와 관련된 수격 현상의 가능성을 줄인다.

### 4.3.3 압력 등급

[표 4.4] 이중 디스크 체크밸브 압력 등급

| 온도(℃) | 덕타일주철 | 주철 | |
|---|---|---|---|
| | 50~300㎜ | 350~600㎜ | 750~1500㎜ |
| 65 | 17.2 | 10.3 | 10.3 |
| 95 | 16.2 | 9.3 | 7.9 |
| 120 | 15.2 | 8.6 | 5.9 |
| 시험 수압(bar) | 35 | 16 | 16 |

350~400㎜ 밸브 시험 수압은 20bar

## 4.4.4 손실수두 도표

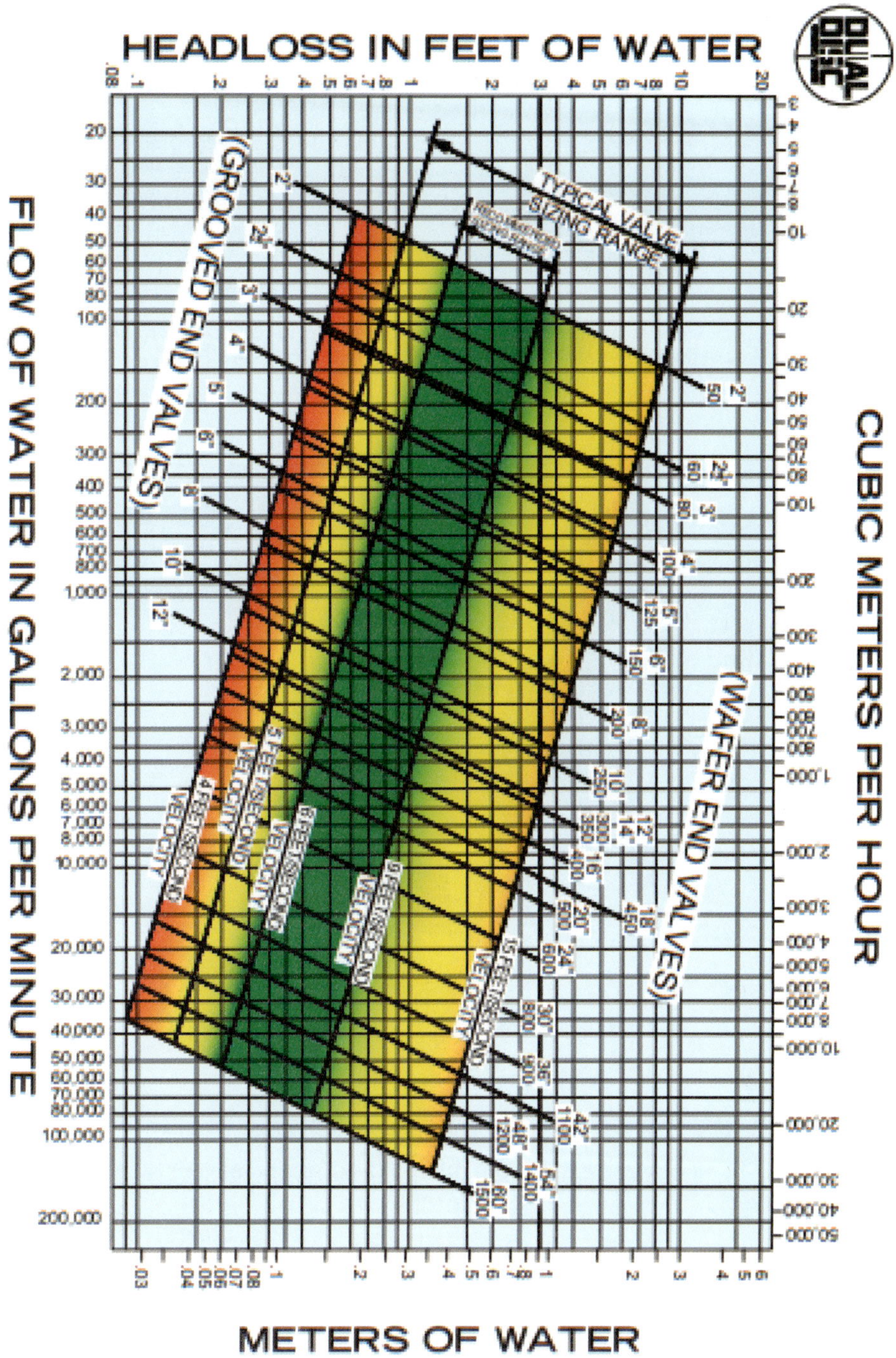


**그림 4.33** 이중 디스크 체크밸브 손실수두

## 4.5 Surge buster check valve

Surgebuster 체크밸브는 높은 수두, 다중 펌프 및 서지 탱크 설치를 포함한 다양한 응용 분야에서 탁월하다. Surgebuster는 35°의 짧은 디스크 스트로크와 조정 가능한 Disc Accelerator를 사용하여 역류로 인한 슬래밍을 방지하는 동시에 유동조건에서 디스크를 안정화시켜 신속한 폐쇄를 달성한다.

### 4.5.1 특징

본 체크밸브를 구성하고 있는 상세한 구성요소와 이들의 역할은 다음과 같다.

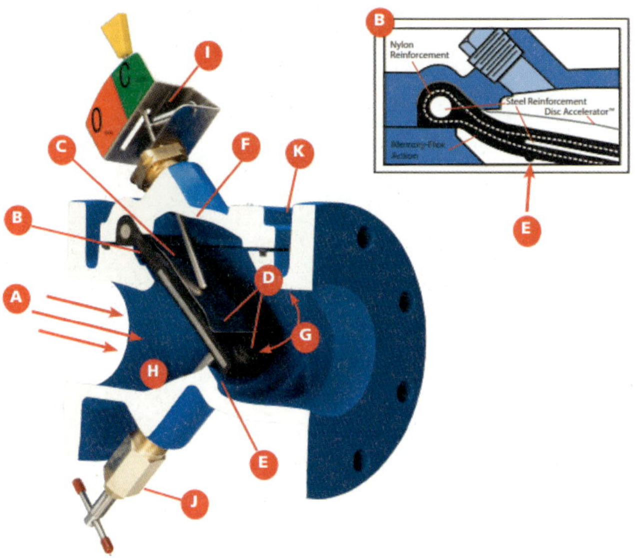


**그림 4.34** 서지 버스터 체크밸브 세부 구조

A. 막힘 없는 디자인. 향상된 유동 특성과 낮은 수두 손실을 위한 100% 유동 면적. 부드럽고 유선형인 윤곽과 결합된 제한 없는 유동 면적은 막힘 가능성을 최소화하면서 큰 고형물의 통과를 허용한다.

B. 강화 디스크. 일체형 정밀 성형 디스크는 강철과 나일론으로 강화되어 수년간 문제 없는 성능을 제공한다. 디스크의 플렉스 부분에 대해 25년 보증이 제공된다.

C. 디스크 가속기. 시그니처 Surgebuster Disc Accelerator는 강화 디스크와 완벽하게 협력하여

움직여 디스크 폐쇄 속도를 빠르고 효율적으로 높인다.

D. 두 개의 가동부. Memory-Flex디스크와 Disc Accelerator는 움직이는 유일한 부품이다. 마모될 패킹, 기계식 힌지, 피벗 핀 또는 베어링이 없다. 디스크의 힌지 부분은 25년 동안 보증된다.

E. 드롭 타이트 시트. 일체형 O-링 유형 씰 설계를 갖춘 합성 강화 디스크는 고압 및 저압에서 확실한 시팅을 보장한다.

F. 돔형 액세스. 포트 크기의 상단 액세스 포트를 사용하면 관로에서 밸브를 제거하지 않고도 디스크를 제거할 수 있으며 막힘없는 성능을 위해 밸브 디스크에 대한 플러싱 작업을 제공한다. 액세스 커버에는 옵션 디스크 위치 표시기 설치를 위한 드릴 및 탭 포트가 포함되어 있다.

G. 논슬램 폐쇄. 잠재적으로 파괴적인 수격현상을 줄이기 위해 Memory-Flex디스크 액션 및 Disc Accelerator와 결합된 "짧은 디스크 스트로크".

H. FBE(Fusion Bonded Epoxy). FBE는 밸브 내부 및 외부의 표준 코팅으로 탁월한 부식 및 내마모성을 제공한다.

I. 기계식 디스크 위치 표시기. 이는 밸브의 디스크 위치를 명확하게 표시한다. 또한 외부 모니터링을 위해 SCADA 호환 리미트 스위치가 제공될 수도 있다(선택 사항).

J. 역류 액츄에이터. 역류 액츄에이터 설치를 위해 본체에 드릴링 및 탭 가공이 되어 있다. 수동 역류 운전이 필요한 경우에 사용 가능하다. 펌프 프라이밍, 역세척, 배수 라인 및 시스템 테스트에 가장 일반적으로 사용된다(선택 사항).

K. 커버 볼트. 볼팅은 열악한 환경에서 부식에 강한 스테인리스강이다.

### 4.5.2 장점

#### ① 혁신적인 디자인

높은 수두, 서지탱크 또는 다중 펌프를 사용하는 펌핑 시스템 운장자에게 체크밸브 슬래밍으로 인해 발생하는 서지를 최소화하려는 과제로 입증되었다. 체크밸브의 역류가 발생하는 실제 원인은 단 하나뿐이다. 역류의 영향은 직접적이고 비례적이다. 역류가 빠를수록 슬램은 더욱 격렬해진다. 체크밸브를 통한 역류가 발생하도록 허용되면 역류로 인해 디스크가 시트에 부딪혀 큰 수격 현상이나 서지가 발생한다.

### ② 최적의 성능

Surgebuster는 35°의 짧은 디스크 스트로크와 조정 가능한 Disc Accelerator™를 통해 신속한 폐쇄를 달성한다.

짧은 디스크 스트로크는 기존 스윙 체크밸브의 통상적인 80°~90°스트로크의 절반 미만이다. 이는 상대 관로와 동일한 전체 유동 면적을 유지하면서 밸브 시트를 45°각도로 배치함으로써 달성된다(그림 4.35 및 4.36).

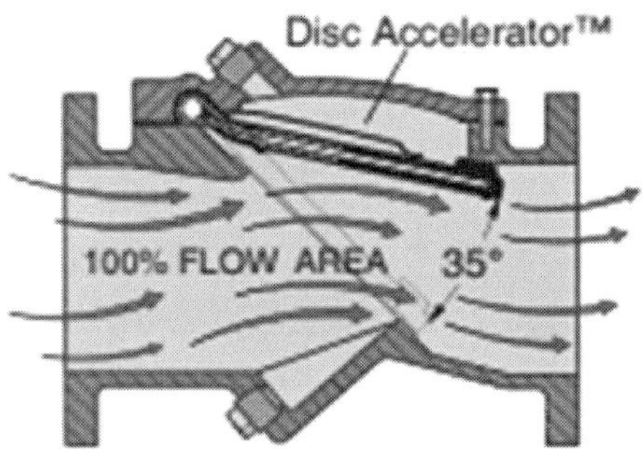

**그림 4.35** 서지 버스터 체크밸브

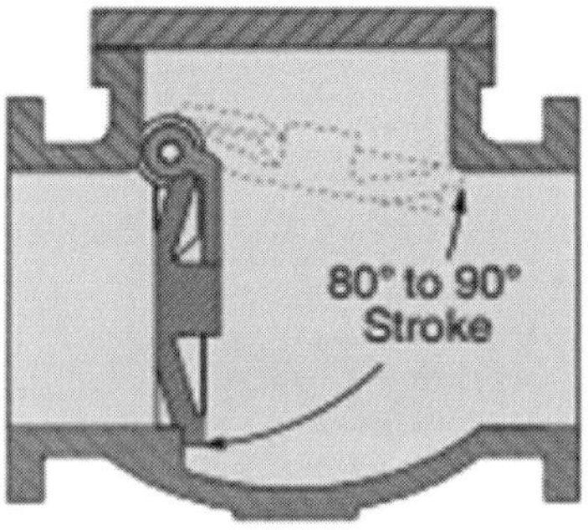

**그림 4.36** 스윙 체크밸브

Disc Accelerator 밸브 디스크를 빠르게 닫아 역류로 인한 슬래밍을 방지하고 유동조건에서 디스크를 안정화시키는 정밀하게 형성된 스테인레스 스틸 메커니즘이다. 가속기는 밸브 내부에 완전히 둘러싸여 있고 유동 경로에서 완전히 벗어난다(그림 4.35).

기존의 스윙 체크밸브는 슬램을 줄이기 위해 웨이트나 스프링이 있는 외부 레버를 사용한다. 그렇게 함으로써 디스크를 유동 속으로 밀어 넣고 디스크 스트로크 길이를 줄여 더 빨리 닫힌다.

불행하게도 외부 레버와 웨이트는 한 개 문제를 해결하는 데 도움이 되지만 다른 두 개 문제를 야기한다. 기존 스윙 체크밸브에서는 수두 손실 증가와 유지 관리가 불가피하다. 디스크를 유동 내부로 당기면 관로가 막히고 엄청난 수두 손실과 난류가 발생한다. 유동에서 디스크가 진동하면 샤프트, 베어링 및 샤프트 씰이 모두 마모가 증가하고 서비스 수명이 단축된다.

많은 응용 분야에서 이 접근 방식은 효과가 없는 것으로 입증되었으며 웨이트 또는 스프링 구동 레버에 부착된 에어쿠션 실린더를 추가하게 되었다. 반대로 기존의 에어쿠션은 디스크 이동 속도를 늦추어 역류를 증가시킨다. 특히 빠른 역류 시스템의 최종 결과는 슬래밍 체크밸브와 수격이다.

짧은 35°스트로크를 갖춘 Surgebuster와 Disc Accelerator 빠른 폐쇄를 제공하여 유동을 방해하거나 유지 관리 필요 없이 슬램과 그에 따른 서지를 방지한다. Val-Matic은 Surgebuster의 슬램 방지 성능을 매우 확신하므로 밸브가 웨이트와 레버를 사용하는 모든 에어쿠션 스윙 체크밸브의 성능을 능가할 것이라고 보장한다.

### ③ 첨단 기술

최신 밸브 기술을 통합하면 오랜 서비스를 제공하는 고품질 밸브가 보장된다. 설계 과정에서는 주요 구조 구성 요소의 솔리드 모델링과 유한 요소 분석(FEA)을 활용하였다. 유량-손실수두 데이터는 유동 테스트, 수학적 모델 및 전산유체역학(CFD)에서 파생되었다. 제조 기술은 주조 공장의 자동화된 공정 제어와 ISO 9001 제어 제조 공정을 사용한다.

### ④ 제품 인증

Val-Matic Surgebuster 체크밸브는 NSF/ANSI 61에 따라 식수에 사용하도록 인증되었으며 NSF/ANSI 372에 따라 무연(lead free) 인증을 받았다. 모든 밸브는 ISO 표준에 따라 보정된 게이지를 사용하여 자동화된 유압 테스트 장비에서 테스트되었다. 모든 Val-Matic 밸브는 인증된 ISO 9001 품질 관리 시스템에 따라 제조된다.

## 4.5.3 압력 등급

[표 4.5] 서지 버스터 체크밸브 압력 등급

| 규격(㎜/인치) | 연결 | 압력(bar/psi) |
|---|---|---|
| 50～600(2～24) | Ansi Class 125 Ductile Iron | 17.2(250) |
| 800～1200(30～48) | Ansi Class 125 Cast Iron | 10.3(150) |
| 800～1200(30～48) | Ansi Class 125 Ductile Iron | 17.2(250) |

## 4.5.4 손실수두 도표

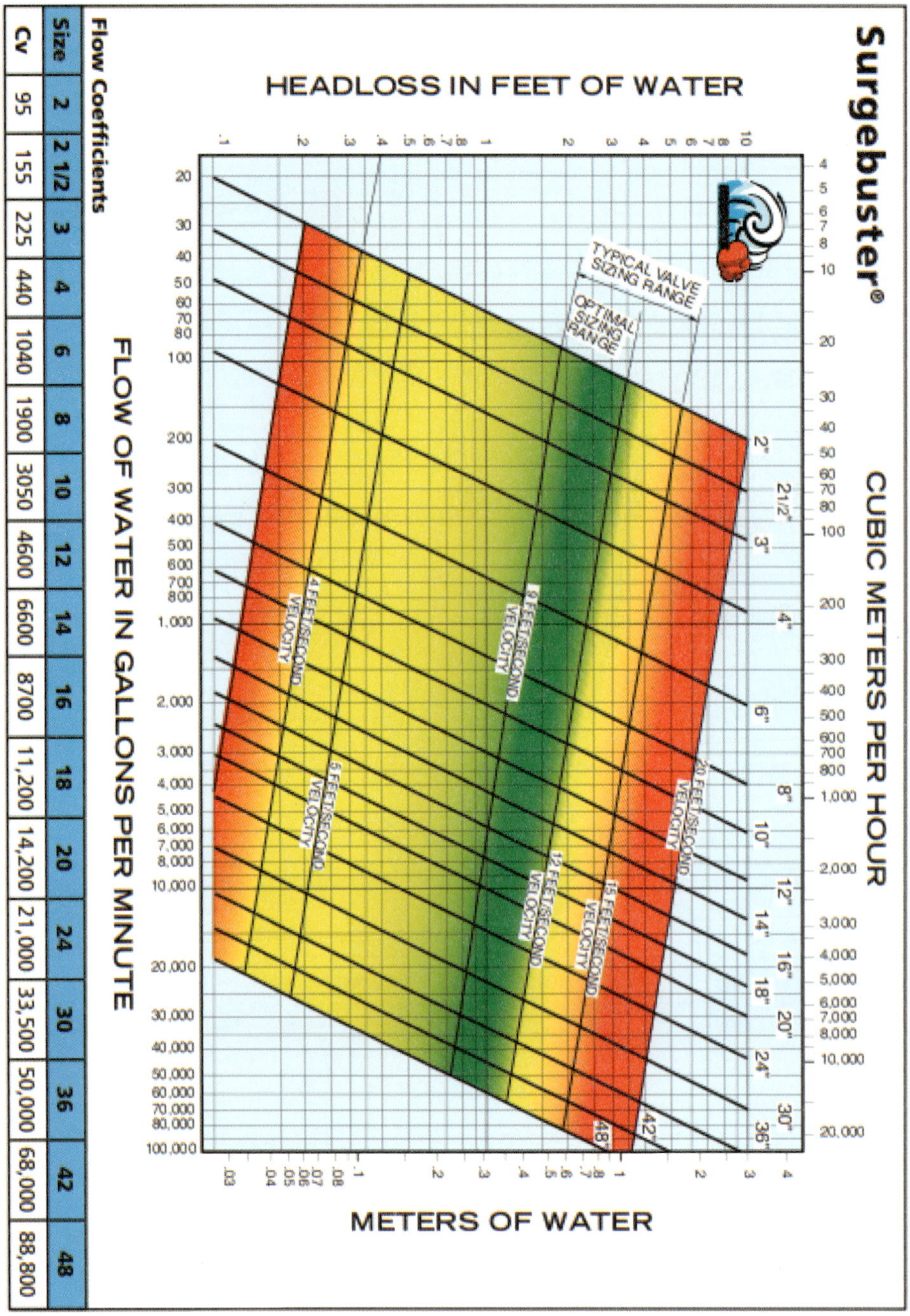


**Flow Coefficients**

| Size | 2 | 2 1/2 | 3 | 4 | 6 | 8 | 10 | 12 | 14 | 16 | 18 | 20 | 24 | 30 | 36 | 42 | 48 |
|---|---|---|---|---|---|---|---|---|---|---|---|---|---|---|---|---|---|
| Cv | 95 | 155 | 225 | 440 | 1040 | 1900 | 3050 | 4600 | 6600 | 8700 | 11,200 | 14,200 | 21,000 | 33,500 | 50,000 | 68,000 | 88,800 |

**그림 4.37** 서지 버스터 체크밸브 손실수두

## 4.6 무소음 체크밸브

무소음 체크밸브는 무소음 작동과 비용이 주요 관심사인 응용 분야에서 선호되는 선택이다. 짧은 선형 스트로크와 스프링 복귀 동작이 결합되어 역류되기 전에 밸브를 닫아 역류의 갑작스러운 중단과 관련된 충격과 수격 현상을 효과적으로 제거한다.

### 4.6.1 구조

본 체크밸브를 구성하고 있는 상세한 구성요소와 이들의 역할은 다음과 같다.

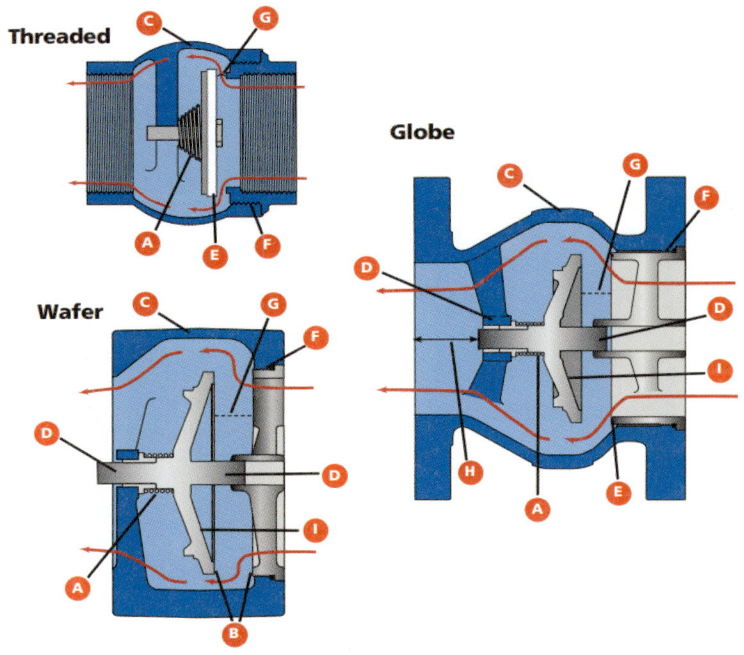


그림 4.38 무소음 체크밸브 세부 구조

A. 강력 스프링. 밸브 신뢰성과 슬램 방지 폐쇄를 보장하기 위해 100,000회 이상의 테스트를 거쳤다.

B. 내구성과 수명 연장을 위한 금속 대 금속 시트. 부식 방지 시트와 디스크 밀봉 표면은 AWWA 및 MSS 금속 시트 누출 기준을 충족하도록 정밀 가공되어 평평하고 매끄러워졌다.

C. 확장된 유동 면적. 눈물방울 윤곽(tear drop contour)은 손실수두를 줄이고 에너지를 절약한다.

D. 이중 가이드 디스크. 진동과 마모를 방지하여 밸브 수명을 연장한다.

E. 탄성 시트는 누출이 전혀 없다. 나사 스타일은 표준이고 웨이퍼 및 글로브 스타일은 옵션이다.

F. 나사식 시트. 300㎜(12인치) 이하의 시트는 나사산이 있어 전체 정격 압력에서 시트를 고정한다.

G. 짧은 스트로크. 짧은 스트로크와 스프링 리턴의 조합으로 슬램 방지 폐쇄가 보장된다.

H. 짝짓기 능력(Mating-ability). 글로브 스타일 크기는 62~50㎜(2½~10인치)이다. 스풀 조각을 사용하지 않고 웨이퍼 스타일 버터플라이 밸브에 결합된다.

I. 오목형 디스크. 디스크는 디스크 안정화, 최대 강도 및 밸브를 열기 위한 최소 유속을 제공하기 위해 오목하게 제작된다.

## 4.6.2 특징 및 장점

Val-Matic 무소음 체크밸브는 50년 넘게 사용자들이 선호하는 선택이었다. 조용한 작동, 저렴한 비용 및 깨끗한 물 응용 분야에서 입증된 성능으로 인해 설계 엔지니어와 시스템 운영자가 선호하는 선택이 되었다.

### ① 조용한 작동

무소음 체크밸브는 충격과 수격 현상을 줄여주는 조용한 작동으로 인해 다른 유형의 밸브보다 선호된다. 무소음 체크밸브는 짧은 스트로크와 스프링 보조 폐쇄로 인해 가장 빠르게 닫히는 체크밸브이다. 유동이 발생하면 디스크가 시트에서 들어 올려져 앞으로 유동이 가능해진다. 펌프가 정지되면 밸브의 스프링이 유동이 역류되기 전에 디스크를 강제로 닫아 자동으로 닫힌다.

동적 체크밸브 테스트에서는 무음 체크밸브를 사용할 때 서지 압력이 크게 감소하는 것으로 나타났다(그림 4.39 및 4.40 참조).

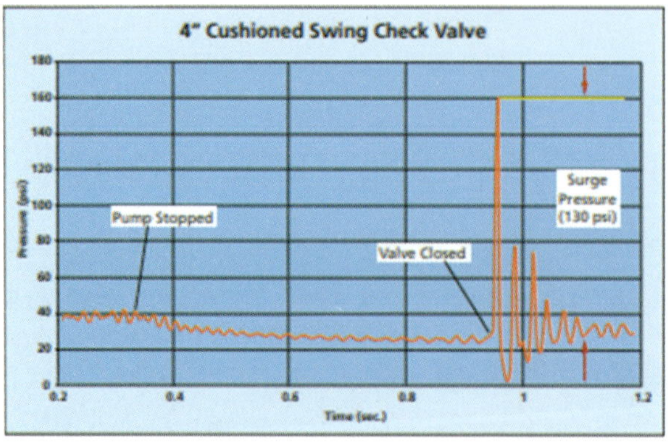


그림 4.39 쿠션 스윙 체크밸브 시험결과

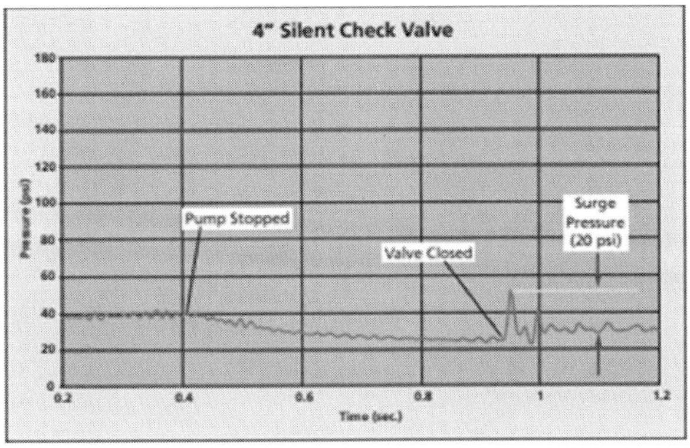


**그림 4.40** 무소음 체크밸브 시험결과

### ② 탄성 시트

Val-Matic 웨이퍼 및 글로브 무소음 체크밸브는 고압 및 저압 모두에서 누출이 전혀 없는 O-링 시트 설계 옵션과 함께 사용할 수 있다(그림 4.41 참조). 고유한 시트 디자인 캐비티는 유동 조건에서 씰을 고정하기 위해 점점 가늘어진다.

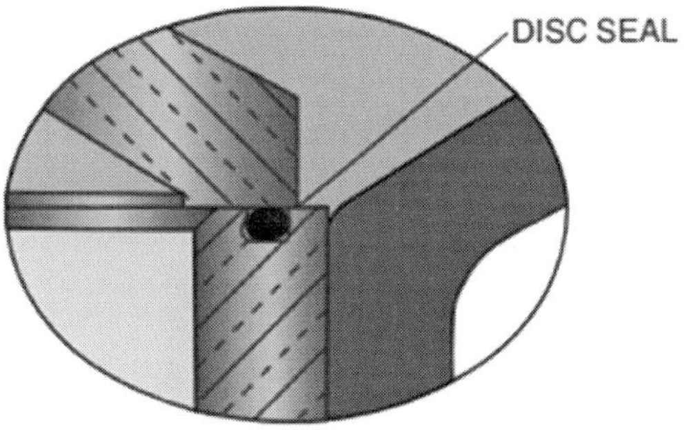


**그림 4.41** 탄성 시팅 상세도

### ③ 설치 다양성

밸브 설계로 인해 어떤 설치 위치에서도 작동이 가능하다. 세 가지 스타일의 무소음 체크밸브는 모두 유동이 수평 또는 위 또는 아래인 수직 관로에 설치할 수 있다. 350㎜(14인치) 이상의 밸브에는 하향 유동 적용을 위한 가혹한 내구성의 스프링이 필요하다. 5~15㎜(2~6인치)의 웨이퍼 크기는 ASME B16.1 클래스 125 및 250 플랜지 사이에 맞도록 이중 등급이다. 공간이 제한된 응용 분야에서는 소형 웨이퍼 스타일이 선호되는 선택이다. 나사형 시트가 있는 300㎜(12인치) 이하의 밸브는 시트를 지지하는 결합 플랜지에 의존하지 않고 확장 조인트 및 커플링 바로 옆에 설치할 수 있다.

### ④ 부식 방지 구조

웨이퍼 및 글로브 스타일 밸브는 ASME B16.34, 클래스 150 요구 사항에 따라 전체 스테인리스강 구조로 제공된다. 주조 오스테나이트 스테인리스강 구조는 화학, 광업, 펄프 및 제지, 기타 일반 산업 분야에 높은 수준의 내식성을 제공한다.

### ⑤ 제품 인증

Val-Matic 무소음 체크밸브는 NSF/ANSI 372 인증을 받았다. 웨이퍼 및 글로브 스타일 밸브는 식수에 대해 NSF/ANSI 61 인증을 받았다. 웨이퍼 스타일 5~250㎜(2~10인치) 및 글로브 스타일 6~300㎜(2½~12인치) 무소음 체크밸브는 Factory Mutual의 화재 방지 시스템 사용 승인을 받았다. 모든 Val-Matic 밸브는 인증된 ISO 9001 품질 관리 시스템에 따라 제조된다.

## 4.6.3 압력 등급

[표 4.6] 무소음 체크밸브 압력 등급

| Series | 형식 | 규격(㎜/인치) | 접합 | 압력 |
|---|---|---|---|---|
| 1400THR | 나사 | 15～50(1/2～2) | 나사 NPT | 17.2(250) |
| 1400A | 웨이퍼 | 50～150(2～6) | 웨이퍼, Class 125/250 | 27.6(400) |
| | | 200～250(8～10) | 웨이퍼, Class 125 | 13.8(200) |
| | | 200～250(8～10) | 웨이퍼, Class 250 | 27.6(400) |
| 1400A.4 | 웨이퍼<br>스테인레스 | 50～250(2～10) | 웨이퍼, Class 150 | 19(275) |
| 1800A | 글로브 | 65～250(2½～12) | 플랜지, Class 125 | 13.8(200) |
| | | 65～250(2½～12) | 플랜지, Class 250 | 27.6(400) |
| 1800A.4 | 글로브<br>스테인레스 | 65～250(2½～12) | 플랜지, Class 150 | 19(275) |
| 1800 | 글로브 | 300～1050(14～42) | 플랜지, Class 125 | 10.3(150) |
| | | 300～1050(14～42) | 플랜지, Class 250 | 20.7(300) |

https://val-matic.dcatalog.com/

## 4.6.4 손실수두 도표

| Size | 2 | 2-1/2 | 3 | 4 | 5 | 6 | 8 | 10 | 12 | 14 | 16 | 18 | 20 | 24 | 30 | 36 | 42 |
|---|---|---|---|---|---|---|---|---|---|---|---|---|---|---|---|---|---|
| Wafer Cv | 43 | 88 | 130 | 228 | 350 | 520 | 900 | 1450 | - | - | - | - | - | - | - | - | - |
| Globe Cv | - | 127 | 155 | 278 | 435 | 625 | 1115 | 1770 | 2500 | 3400 | 4400 | 5600 | 6900 | 10,000 | 15,400 | 22,400 | 30,400 |

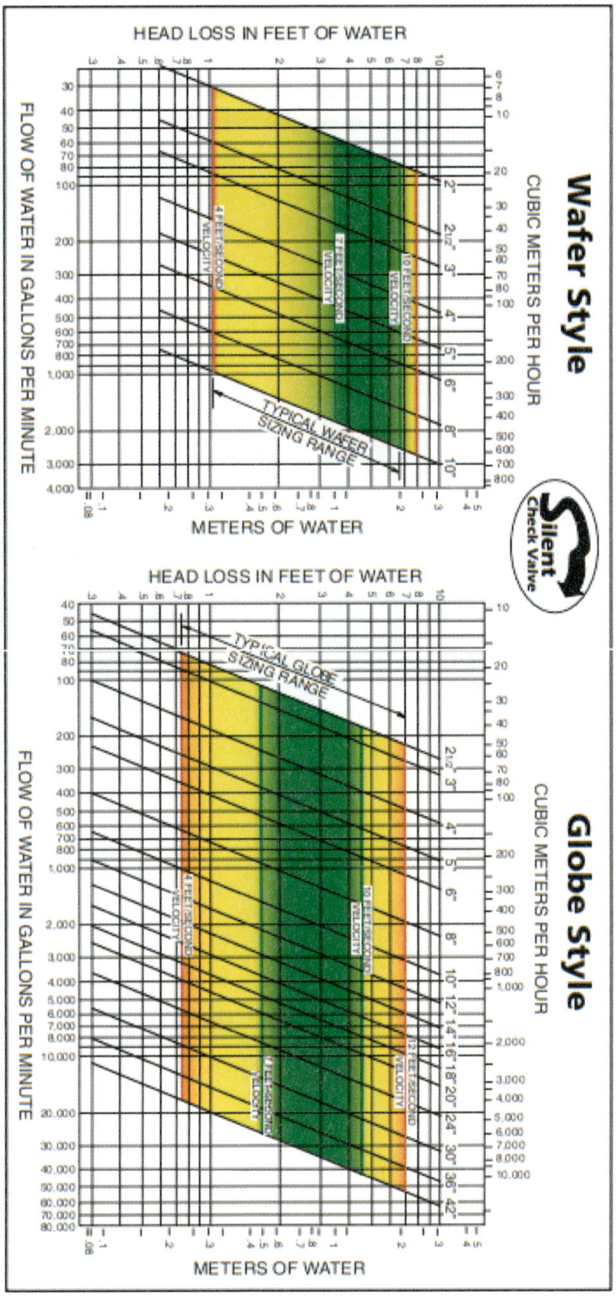


그림 4.42 무소음 체크밸브 손실수두

## 4.7 노즐 체크밸브

노즐 체크밸브는 펌프가 정지하기 전에 천천히 밀봉하여 역류를 방지한다. 짧은 패턴 디자인으로 수격현상을 방지하여 닫히는 시간을 줄여준다. 시트는 금속 또는 소프트 시트일 수 있으며 디스크의 원추형 표면 디자인은 견고한 밀봉을 제공한다. 이 밸브는 진동과 소음을 최소화하면서 탁월한 동적 성능을 보장한다.

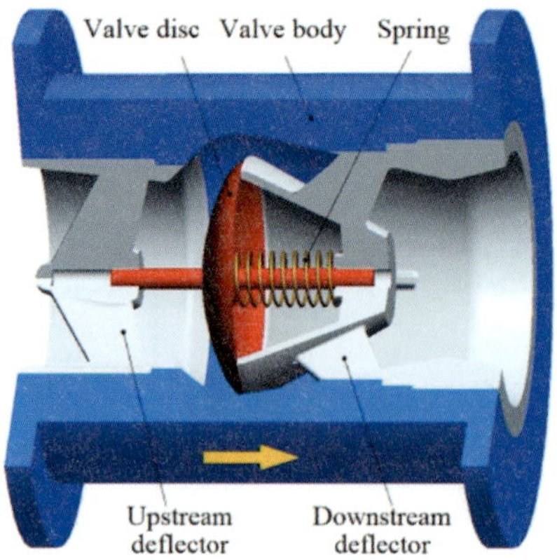


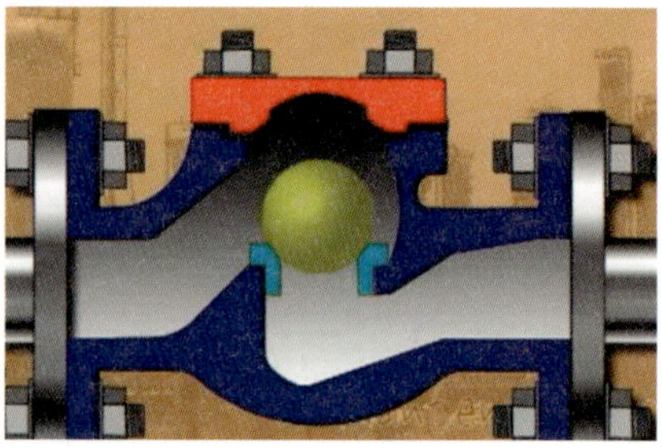

**그림 4.43** 노즐 체크밸브와 볼 체크밸브

## 4.8 볼 체크밸브

볼 체크밸브는 견고한 PFA 라이닝 주조 본체 내에 고체 PTFE 볼이 내장되어 있어 부식성이 높은 산성 유체를 운반하는 데 이상적이다. 정상적인 유동 조건에서 고체 PTFE 볼은 시트에서 분리되어 유동 밖으로 밀려나므로 유체가 방해받지 않고 밸브 본체를 통과할 수 있다. 유동이 역전되면 중력이 볼을 다시 시트로 끌어당겨 밸브를 통한 역류를 방지한다. 슬러리 응용 분야 또는 낮은 유량에 이상적이다. 체크밸브는 ASME B16.5 클래스 150 및 DIN PN/10 배관 시스템 모두에 적합하게 사용할 수 있다.

# 05 체크밸브에서 발생하는 현상

CHAPTER

펌프장 정전시 펌프 토출측에 설치된 체크밸브가 경험하는 이벤트는 다음 순서로 발생하며, 체크밸브의 폐쇄시간에 따라 수격보다 더욱 심각한 슬램이 발생할 수 있다.

- 토출관로 내 수주 정지 및 감속
- 관로 내 수주의 역류
- 체크밸브의 급폐쇄에 따른 슬램과 수격현상

현재 부정류 해석 상용 프로그램인 KYPIPE, Wanda, Hammer 등은 전술한 특성법 MOC와 유한차분법 FDM를 사용하므로 슬램을 제외한 다음 이벤트들을 전산모의할 수 있지만 슬램으로 인한 압력 또는 수두를 구하기 위해서는 반드시 강성주이론을 사용하여야 한다. 따라서 체크밸브 급폐쇄에 따른 슬램현상은 부정류 전산해석결과에 나타나지 않으므로 주의하여야 한다.

## 5.1 펌핑 시스템에서의 수력 성능

### 5.1.1 정상적인 펌핑 유동

펌프가 정상적으로 운영되면 상·하수도시설기준에 따라 펌프 토출관로 내 유속은 통상적으로 $V_0 = 1.5m/s$로 설계하고, 펌핑수두는 다음 식과 같이 펌프의 흡입측 수위와 토출측 저수지 수위차인 실수두 $H_R$, 설계유량 송수시 토출관로에서 발생하는 손실수두 $H_L$, 약간의 여유수두 $H_M$의 합으로 설계된다.

$$Q_{pump} = A\,V_0 \tag{5.1}$$

$$H_{pump} = H_R + H_L + H_M = H_R + \left(K_m + f\frac{L}{d}\right)\frac{V_0^2}{2g} + H_M \tag{5.2}$$

여기서 $K_m$ : 미소손실계수

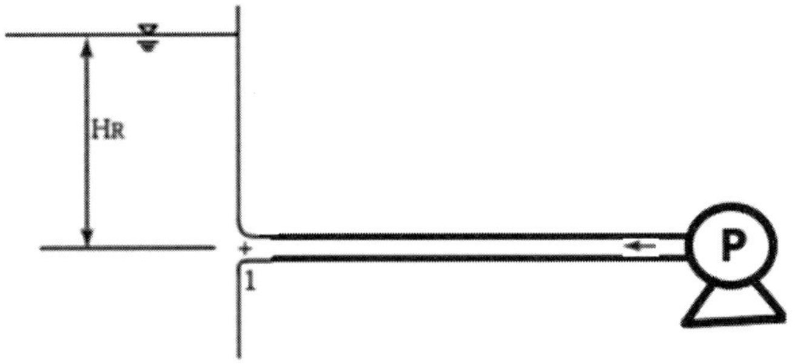


**그림 5.1** 펌프 정상 운전시 정상유동

**[예제 5.1] 정상적인 펌핑 유동**

**문제** 그림 5.1의 관로시스템에서 배관 직경 $D = 0.4m$, 관로 길이 $L = 1000m$, 마찰계수 $f = 0.018$, 미소손실계수 $K_m = 1.0$, $H_R = 30m$인 경우 유량과 펌핑 수두를 구하라. 단, $v = 1.5m/s$, 여유수두 $H_M = 2m$이다

**풀이** 문제에서 주어진 수치들을 식 5.1과 5.2에 대입하여 구한 결과는 다음과 같으며 펌프는 손실수두 $H_L = 5.3m$를 극복하여 유량 $Q = 0.1884m^3/s$을 송수한다.

$$Q_{pump} = \frac{3.14 \times 0.4^2}{4} \times 1.5 = 0.1884m^3/s$$

$$H_{pump} = 30 + \left(1.0 + 0.018\frac{1000}{0.4}\right)\frac{1.5^2}{2 \times 9.8} + 2.0 = 37.3m$$

## 5.1.2 펌핑 유동 정지

펌핑 유동 정지와 관련된 주된 요소는 펌프 비속도 $N_S$, 펌프·모터의 관성모멘트 $I$, 모터의 토크 $T$이다.

다음 식의 펌프 비속도 $N_S$는 펌프장 정전시 펌프로의 역류가 발생하는 시간 $t_r$과 관련된 유량-수두 $Q-H$ 곡선의 기울기 및 회전속도변화비 $n = N_t/N_d$를 결정하는 중요한 요소이다.

$$N_S = \frac{N\sqrt{Q}}{H^{3/4}} rpm \cdot m^3/min \cdot m \tag{5.3}$$

그림 5.2의 각 $Q-H$ 곡선은 다음과 같고, 이 그림으로부터 정전시 펌프의 회전속도는 다음 식에 따라 정격회전속도 $N_0$로부터 점차 감소하고, 펌프의 체절운전점이 관로 $Q-H$에서 $Q=0$일 때의 실수두 $H_A$와 교차될 때 관로 내 수주의 유동이 일시 정지된 후 펌프로의 역류가 발생한다. 따라서, 펌프로의 역류는 이 그림에서의 수두차 $\Delta H$의 크기에 따라 결정되며, 이는 비속도 $N_S$가 클수록 $\Delta H$가 커지고, 역류가 발생하는 시간 $t_r$이 길어져 수격에 유리하다는 것을 의미한다.

- 곡선 ①과 ② : 비속도가 100 이하인 원심펌프로서 하나의 수두 $H$에서 두 개의 유량 $Q$ 점이 형성되어 서징현상이 발생할 수 있다.
- 곡선 ③ : 비속도 $N_S = 200 \sim 500 rpm \cdot m^3/min \cdot m$인 원심펌프의 $Q-H$ 곡선
- 곡선 ④ : 비속도 $N_S = 500 \sim 800 rpm \cdot m^3/min \cdot m$인 사류펌프의 $Q-H$ 곡선
- 곡선 ⑤ : 비속도 $N_S = 800 \sim 2000 rpm \cdot m^3/min \cdot m$인 축류펌프의 $Q-H$ 곡선
- 곡선 ⑥ : 유량에 따른 수두를 나타내는 관로 $Q-H$ 곡선

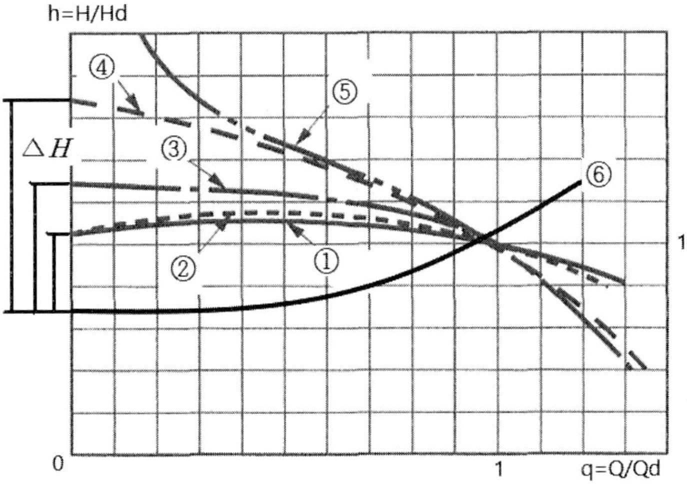


**그림 5.2** 펌프 비속도에 따른 $Q-H$ 곡선 기울기

펌프가 트립되면 펌프의 관성모멘트로 인해 임펠러가 정방향으로 회전하면서 펌핑수두 $H_{pump}$가 실수두 $H_A$ 보다 큰 수 초 동안 정방향 유동이 형성된다. 그러나 관성모멘트가 점차적으로 소실되면서 펌프의 회전속도가 실수두 $H_A$를 형성하기 위해 필요한 회전속도와 동일하게 되면 관로 내 수주의 유동이 정지된다.

다음 식과 같이 펌프·모터의 관성모멘트 $I$는 펌프의 정상적인 기동·정지는 물론 정전시 펌프의 회전수변화에 영향을 미치며 결과적으로 펌프 역류발생시간 $t_r$에도 영향을 미친다.

$$N_t = N_0 - \frac{60\,T_t \triangle t}{2\pi I} \tag{5.4}$$

최근 펌프 제작사는 펌프특성곡선도에 펌프·모터의 관성모멘트 자료 $I$를 제시하지만, 예전의 특성곡선도에는 $I$가 제시되지 않는다. 이 경우 다음 식과 KYPIPE 프로그램에 내장된 도구를 사용하여 $I$를 구하여 정확하게 전산 모의를 하여야 한다.

- 상당히 오랜된 펌프 관성모멘트 $I_P = 0.36964\left[\frac{P_{kw}}{(N/1000)^4}\right]^{0.9556}$ (5.5)
- 경량 펌프 관성모멘트 $I_P = 0.33423\left[\frac{P_{kw}}{(N/1000)^4}\right]^{0.844}$ (5.6)
- 모터 관성모멘트 $I_M = 0.0422\left[\frac{P_{kw}}{(N/1000)^4}\right]^{1.48}$ (5.7)

식 5.4와 다음 식의 터보기계 상사법칙에 따른 정격회전속도 변화에 따른 펌프의 $Q-H$ 곡선은 다음 그림과 같다. 이 그림에서 펌프의 정격회전속도 70%에서 펌프의 $Q-H$ 곡선의 체절점 A는 관로시스템의 실수두 $H_A$에 도달하며, 관로 내 유동은 펌프의 이 회전속도에서 정지된다.

$$Q_1 = Q_0\frac{N_1}{N_0}, \quad H_1 = H_0\left(\frac{N_1}{N_0}\right)^2, \quad T_1 = T_0\left(\frac{N_1}{N_0}\right)^2 \tag{5.8}$$

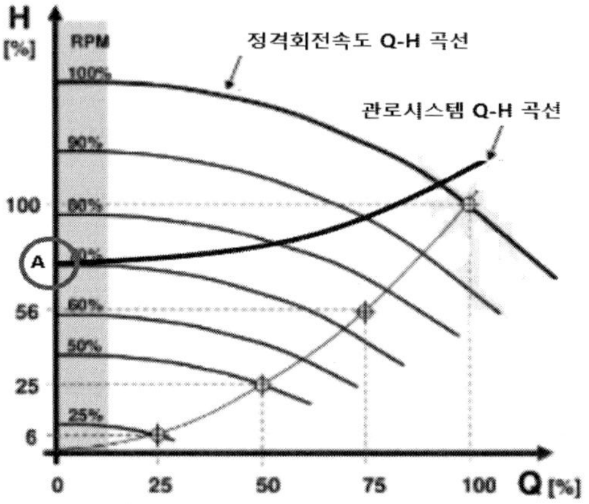


**그림 5.3** 펌프 상사법칙

결론적으로 그림 5.2로부터 펌프의 비속도 $N_S$가 크고, 식 5.4로부터 펌프·모터의 관성모멘트 $I$가 크고, 토크 $T$가 작을수록 펌프 트립시 관로 내 수주의 정방향 유동시간이 길어지며, 통상적으로 역류가 발생하는 시간은 수초 이내가 된다.

### ① 펌프 단독 운영 도중 트립시 유동정지 시간

다음 표 및 그림과 같은 관로 조건 및 특성을 갖는 펌프 1대가 정상 운영 도중 트립될 경우 수주가 정지되는 시간을 구하기로 한다.

[표 5.1] 관로 자료

| 정수두 $H_A(m)$ | 설계유량 $Q_d(m^3/s)$ | 직경 $D(m)$ | 길이 $L(m)$ | 마찰계수 $f$ |
|---|---|---|---|---|
| 60 | 1.1 | 1.0 | 5,000 | 0.02 |

[표 5.2] 펌프 자료

| 설계수두 $H_d(m)$ | 설계유량 $Q_d(m^3/s)$ | 정격회전속도 $N_0(rpm)$ | 정격 동력 $P_L(kW)$ | 펌프효율 $\eta(\%)$ |
|---|---|---|---|---|
| 70 | 1.1 | 1,750 | 887 | 85 |

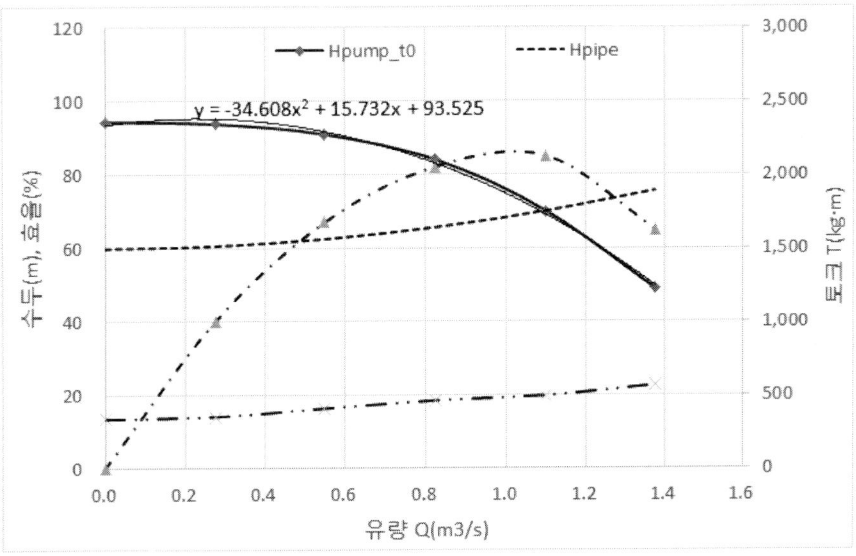


**그림 5.4** 펌프특성곡선

상기 펌프 특성도로부터 세부 펌프특성자료는 다음 표와 같다.

[표 5.3] 펌프 상세자료

| No | $Q(m^3/s)$ | $H_{pump}(m)$ | $H_{pipe}(m)$ | $P_L(kW)$ | $T(kg_f \cdot m)$ | $\eta(\%)$ |
|---|---|---|---|---|---|---|
| 1 | 0.00 | 94.5 | 60.0 | 600 | 334 | 0 |
| 2 | 0.27 | 93.8 | 60.6 | 631 | 352 | 40 |
| 3 | 0.55 | 91 | 62.5 | 731 | 407 | 67 |
| 4 | 0.82 | 84 | 65.6 | 827 | 461 | 82 |
| 5 | 1.10 | 70 | 70.0 | 887 | 494 | 85 |
| 6 | 1.37 | 49 | 75.6 | 1015 | 565 | 65 |

상기 표에서 관로 수두곡선 $H_{pipe}$과 펌프 토크 $T$는 다음 식으로 구한 것이다.

$$H_{pipe} = H_A + H_L = H_A + f\frac{L}{D}\frac{V^2}{2g} \tag{5.9}$$

$$T = 974.5\frac{P_L}{N}(kg_f \cdot m) \tag{5.10}$$

상기 그림으로부터 펌프와 관로의 $Q-H$ 곡선의 교차점에서 $Q=1.1m^3/s$ 및 $H=70m$는 상기 표에서 주어진 관로와 펌프 자료와 정확하게 일치하는 것을 알 수 있다.

식 5.4를 이용하여 펌프 트립시 회전수 변화를 구할 수 있다. 문제에서 펌프모터의 관성모멘트 $I$가 주어지지 않았으므로 다음과 같이 식 5.5~5.7을 이용하여야 한다. 여기서 관성모멘트 $I$의 단위는 뉴튼으로 주어지므로 반드시 $kg_f/m^2$으로 변환하여야 한다.

$$I_{pump} = 0.36964\left[\frac{887}{\left(\frac{1750}{1000}\right)^3}\right]^{0.9556} = 48.8(N \cdot m^2)$$

$$I_{motor} = 0.0422\left[\frac{887}{\left(\frac{1750}{1000}\right)}\right]^{1.48} = 425.1(N \cdot m^2)$$

$$I_{total} = 474N \cdot m^2/9.8 = 48.4kg_f \cdot m^2$$

이제 식 5.4를 이용하여 펌프 트립 $t=1.0s$에서 회전속도 $N_1$을 구한 후 식 5.8 펌프 상사법칙을 이용하여 구한 펌프 $Q-H$ 곡선은 다음 표 및 그림과 같다.

$$N_1 = 1750 - \frac{60 \times 494 \times 1}{2 \times 3.14 \times 48.4} = 1,652rpm$$

[표 5.4] 펌프 트립 $t=1.0s$ 후 펌프상세자료

| No | $Q(m^3/s)$ | $H_{pump}(m)$ | $H_{pipe}(m)$ | $P_L(kW)$ | $T(kg_f \cdot m)$ |
|---|---|---|---|---|---|
| 1 | 0.0 | 84.3 | 60.0 | 505.1 | 297.9 |
| 2 | 0.3 | 83.6 | 60.6 | 531.6 | 313.5 |
| 3 | 0.5 | 81.1 | 62.5 | 615.7 | 363.1 |
| 4 | 0.8 | 74.9 | 65.6 | 696.6 | 410.8 |
| 5 | 1.0 | 62.4 | 70.0 | 746.7 | 440.4 |
| 6 | 1.3 | 43.7 | 75.6 | 854.4 | 503.9 |

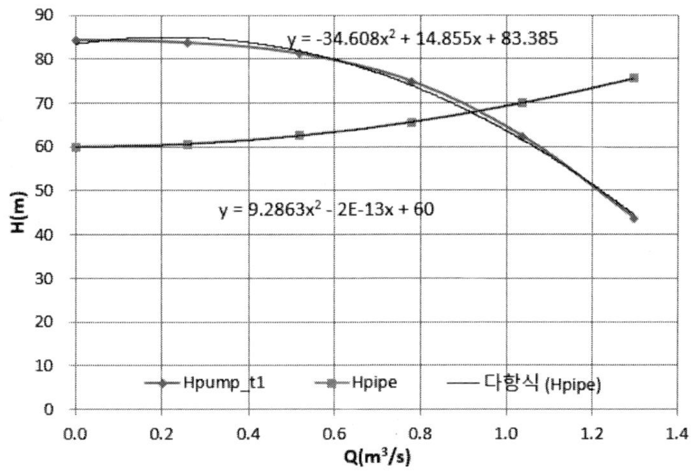


**그림 5.5** 펌프 트립 $t=1.0s$ 후 펌프 및 관로 $Q-H$ 곡선

상기 그림으로부터 펌프 운전점은 운전점 4번째와 5번째 사이에 위치한다. 그러나 $N_1$를 구하는 상기 식에서는 그림 5.4의 $Q-H$ 곡선상 5번째 운전점에서의 토크 $T=494kg_f \cdot m$를 사용하므로 상사법칙에 위배된다. 즉, 펌프의 원점은 그림 5.4의 5번째 점이지만 상사점은 점 4와 5 사이에 위치한다. 따라서, 그림 5.5 $N_1$에서의 펌프와 관로의 $Q-H$ 곡선식으로부터 펌프 운전점 $Q=0.919m^3/s$과 $H=67.8m$을 구한 후 다음과 같이 보간법을 사용하여 $N_1$에서의 상사점을 기준으로 원점에서의 토크를 구하여야 한다.

$$Q_{\%} = \frac{Q_x - Q_2}{Q_1 - Q_2} \tag{5.11}$$

$$T_x = T_2 + Q_{\%}(T_1 - T_2) \tag{5.12}$$

상기 식을 이용하여 원점에서의 유량과 토크를 구하면 다음과 같다.

$$Q = \frac{0.919 - 0.8}{1.0 - 0.8} = 0.5$$

$$T = 461 + 0.5(494 - 461) = 478.7kg_f \cdot m$$

상기 $T = 478.7kg_f \cdot m$를 식 5.4에 대입하여 $t = 1.0s$에서 회전속도 $N_1$을 구한 후 이를 펌프 상사법칙식에 대입하여 구한 펌프 $Q-H$ 곡선은 다음 표 및 그림과 같다.

$$N_1 = 1750 - \frac{60 \times 478.7 \times 1}{2 \times 3.14 \times 48.4} = 1,655rpm$$

[표 5.5] 펌프 트립 $t = 1.0s$ 후 수정된 펌프상세자료

| No | $Q(m^3/s)$ | $H_{pump}(m)$ | $H_{pipe}(m)$ | $P_L(kW)$ | $T(kg_f \cdot m)$ |
|---|---|---|---|---|---|
| 1 | 0.0 | 84.6 | 60.0 | 507.9 | 299.0 |
| 2 | 0.3 | 83.9 | 60.6 | 534.4 | 314.6 |
| 3 | 0.5 | 81.4 | 62.5 | 619.1 | 364.4 |
| 4 | 0.8 | 75.2 | 65.6 | 700.4 | 412.3 |
| 5 | 1.0 | 62.6 | 70.0 | 750.8 | 442.0 |
| 6 | 1.3 | 43.8 | 75.6 | 859.0 | 505.7 |

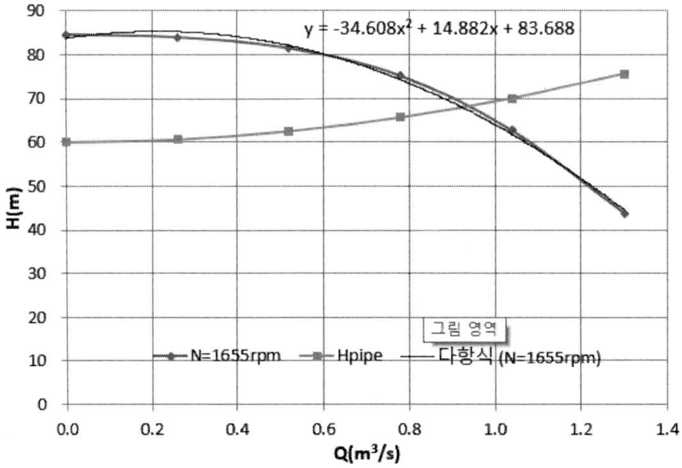


그림 5.6 펌프 트립 $t = 1.0s$ 후 수정된 펌프 및 관로 $Q-H$ 곡선

이제 상기와 유사한 절차를 통해 각 시간 단계에서의 펌프와 관로의 $Q-H$를 구한 결과는 다음 그림과 같으며, 이 그림으로부터 펌프의 체절수두는 약 $t=4.6s$에서 관로의 실수두와 동일하게 되어 수주가 정지되는 것을 알 수 있다.

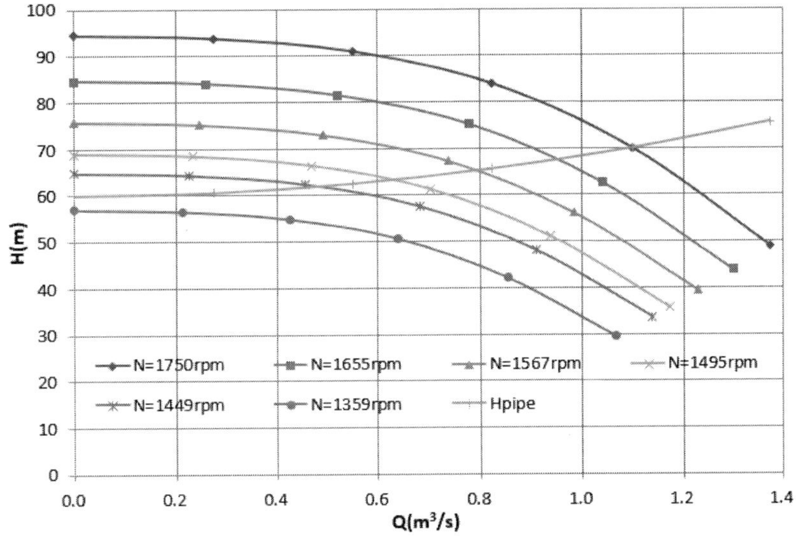


**그림 5.7** 펌프 트립 후 시간 경과에 따른 펌프 및 관로 $Q-H$ 곡선

상기 그림으로부터 펌프 운전점은 정상 운영시 5번째 운전점에서 트립 후 점진적으로 체절운전점인 첫 번째 운전점으로 이동하는 것을 알 수 있으므로 식 5.4와 5.8로부터 펌프 토출관로 내 수주가 정지되는 회전속도 $N_{cut}$과 시간 $t_{cut}$을 다음과 같이 유도할 수 있다.

$$N_{cut} = N_0 \left( \frac{H_{cut}}{H_0} \right)^{1/2} \tag{5.13}$$

$$t_{cut} = \frac{2\pi I(N_0 - N_{cut})}{60\,T_m} \tag{5.14}$$

상기 식에서 토크 $T$는 시간에 따라 변화하지만 $N_0 = 1{,}750rpm$일 때 그림 5.4와 표 5.3으로부터 5번째 운전점에서 토크 $T = 494kg_f \cdot m$부터 첫 번째 운전점에서 토크 $T = 379kg_f \cdot m$으로 점진적으로 감소하므로 평균 토크 $T_m$을 사용하면 $t_{cut}$을 구할 수 있다. 이제 상기 수치들을 상기 식에 대입하여 다음과 같이 $N_{cut}$과 $t_{cut}$를 구할 수 있으며 이 수치는 그림 5.7로부터 구한 $t_{cut} = 4.6s$와 정확하게 일치한다.

$$N_{cut} = 1,750\left(\frac{60}{94.5}\right)^{1/2} = 1,394rpm$$

$$t_{cut} = \frac{2 \times 3.14 \times 48.4(1,750 - 1,394)}{\frac{60(494 + 334)}{2}} = 4.5s$$

### ② 펌프 2대 병렬운전 도중 펌프 1대 트립시 유동정지 시간

상기와 동일한 관로시스템을 이용하여 펌프 2대가 병렬 운전 도중 펌프 1대가 트립될 경우 트립되는 펌프가 정지되는 시간을 구하기로 한다. 먼저 앞의 동일한 펌프가 2대 병렬 운전시 운전점을 구하기 위해서는 표 5.3의 각 운전점에서 수두는 동일하고 유량만 펌프 댓수의 배 만큼 증가하는 다음 표를 이용하여 펌프 2대 병렬운전시 펌프 특성곡선을 유도할 필요가 있다.

[표 5.6] 펌프 2대 병렬 운전시 펌프상세자료

| No | $Q_1(m^3/s)$ | $h_{pump1}(m)$ | $Q_2(m^3/s)$ | $h_{pipe}(m)$ |
|---|---|---|---|---|
| 1 | 0.00 | 94.5 | 0.00 | 60.0 |
| 2 | 0.27 | 93.8 | 0.54 | 62.4 |
| 3 | 0.55 | 91.0 | 1.10 | 70.0 |
| 4 | 0.82 | 84.0 | 1.64 | 82.3 |
| 5 | 1.10 | 70.0 | 2.20 | 100.1 |
| 6 | 1.37 | 49.0 | 2.74 | 122.2 |

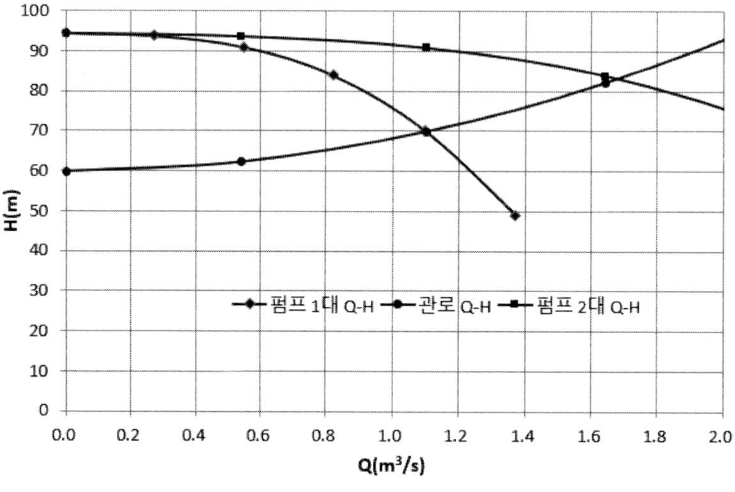


**그림 5.8** 펌프 2대 병렬 운전시 펌프 및 관로 $Q-H$ 곡선

상기 그림으로부터 펌프 2대 병렬 및 1대 단독 운전시 펌핑 유량과 수두는 다음 표와 같다.

[표 5.7] 펌프 단독 및 병렬 운전시 운전점

| 펌프 1대 단독 운전시 | | 펌프 2대 병렬 운전시 | |
|---|---|---|---|
| $Q_1(m^3/s)$ | $h_{pump1}(m)$ | $Q_2(m^3/s)$ | $h_{pump2}(m)$ |
| 1.08 | 69.7 | 1.65 | 82.7 |

펌프 2대 병렬운전 도중 1대 트립시 펌핑 수두 $h_{pump2}=82.7m$에서 $h_{pump1}=69.7m$로 감소하면 운전되는 펌프에 의해 트립되는 펌프는 더 이상 토출하지 못하게 된다. 따라서 식 5.13과 5.14로부터 트립되는 펌프의 정지되는 시간을 다음과 같이 구할 수 있으며, 펌프 2대 운전시 운전점은 표5.3의 4번째 운전점 인근이 되므로 $T=461kg_f \cdot m$이다.

$$N_{cut}=1,750\left(\frac{69.7}{84.0}\right)^{1/2}=1,594rpm$$

$$t_{cut}=\frac{2\times 3.14\times 48.4(1,750-1,594)}{\frac{60(2\times 461+494)}{2}}=0.5s$$

펌프 단독 운전 도중 트립시 관로 내 수주가 정지하는 시간은 $t_{cut}=4.5s$이지만 펌프 2대 병렬 운전 도중 1대 트립시에는 $t_{cut}=0.5s$로 크게 감소하며 이에 대한 원인은 다음과 같다.

- 펌프 단독 운전시 체절수두와 체절회전속도 $H_{cut}=60m$ 및 $N_{cut}=1,394rpm$가 되지만, 2대 병렬 운전시에는 펌프 1대가 정상 운전되어 $H_{cut}=69.7m$ 및 $N_{cut}=1,503rpm$으로 증가한다.
- 펌프 단독 운전시 표 5.3의 1번째 운전점과 5번째 운전점에서의 토크를 이용하여 구한 평균토크는 $T_m=(494+334)/2=414kg_f \cdot m$가 된다. 그러나 펌프 2대 병렬 운전시 각 펌프는 그림 5.8과 표 5.3로부터 4번째 운전점에서 운전되며, 이때 2대 펌프의 전체 토크는 $T_1=2\times 461=922kg_f \cdot m$가 된다. 펌프 1대 정지시 토크는 펌프 1대 정상 운영시 토크와 동일하므로 표 5.3의 5번째 운전점에서 토크가 되어 평균토크는 다음과 같이 증가한다.

$$T_m=\frac{922+494}{2}=708kg_f \cdot m$$

이와 같은 현상을 고려할 때 병렬로 운전되는 펌프가 많을 때 펌프 1대 트립시 정상적으로 운영되는 펌프의 수두로 인해 트립되는 펌프의 정지시간은 크게 감소하는 것을 알 수 있다.

### ③ 에어챔버가 설치된 병렬 펌프 운전 도중 펌프 1대 트립시 유동정지 시간

펌프 토출측에 에어챔버가 설치된 조건에서 펌프 트립시 이 에어챔버는 일시적으로 펌프의 역할을 하므로 유동 정지시간은 더욱 크게 감소하는 것을 알 수 있다. 따라서 에어챔버가 설치된 펌프장에서 병렬운전 도중 펌프 1대 트립시 이 펌프의 정지시간은 매우 짧아지며, 이는 트립되는 펌프의 직하류측에 설치된 급폐식 스윙 체크밸브의 신속한 폐쇄로 인해 심각한 슬램현상의 원인이 된다.

## 5.1.3 감속(decelleration)

KYPIPE 등의 부정류 상용 프로그램들은 펌프장 정전시 펌프와 관로시스템의 특성에 터보기계의 상사법칙을 적용하여 펌프의 회전속도, 유량, 수두를 계산한다. 펌프가 정상적으로 운영시 펌프는 관로시스템의 실수두와 손실수두를 극복하여 수주를 설계유속으로 이동시킨다. 정전시에는 펌프·모터 및 수주의 관성모멘트에 의해 수주는 짧은 시간(통상적으로 수 초 이내) 동안 유속이 감소되면서 정방향 이동한다. 시간이 경과하면서 펌프·모터 및 수주의 관성모멘트가 관로시스템의 실수두를 극복할 수 없을 때 즉, 상사법칙에 따라 펌프의 체절수두가 관로시스템의 실수두와 동일하게 될 때 수주는 일시적으로 정지된다.

### ① 분석에 의한 감속

수주의 감속 $dec$(decelleration)이란 펌프의 정상적인 운영시 유속 $v_0$를 펌프 트립 후 관로 내 수주가 정지될 때까지의 미소시간 $\Delta t$을 나눈 것으로 이를 식으로 표현하면 다음과 같다.

$$dec = \frac{v_0}{\Delta t} \tag{5.15}$$

### ② 전산해석에 의한 감속

감속과 역류유속 $dec - v_r$ 관계를 기술하기 위해 VAG회사가 제시한 다음 그림의 틸팅 디스크 체크밸브 동적특성도표를 사용한다.

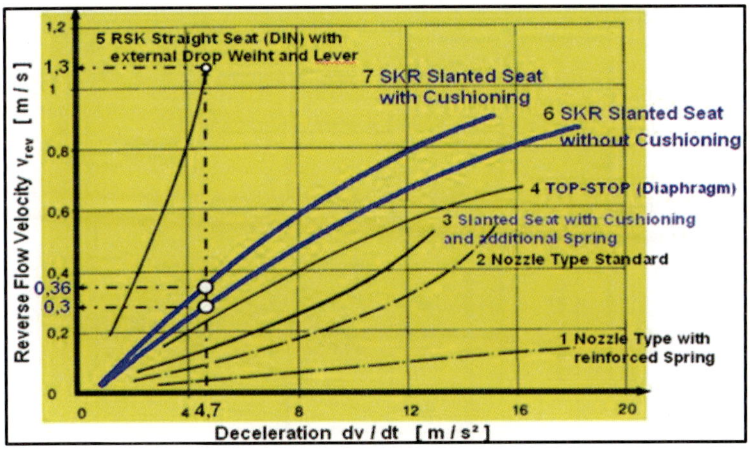


**그림 5.9** 체크밸브 동적특성 1

전산 프로그램 Surge 모델로 펌프에 체크밸브가 없어 역류가 허용되는 관로시스템을 해석하여 감속 $dec$를 결정할 수 있다. 그림 5.10은 특정 유동조건에서의 펌프 트립 후 적색으로 표시된 펌프 유출 유속 $v$와 함께 청색으로 표시된 감속 $dec$를 보여준다. 이 그림으로부터 유속이 0이 되는 시점에서 순간 감속 $dec = 1.3m/s^2$이다. 제조업체가 제안한 자료에서 체크밸브가 폐쇄되기 시작할 때 잠재적인 역류속도를 결정하기 위해 이 감속 $dec = 1.3m/s^2$를 사용할 수 있다.

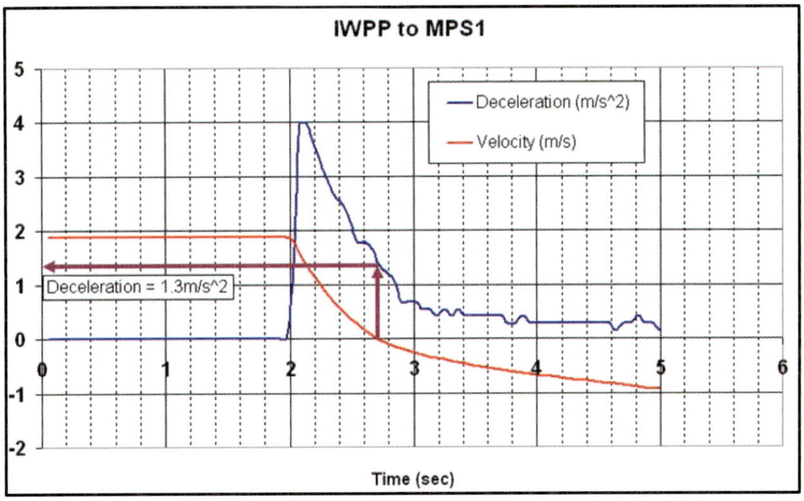


**그림 5.10** 부정류 전산 모델링 결과 1

그림 5.11로부터 감속 $dec = 1.3m/s^2$에서 역류유속은 약 $v_r = 0.05m/s$인 것을 알 수 있다. 따라서 체크밸브가 설치된 덕타일주철관의 파속 $a = 1200m/s$일 때 자이코프스키식 1.37을 사

용하여 체크밸브 폐쇄시 발생하는 수격으로 인한 수두변화 $\Delta H = 6.11m$를 결정할 수 있다.

$$\Delta H_J = \frac{1200 \times 0.05}{9.8} = 6.11m$$

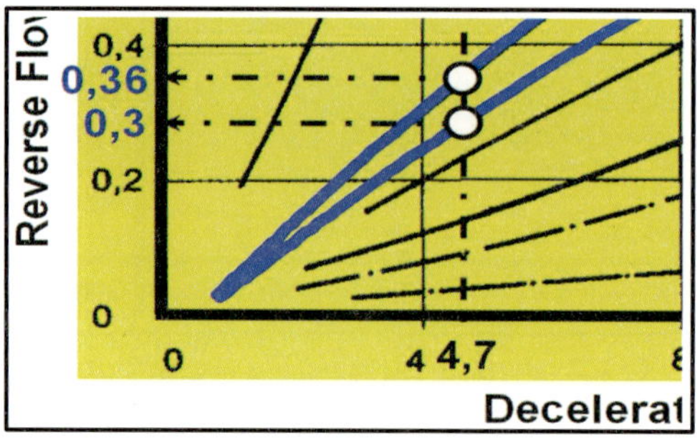


**그림 5.11** 국부적 체크밸브 동적특성

전산 프로그램에서 체크밸브가 1초 동안 선형적으로 폐쇄되는 것으로 가정한 사실이 합리적인지 여부를 판단하기 위해 Surge 모델로 계산한 수치와 상기의 수두변화 $\Delta H$를 비교할 수 있다. 그림 5.12는 Surge 모델링시 역류가 발생하는 순간부터 체크밸브가 1초 동안 선형적으로 완전폐쇄되는 조건으로 부정류모의 초기 펌프 유출 유량과 수두 변화를 보여준다. 이 그림으로부터 체크밸브가 완전히 폐쇄될 때 즉, 펌프를 통한 유량이 0이 될 때 수두변화는 약 $\Delta H_J = 25m$이다. Surge 모델링 결과의 수두변화 $\Delta H_J = 25m$는 전술한 감속 $dec = 1.3m/s^2$로 계산한 $\Delta H_J = 6.11m$보다 훨씬 크기 때문에 전산 프로그램에서 사용한 체크밸브의 1초 선형폐쇄의 가정은 실제적인 것 보다 더욱 보수적인 추정치를 초래한다. 그림 5.10으로 결정된 감속 $dec = 1.3m/s^2$은 체크밸브 폐쇄 시작시 역류속도 $v_r = 0.05m/s$를 계산하는 정확한 표현이지만 추가 검증을 위해 평균감속 $dec_m$에 기초하여 역류속도 $v_r$을 계산하는 것이 좋다. 전산 모델링 결과인 그림 5.10으로부터 다음과 같이 정상류 유속과 역류시간에 기초하여 평균감속 $dec_m$을 계산할 수 있으며, 여기서 $TRIANGLEt$는 유속이 $v = 1.9m/s$에서 $v = 0m/s$로 변경되는데 소요된 시간이다.

$$dec_m = \frac{v_0 - 0}{\Delta t} = \frac{1.9 - 0}{0.72} = 2.7m/s^2$$

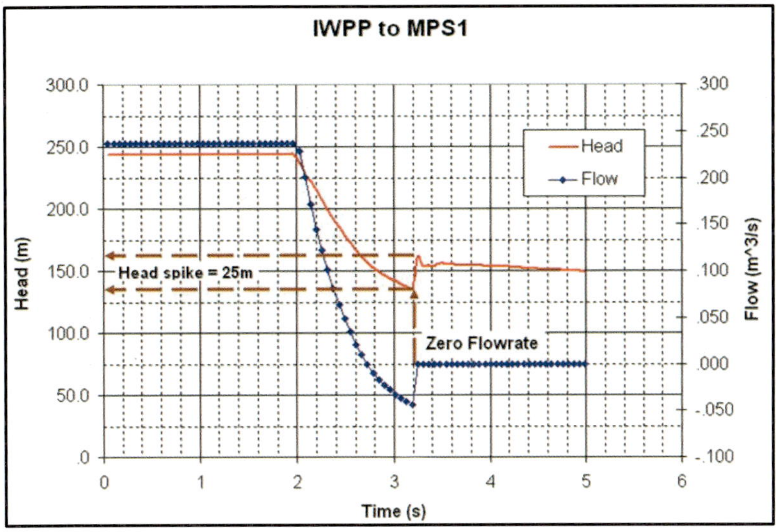


**그림 5.12** 부정류 전산 모델링 결과 2

그림 5.11로부터 $dec_m = 2.7m/s^2$에서 역류유속 $v_r = 0.18m/s$을 구할 수 있으며 이를 식 1.37에 대입하면 $\triangle H_J = 1200 \times 0.18/9.8 = 22m$가 된다. 전산 모델링 결과인 그림 5.12로부터 $\triangle H_J = 25m$와의 3m 차이는 관로에서 수격현상 발생시 관로 내 손실수두가 중첩되는 소위'라인패킹(line packing)현상'에 기인하며 실제로 이 체크밸브는 그림 3.4로부터 $v_r = 0.18m/s$인 경우 중간 정도의 슬램을 발생시키므로 관로를 적절하게 보호하는 것으로 판단된다.

그림 5.10은 시간에 따른 유속변화를 보여준다. 평균감속 $dec_m = 2.7m/s^2$ 사용시 역류속도 $v_r = 0.18m/s$는 순간감속 $d = 1.3m/s^2$ 사용시 역류유속 $v_r = 0.05m/s$보다 크기 때문에 평균감속 $dec_m = 2.7m/s^2$을 이용하여 수두변화를 계산한다.

실제 체크밸브폐쇄특성은 폐쇄시간 초반부에서 유동단면적이 매우 급격하게 감소하기 때문에 대표적인 VAG 틸팅 스윙 체크밸브의 폐쇄 특성을 보여주는 그림 3.4는 모델링시 체크밸브의 선형폐쇄의 가정은 부정류에 대한 보수적인 추정을 초래하는 것을 입증한다(Check Valve Dynamics in Surge). 즉, 모델링시 체크밸브가 선형적으로 폐쇄되어도 체크밸브 형상은 급폐쇄 특성을 갖고 있어 실제 폐쇄시 수두변화는 모델링시 수두변화보다 작게 나타난다.

**[예제 5.2] 감속**

**문제** 그림 5.8의 펌프 2대 병렬 운전 도중 펌프 1대가 트립될 경우 이 관로시스템의 감속을 구하고, 슬램이 약한 체크밸브 형식을 선정하라. 단, 펌프 토출배관의 직경은 $D = 0.7m$이다.

**풀이** 표 5.7로부터 펌프 2대 병렬 운전시 펌핑 유량 $Q = 1.65m^3/s$으로 주어졌으므로 각 펌핑의 유량은 $Q = 0.83m^3/s$가 된다. 따라서 펌프 토출 배관에서의 유속을 구하면 다음과 같다.

$$V = \frac{4 \times 0.83}{3.14 \times 0.7^2} = 2.15m/s$$

문제에서 펌프 토출배관 내 유동이 정지되는 시간은 $t_{cut} = 0.5s$이므로 다음과 같이 감속을 구할 수 있으며, 그림 3.4로부터 스윙 플렉스부터 노즐 체크밸브를 선정할 수 있다.

$$dec = \frac{2.15}{0.5} = 4.3m/s^2$$

## 5.1.4 역류 유속

다음 그림과 같은 관로조건에서 펌프 정지 후 댐 수두차 $H_R$에 의한 관로 내 역방향 정상류 형성시 식 1.29와 1.30으로부터 다음과 같이 역방향의 정상류 형성시 유속 $v_{r0}$, 시간 $t_{r0}$ 그리고 시간 함수로서의 역류유속 $v_r$를 유도할 수 있다.

$$v_{r0} = \sqrt{\frac{2gH_R}{K_p}} \tag{5.16}$$

$$t_{r0} = \frac{L}{v_{r0}K_p} ln\left(\frac{v_{r0} + v_r}{v_{r0} - v_r}\right) \tag{5.17}$$

$$v_r = v_{r0}\left(\frac{e^x - 1}{e^x + 1}\right) \tag{5.18}$$

$$x = \frac{2t_r g H_R}{L v_{r0}} \tag{5.19}$$

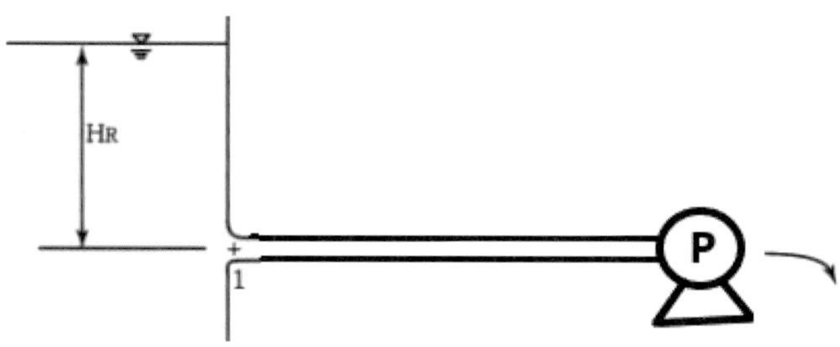


**그림 5.13** 펌프 정지시 중력에 의한 역방향 정상유동

**[예제 5.3] 펌프장 정전시 시간 경과에 따른 역류 유속**

**문제** 그림 5.13의 관로시스템에서 수두차 $H_R = 30m$, 관로길이 $L = 1000m$, 마찰계수 $f = 0.018$, 미소손실계수 $K_m = 1.0$인 경우 펌프 트립 및 관로 내 수주 정지된 후 역방향 정상류 유속 $v_{r0}$의 95% 유속인 $v_r$이 형성되는 시간 $t_{r0}$를 구하라.

**풀이** 식 5.16과 5.17로부터 다음과 같이 $v_{r0}$와 $t_{r0}$를 구할 수 있다.

$$v_{r0} = \sqrt{\frac{2 \times 9.8 \times 30}{1 + 0.018 \dfrac{1000}{0.4}}} = 3.58m/s$$

$$t_{r0} = \frac{1000}{3.58\left(1 + 0.018 \dfrac{1000}{0.4}\right)} ln\left(\frac{3.58 + 0.95 \times 3.58}{3.58 - 0.95 \times 3.58}\right) = 32s$$

식 5.18과 5.19를 사용하여 구한 시간에 따른 역류유속은 다음 그림과 같으며, 이 그림으로부터 역류유속 $v_r$은 자연로그 형태로서 초기에 급격하게 증가하여 약 $0.5t_{r0}$에서 약 $0.9v_{r0}$이 형성되는 것을 알 수 있다. 또한, 펌프가 정상적으로 운영시 손실수두 $H_L = 5.3m$에서 관로 내 유속은 $v = 1.5m/s$ 이지만 펌프 트립시 댐수두 $H_R = 30m$ 전체가 손실수두로 작용하여 역류유속은 $v_{r0} = 3.58m/s$로 상당히 증가하는 것을 알 수 있다.

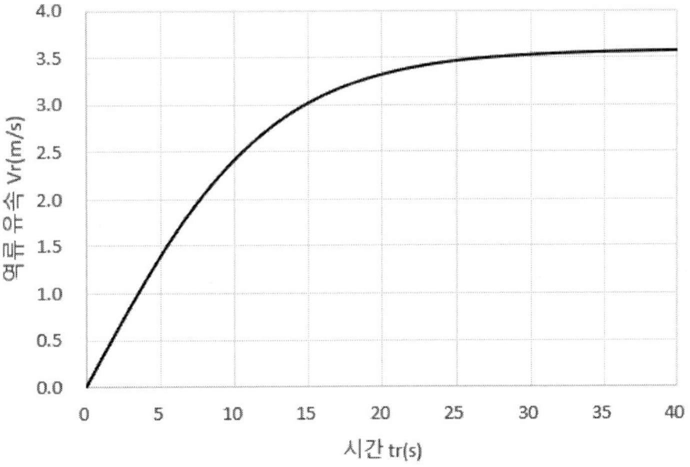


**그림 5.14** 중력에 의한 역방향 정상유동 유속

## 5.2 슬램현상과 수격현상

### 5.2.1 슬램현상과 수격현상 시험

체코의 D. Himra 박사가 다음 그림의 토출관로의 직경 1m, 펌프 정상 운영시 유속 1.8m/s인 조건에서 펌프 트립시 체크밸브 폐쇄에 따른 압력변화를 시험하였다.

펌프 직하류측 체크밸브에 의해 역류가 방지되며 체크밸브가 쉽게 폐쇄될 수 있도록 다음 그림과 같이 축에 두 개의 웨이트가 있으며 이 웨이트는 축의 양쪽 끝에 대칭으로 배치된다.

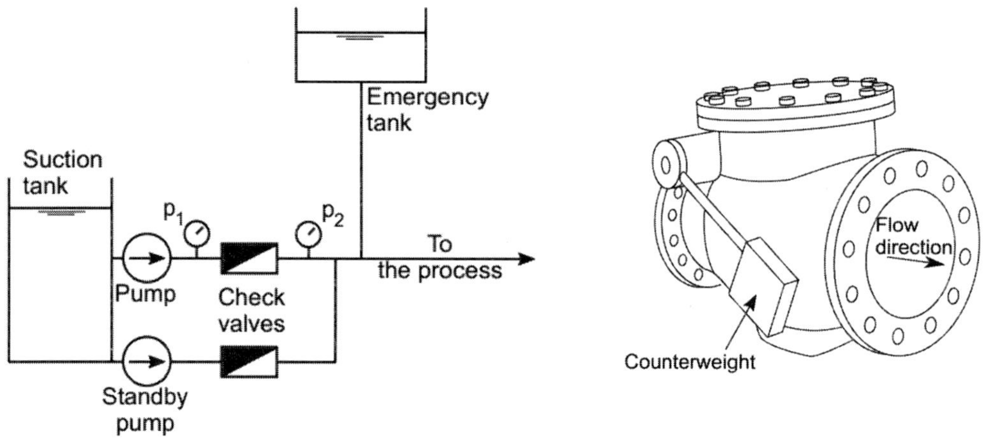


**그림 5.15** 시험 관로시스템과 체크밸브

펌프 트립시 전체 이벤트는 그림 5.16과 같고, 정상적으로 운영되는 펌프는 1초 후에 트립된다. 체크밸브의 상류측과 하류측 두 위치에서 측정된 압력과 유량이 감소하고, 2.8초 후 역전된 후 체크밸브가 닫혔으며, 이후 고압 서지와 강한 슬램이 발생하였다.

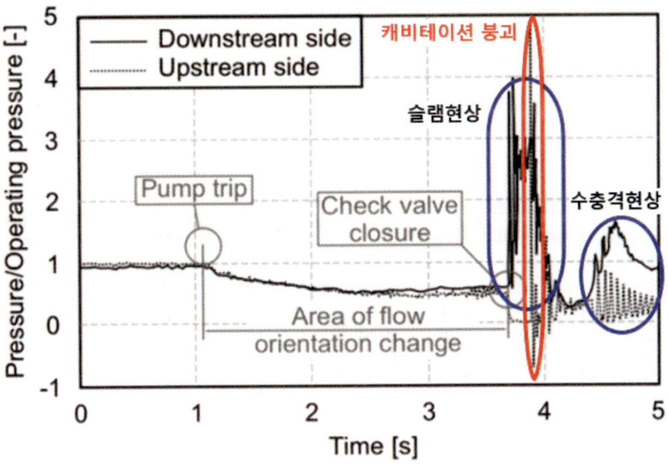


**그림 5.16** 체크밸브에서 측정된 압력

그림 5.17의 그래프는 체크밸브가 닫힌 후 무슨 일이 일어났는지 보여준다. 점 1은 체크밸브가 닫히기 시작한 시간을 나타낸다. 체크밸브의 폐쇄 종료 시점은 최대 압력 3.7㎫$(37kg_f/cm^{2)})$인 점 2에 해당한다. 점 3으로의 급격한 압력하강은 시스템의 고유진동수와 관련이 없어 훨씬 낮지만 체크밸브 디스크가 시트에 부딪히면 튕겨져 부분적으로 열렸다가 다시 닫히면서 압력 4.0㎫인 점 4에 도달한 후 점 5에서 바운스가 한 번 더 반복되었다. 체크밸브가 갑자기 유동이 멈출 때 발생하는 일반적인 압력파(충격파)는 상류 탱크로 이동하여 체크밸브로 다시 돌아왔다. 점 6은 압력파(충격파)가 도달하고 압력이 떨어지는 순간을 나타낸다. 그림 5.17과 5.18의 그래프는 시간 3.5초부터 4.0초까지 체크밸브 디스크의 바운스 및 이에 따른 슬램현상에 대해 설명한다. 그림 5.18의 그래프는 체크밸브가 약 4.5초 이후 완전폐쇄되고, 그림 5.16으로부터 4.5초 이후 상류측과 하류측에서 수격 발생으로 인한 압력변화가 발생하는 것을 보여준다. 수격으로 인한 압력변화 크기가 감소한 원인은 체크밸브의 바운스 과정과 비상탱크로부터 물이 공급되어 유속이 감소하였기 때문이다.

위치 센서로 디스크의 위치를 측정하였다. 이 측정은 센서의 적분 상수가 꽤 크지만 디스크가 열릴 때 짧은 기간을 보여주기 때문에 다소 유익하다(그림 5.17의 점 3과 5는 그림 5.18의 점과 동일하다).

역류 유속은 체크밸브 상류의 압력 센서로 얻은 기록을 통해서도 계산할 수 있다. 이 과정은 Zhukovsky 방정식의 경우보다 더 복잡하며 참고문헌 [6]에 설명되어 있다.

중요한 입력자료는 그림 5.17에서 초기 압력인 점 A 그리고 캐비테이션 지속시간인 점 B와 점

C 사이의 시간이다. 두 접근 방식 모두 체크밸브가 폐쇄되는 역류 유속 1.60m/s 및 1.52m/s을 제공하며, 이는 그림 3.4로부터 체크밸브가 좋은 방식으로 작동한다고 말하기에는 역류 유속이 너무 큰 것을 의미한다.

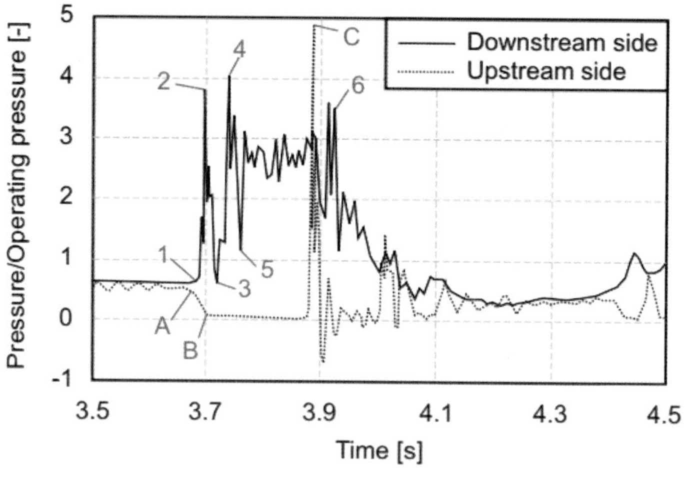


**그림 5.17** 체크밸브에서 측정된 세부 압력

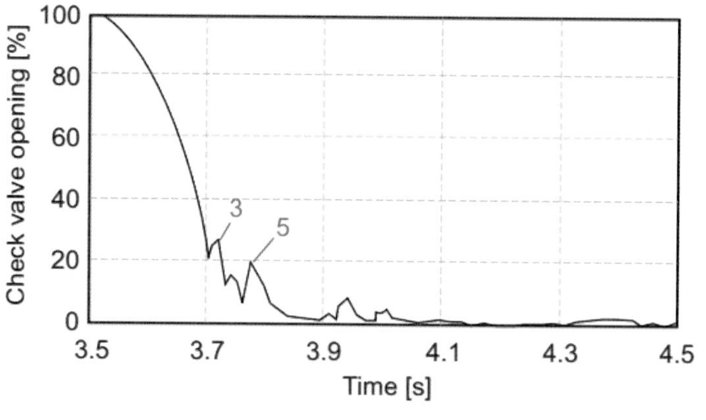


**그림 5.18** 체크밸브 개도

실제로 디스크는 압력 기록에 표시되는 것보다 먼저 닫히기 시작했지만 그 움직임은 유동과 동일한 속도를 가지므로 완전히 닫히기 전에는 압력 손실이 발생하지 않았다.

그림 5.17은 체크밸브 상류측의 압력을 보여준다. A에서 B까지의 곡선은 체크밸브 디스크가 닫히는 현상을 나타내며, 뒤이어 체크밸브의 상류측에서 캐비테이션이 형성된다. 이 후 역류의 중단으로 인해 수주분리가 발생하였고, 분리된 수주의 재결합으로 인해 캐비테이션이 붕괴되면

서 높은 압력 피크 점 C가 형성된다.

상기 관로 조건 그리고 체크밸브가 역류가 형성되는 시점에 즉시 폐쇄되어 펌프로의 역류를 허용하지 않는 조건으로 전산모의한 결과는 다음 그림과 같다. 분명히 전산모의결과와 측정결과는 일치하지 않으며, 이는 체크밸브가 역류 발생 즉시 또는 적은 역류 유속에서 제대로 폐쇄되지 않은 것을 보여준다. 다음 그림의 전산모의에서는 펌프 트립 후 약 1.5초 후에 체크밸브가 닫힐 것으로 예측하지만 그림 5.16에서 측정된 시간은 2배 이상 더 길다.

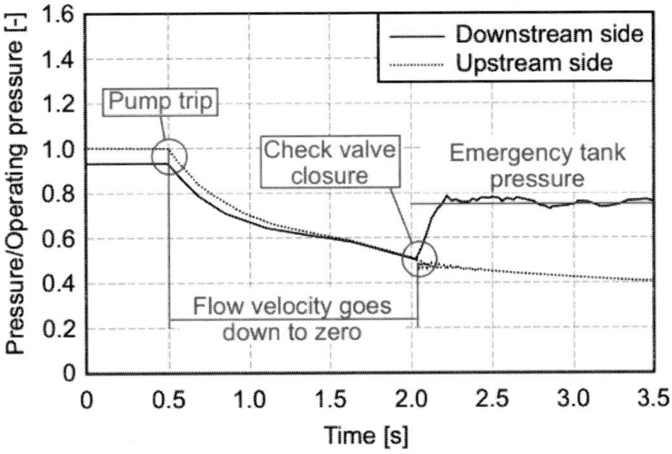


**그림 5.19** 체크밸브 역류가 없는 펌프 트립 시뮬레이션

그림 5.20의 점선은 체크밸브가 일정 시간 동안 역류를 허용한 후 역류 유속 1.7m/s에서 갑자기 폐쇄되는 조건으로 모의한 결과를 보여주며, 이 점선은 실선의 측정된 것과 상당히 일치하는 압력서지를 보여준다. 이 역류 유속 1.7m/s는 전술한 압력측정분석에서 얻은 유속와 상당히 일치한다.

시뮬레이션에 사용된 디스크 모델은 가장 간단한 모델이다. 관성, 마찰 또는 감쇠는 고려되지 않으며 물은 디스크 동작에 영향을 주지 않으므로 디스크 바운싱이 결과에 나타나지 않는다.

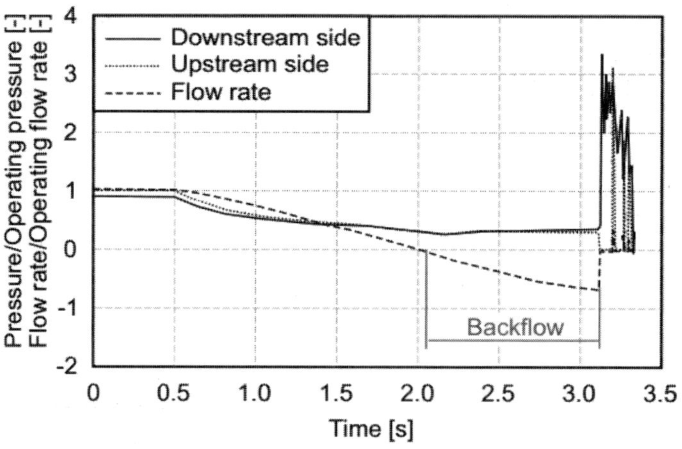


**그림 5.20** 체크밸브를 통한 역류가 없는 펌프 트립 시뮬레이션

체크밸브 폐쇄시 역류 유속이 1.7m/s로 나타났고, 시험조건에서 직경 1m 강관으로 가정하면 파속 $a = 990m/s$이므로 자이코프스키식 1.37로부터 압력상승은 다음과 같이 예상된다.

$$\triangle H_J = 990 \times \frac{1.7}{9.8} = 171m = 1.71\text{MPa}$$

실험결과인 그림 5.17로부터 압력변화는 다음과 같으며, 따라서 이 체크밸브의 폐쇄시 압력변화 $\triangle H_S = 310m$는 수격이 아니라 슬램으로 인해 발생한 것으로 추정할 수 있다.

$$\triangle H_S = 3.8 - 0.7 = 3.1\text{MPa} = 310m$$

시험조건에서 관로 길이가 주어지지 않았지만 $a = L/t$를 식 1.37에 대입하여 다음 식을 유도할 수 있다.

$$L = \frac{t_c g \triangle H_S}{v_r} \tag{5.20}$$

그림 5.18로부터 체크밸브 1단계 폐쇄시간 $t_c = 0.2s$, 시험결과 역류 유속 $v_r = 1.7m/s$ 및 $\triangle H_S = 310m$로 주어지므로 이 수치를 상기 식에 대입하여 구한 관로길이는 다음과 같다.

$$L = \frac{0.2 \times 9.8 \times 310}{1.7} = 360m$$

식 1.81로부터 $t_{cr}$는 다음과 같다.

$$t_{cr} = \frac{2 \times 360}{990} = 0.74s$$

상기 결과로부터 표 1.4의 체크밸브 폐쇄시간 $t_c$와 식 5.26을 만족시키므로 점 2의 압력피크는 체크밸브 슬램으로 인해 발생한다.

$$t_c(0.2s) < 0.5t_{cr}(0.37s)$$

### 5.2.2 슬램과 수격의 관계

수격과 슬램은 동일한 뉴튼 제2법칙에서 유래되지만 Joukowsky의 수격식 1.37은 체크밸브의 폐쇄시간 및 관로 내 수주의 질량을 고려하지 않지만 충격력 식 1.9 또는 강성주이론 식 1.33은 폐쇄시간 $t_c$와 관로길이 $L$를 고려한다. Joukowsky식을 유도하기 위한 과정 중 식 1.42의 수주의 운동량에 의한 힘을 충격력 식 1.8과 등치시켜 정리하면 다음과 같다.

$$aA\rho v = \frac{\rho ALv}{t} \tag{5.21}$$

상기 식에서 Joukowsky식과 운동량식이 일치하기 위한 시간 $t_c$를 구하면 다음과 같다.

$$t_c = \frac{\rho ALv}{aA\rho v} = \frac{L}{a} = 0.5t_{cr} \tag{5.22}$$

폐쇄시간 또는 유속변화시간 $t_c$에 따라 체크밸브에서 발생하는 실제 수두는 다음 식으로 결정된다.

$$t_c < 0.5t_{cr}, \qquad 슬램, \quad \Delta H_S = \frac{Lv_r}{gt_c} \tag{5.23}$$

$$0.5t_{cr} \le t_c \le 2t_{cr}, \qquad 수격, \quad \Delta H_W = \frac{Lv_r}{gt_c} \tag{5.24}$$

$$t_c \ge 2t_{cr}, \qquad 수격, \quad \Delta H_W = \frac{av_r}{g} \tag{5.25}$$

탄성주이론에 기초하여 최종 유속이 변화되는 시간 $2t_c$에서 압력파 $a$가 전파되는 길이 $L$의 배관 내 전체 수주는 동시에 팽창 또는 수축되는 사실로부터 다음과 같이 강성주이론을 적용할 수 있는 관로 길이 $L$를 추론할 수 있다.

$$L \le 2t_c a \tag{5.26}$$

[표 5.8] 밸브 폐쇄시간에 따른 슬램현상/수격현상 구분 및 적용이론

| 폐쇄시간 $t_c(s)$ | 슬램현상 | 수격현상 | |
|---|---|---|---|
| | 강성주/운동량 | 강성주이론 | 탄성주이론 |
| $t_c \leq 0.5t_{cr}$ | ● | | |
| $0.5t_{cr} \leq t_c \leq 2t_{cr}$ | | ● | |
| $t_c \geq 2t_{cr}$ | | | ● |

동일한 역류 유속에서도 체크밸브의 폐쇄시간에 따라 슬램과 수격에 따른 압력변화가 동일하거나 다르게 나타날 수 있으며 상기 식으로부터 다음 결론을 유도할 수 있다.

- $t_c = 0.5t_{cr}$ 이면 수격이론과 운동량으로 구한 수두변화는 일치한다.
- $0.5t_{cr} \leq t_c \leq 2t_{cr}$ 의 조건에서는 수격현상이 발생하며 강성주이론으로 수두변화를 구하여야 한다.
- $t_c \geq 2t_{cr}$ 의 조건에서는 수격현상이 발생하며 탄성주이론으로 수두변화를 구하여야 한다.

**[예제 5.4] 슬램과 수격 계산**

**문제** 그림 5.13의 관로에서 파속 $a = 1000m/s$, $L = 1000m$, 역류유속 $v_r = 3.6m/s$에서 체크밸브 폐쇄시간 $t_c = 0.5s$, $1.0s$, $2.0s$ 동안 완전히 폐쇄되어 유동 정지시 체크밸브에서의 수두변화를 결정하라.

**풀이** 상기 체크밸브 폐쇄시간 $t_c$에 따른 체크밸브에서의 수두변화를 결정하기 위해 식 1.81로부터 다음과 같이 $t_{cr} = 2.0s$를 구할 수 있다.

$$t_{cr} = \frac{2 \times 1000}{1000} = 2.0s$$

- 체크밸브 폐쇄시간 $t_c = 0.5s$ 일 때는 식 5.23의 조건을 만족시키므로

$$\triangle H_S = \frac{1000 \times 3.6}{9.8 \times 0.5} = 729m$$

- 체크밸브 폐쇄시간 $t_c = 1.0s$ 일 때는 식 5.24로부터

$$\triangle H_S = H_W = \frac{1000 \times 3.6}{9.8 \times 1.0}\left(\frac{1000 \times 3.6}{9.8}\right) = 365m$$

- 체크밸브 폐쇄시간 $t_c = 2.0s$ 일 때는 식 3.25로부터

$$\triangle H_W = \frac{1000 \times 3.6}{9.8} = 365m$$

### 5.2.3 슬램 개선 방안

체크밸브는 모든 시스템의 필수 구성 요소이다. 펌프가 존재할 때마다 펌프의 구동력이 제거되고 시스템을 통해 유동 방향이 역전될 가능성이 있다. 체크밸브는 펌프 고장 시 시스템에 지속적인 역류가 발생하지 않도록 작동하여 시스템 구성 요소의 잠재적인 손상을 방지한다.

시스템이 체크밸브 폐쇄에 반응하는 방식의 핵심 요소는 체크밸브가 폐쇄될 때의 최대 역류 유속이다. 일반적인 오해는 체크밸브가 시스템의 모든 역류를 방지한다는 것이다. 그러나 많은 체크밸브는 체크밸브가 개방에서 폐쇄로의 이동하기 위한 소요시간이 걸리기 때문에 제한된 양의 역류를 허용한다. 이 역류가 정지될 때 통상적으로 체크밸브 슬램으로 알려진 수격 현상이 발생할 수 있다.

체크밸브에 의해 허용되는 역류는 밸브로 인해 발생하는 수격현상의 크기와 직접적인 관련이 있다. 역류는 일반적으로 체크밸브가 완전히 닫히는 순간까지 증가한다. 역류 속도가 높을수록 밸브 슬램현상이 커지므로 시스템을 통한 역류를 최소화하고 시스템에 가장 적합한 체크밸브를 선택하는 것이 중요하다. 체크밸브 슬램을 방지하려면 다음 두 방법 중 하나로 체크밸브가 폐쇄되어야 한다.

첫 번째 방법은

① 큰 역류 유속이 형성되기 전에 신속하게 폐쇄

② 역류가 시작되면 매우 천천히 폐쇄

두 번째 방법은

① 매우 큰 역류가 발생하기 전에 체크밸브가 빨리 폐쇄되기 위한 조건은 다음과 같다.

- 디스크는 관성과 마찰이 낮아야 한다.
- 디스크의 이동 시간은 짧아야 한다.
- 디스크의 움직임은 스프링의 도움을 받아야 한다.

② 역류가 시작되어 체크밸브가 천천히 폐쇄되기 위한 조건은 다음과 같다.

- 체크밸브에는 유압 대시포트와 같은 외부 장치가 있어야 한다.
- 유압 대시포트는 느린 폐쇄를 제공하는 데 효과적인 것으로 간주된다.
- 유압 대시포트는 밸브 비용을 크게 증가시키고 폐수 응용 분야에서 밸브 막힘을 일으킬 수 있다.

체크밸브로 인해 발생하는 슬램의 크기를 최소화하기 위한 주요한 두 접근 방식이 있다. 체크밸브가 최소 역류 유속에서 폐쇄되거나 또는 상당한 역류유속 형성시에는 체크밸브의 폐쇄시간을 늘리는 것이다.

밸브의 위치를 천천히 변경하고 더 오랜 시간 동안 유동을 중지함으로써 모든 체크밸브에서 슬램 및 수격현상을 줄일 수 있다. 체크밸브 디스크를 고정하기 위해 외부 장치를 사용하여 체크밸브를 천천히 강제로 닫을 수 있다. 이러한 장치 중 하나는 밸브 디스크가 커넥팅 로드나 실린더를 통해 피스톤에 연결되는 그림 4.24 또는 4.26의 유압대시포트이다. 이 그림으로부터 대시포트는 피스톤 뒤의 저장탱크로 들어가거나 나가는 오일량을 제한하여 디스크 이동 속도를 제어한다.

이러한 접근 방식이 작동하려면 체크밸브와 연결된 펌프가 역류 및 잠재적인 역회전을 견뎌야 한다. 그러나 체크밸브가 없는 시스템과 비교할 때 역류 지속시간은 매우 짧다.

펌프가 역류를 견딜 수 없으면 체크밸브를 천천히 닫을 수 없는 경우 다른 수격완화방식이 필요하다. 체크밸브가 폐쇄되는 역류 유속을 줄이면 체크밸브로 인해 슬램 및 수격현상이 덜 발생한다. 역류 유속이 0 인근에서 체크밸브가 신속하게 폐쇄되면 슬램 및 수격현상을 제거할 수 있다.

이와 같은 역류 유속 0 인근에서 체크밸브의 신속한 폐쇄는 체크밸브의 관성을 줄이거나, 밸브를 닫기 위해 디스크가 이동해야 하는 거리를 줄이거나, 스프링으로 디스크 폐쇄를 보조함으로써 달성될 수 있다. Silent Check Valve는 스프링으로 디스크 폐쇄를 보조하며 이동거리가 짧은 것이 특징으로 많이 사용되는 모델이다. 이러한 조합은 상당한 역류 유속이 형성되기 전에 밸브가 빠르게 닫히도록 도와주어 밸브 슬램 및 수격을 최소화한다.

# 06 수주 분리 및 재결합

CHAPTER

본장에서는 다음과 같은 3개의 무차원 매개변수를 사용하여 수평 관로의 말단부에 설치된 밸브 폐쇄 후 발생하는 수주 분리에 대한 물리적 모델 연구 결과를 제시한다. 이 연구로부터 수주 분리와 재결합에 따른 극단적인 압력에 대한 더 나은 이해와 유용한 예비설계지침수립을 위한 결론을 도출하였다.

- 부정류 크기 $j = \dfrac{\Delta H_J}{H_0}$
- 상대최대과압 $\Delta h_r = \dfrac{\Delta H_{max}}{\Delta H_J} = \dfrac{H_{max} - H_0}{\Delta H_J}$
- 상대공동지속시간 $t_{cro} = \dfrac{t_{cav}}{t_{cr}}$

## 6.1 소개

수주분리는 송수시스템 일부 관로에서의 압력이 증기압에 도달하여 액체의 물이 증기로 변환될 때 발생한다. 수주분리는 부정류현상이며 시스템 경계조건의 변화로 인해 발생한다. 수주분리로 이어질 수 있는 경계조건변경에는 하류 밸브 폐쇄, 갑작스러운 하류 물 수요, 상류 밸브 폐쇄, 우발적 또는 계획된 펌프 정지, 그리고 매우 극단적인 경우 배관 파열 등이 있다.

수주분리가 발생하기 위한 필수 조건은 관로를 따라 이동하는 다운서지가 관로 내 압력을 증기압까지 낮추는 것이며, 이 압력에서 증기공동이 형성된다. 이 증기공동은 작은 기포로부터 시작하여 이 기포들이 점진적으로 결합하여 매우 큰 기포 또는 공동으로 성장한다. 공동은 점차 성장하여 최대 크기에 도달한 후 분리된 수주가 재결합시 공동이 붕괴되어 크기가 감소하면서 압력이 급격하게 증가한다.

압력이 증기압에 도달하지 않아 증기공동이 형성되지 않는 고전적인 수격현상에서는 Joukowsky 압력 $\Delta H_J$에 따라 발생할 수 있는 최대압력 $H_{max}$ 또는 최소압력 $H_{min}$이 결정된다. 그러나 수주분리가 발생하는 경우 실험적으로 Joukowsky 압력 $\Delta H_J$보다 높은 압력이 측정되어 문헌에 보고되었다. 이 경우 특정 압력파 반사 및 중첩이 발생하며 특정 조건에서 이러한 반사파는 기존 서지와 중첩되어 예상보다 높은 압력피크에 도달할 수 있다.

전통적으로 하류측 밸브 폐쇄 실험을 통해 수주분리를 연구하였고 문헌에 보고되었다. 이 경우 첫 번째 압력파는 상류로 이동하는 업서지이다. 상류측 경계에서 반사된 업서지가 하류측 밸브에 도달하는 순간 다운서지로 변환되어 증기압이 형성된다.

본 실험에서는 상류측 밸브가 빠르게 닫혀 증기압과 해당 공동이 직접적이고 즉각적으로 형성된다. 이러한 실험 조건이 상류측 관로시스템의 동작을 보다 정확하게 나타낸다고 믿는다.

## 6.2 이론 전개

수주분리연구에서는 증기공동의 크기와 지속시간, 그리고 최대압력과 최소압력 두 주요 문제가 발생한다. Jaeger(1977)는 첫 번째 문제에 대해 흥미로운 접근 방식으로 다음과 같은 질량진동의 동적 방정식을 사용하였다.

$$\frac{L}{g}\frac{dv}{dt} + H + C_F v^2 \tag{6.1}$$

적분을 통해 공동이 최대크기로 성장하기 위한 소요시간 즉, 최대공동성장시간 $t_{dev}$를 얻을 수 있으며, 마찰손실 유무에 따른 $t_{dev}$은 다음 식과 같다.

$$t_{dev} = \frac{L}{g}\frac{v_0}{H} \qquad for \qquad C_F = 0 \tag{6.2}$$

$$t_{dev} = \frac{L/g}{\sqrt{C_F H}}\left[tan^{-1}\left(v_0\sqrt{C_F/H}\right)\right] \qquad for \qquad C_F \neq 0 \tag{6.3}$$

두 번째 문제이자 설계 관점에서 가장 중요한 문제는 최대압력과 최소압력의 계산이며, 압력이 포화증기압 이하로 내려가지 않는 고전적인 수격현상에서 다운서지로 인한 최소압력을 다음 식으로 표현할 수 있다.

$$H_{min} = H_0 - \triangle H_J \tag{6.4}$$

이 다운서지가 하류측 말단부에서 반사되어 되돌아와 업서지로 변환되고, 에너지 손실이 없다고 가정하면 다음 식으로 최대압력을 표현할 수 있다.

$$H_{max} = H_0 + \triangle H_J \tag{6.5}$$

식 6.4에서 정상류의 절대초기압력수두 $H_0$가 Joukowsky 압력수두 $\triangle H_J$보다 낮으면 증기압에 도달하여 증기공동이 형성된다. $H_0$가 큰 경우 $\triangle H_J$가 상당히 커도 최소압력은 증기압보다 훨씬 더 클 수 있어 증기압 아래로 떨어지지 않을 수 있으며 최소압력이 결정된다.

고전적인 수격이론에 따라 식 6.5로 최대압력을 정의할 수 있으나 실험에 따르면 수주 분리 및 재결합에 따른 압력상승은 Joukowsky식 1.37로 예측한 것보다 더 높을 수 있으며, Martin(1983)과 Carmona(1987, 1988)는 이러한 상황을 처음 보고하였다. Anderson(1991)은 하류측 밸브 폐쇄에 따른 이러한 현상을 도해적으로 명확하게 설명한다. Sánchez H.는 상류측 밸브 폐쇄에 따른 실제 실험결과를 다음 그림으로 제시하였다.

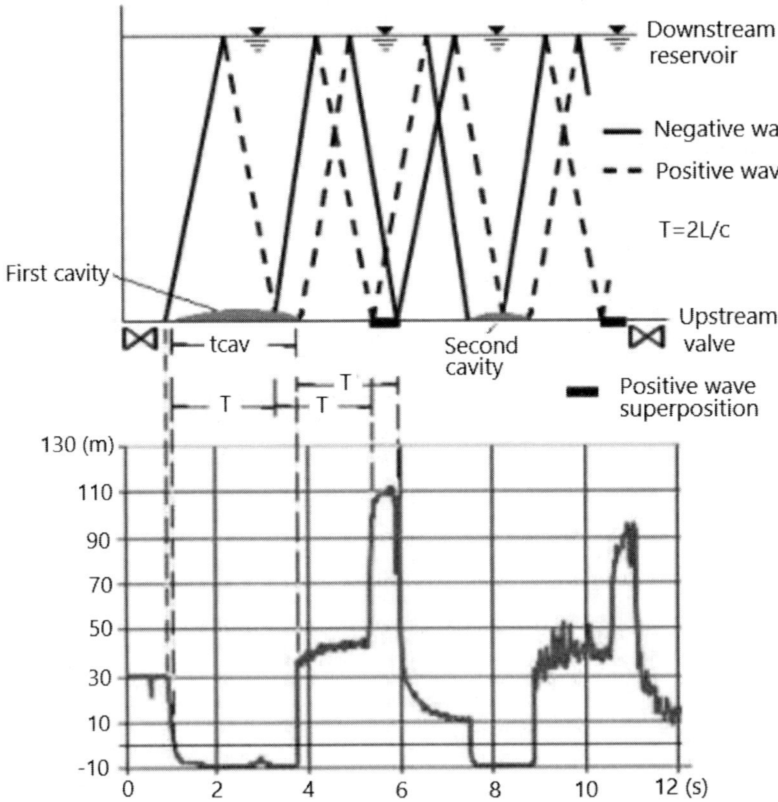


**그림 6.1** 업서지 중첩으로 Joukowsky 압력보다 높은 압력 형성

## 6.3 무차원 매개변수

수주분리현상의 분석 및 해석시 다음 무차원 매개변수를 사용하며, 최대압력수두 $H_{max}$는 식 6.5가 아니라 다운서지로 인해 관로 내 압력이 포화증기압 이하로 저하되어 수주분리후 재결합시 형성되는 최대압력수두이다.

- 부정류 크기 $j = \dfrac{\Delta H_J}{H_0}$ (6.6)

- 상대최대과압 $\Delta h_r = \dfrac{\Delta H_{max}}{\Delta H_J} = \dfrac{H_{max} - H_0}{\Delta H_J}$ (6.7)

식 6.7로부터 최대압력수두식을 유도하면 다음과 같다.

$$H_{max} = H_0 + \triangle h_r \triangle H_J \tag{6.8}$$

Bergant(2006)이 인용한 Wylie and Streeter(1993)[p 194]는 다음 식으로 가능성 있는 부정류 최대과압 $\triangle H_{max}$와 무차원 상대최대과압 $\triangle h_r$을 표현할 수 있다고 제안한다.

$$\triangle H_{max} = \triangle H_J + 2H_0 \tag{6.9}$$

$$\triangle h_r = \frac{\triangle H_{max}}{\triangle H_J} = \frac{\triangle H_J + 2H_0}{\triangle H_J} = 1 + \frac{2}{j} \tag{6.10}$$

이 식에 따르면 상대최대과압 $\triangle h_r$은 부정류 $j$의 크기에 따라 결정된다. 상기 식으로부터 에너지손실이나 압력파 감쇠가 없는 이상적인 경우인 $j < 2$의 조건에서 $\triangle h_r$은 2보다 클 수 있으며, 수주분리가 발생하는 조건인 $H_0 = \triangle H_J$ 또는 $j = 1$일 때 이론적으로 $\triangle h_r$은 최대 3이 될 수 있다.

공동지속시간 $t_{cav}$를 최대공동성장시간 $t_{dev}$의 2배로 가정하면 다음 식으로 관로주기 $t_{cr}$와 $t_{cav}$의 비인 상대공동지속시간 $t_{cro}$을 표현할 수 있다.

$$t_{cro} = \frac{t_{cav}}{t_{cr}} = \frac{2t_{dev}}{t_{cr}} \tag{6.11}$$

식 6.2의 $t_{dev}$를 상기 식에 대입하여 정리하면 다음과 같이 $t_{cro} = j$이 된다.

$$t_{cro} = \frac{2Lv_0a}{gH_0 2L} = \frac{av_0}{gH_0} = \frac{\triangle H_J}{H_0} = j \tag{6.12}$$

이는 실제 실험조건에서 측정한 공동지속시간 $t_{cav}$으로 계산한 $t_{cro}$와 $j$는 서로 매우 인접한 수치를 갖게 됨을 의미한다. Bergant(2006)가 재차 인용한 Wylie and Streeter(1993)[p 192-196]는 첫 번째 공동지속시간 $t_{cav}$은 다음과 같다는 것을 증명하였다.

$$t_{cav} = 2t_{dev} = 2\frac{L}{g}\frac{v_0}{H_0} = t_{cr}\frac{1}{H_0}\frac{av_0}{g} = t_{cr}j \tag{6.13}$$

## 6.4 물리적 모델

물리적 모델은 다음 그림과 같이 직경 102㎜의 강관 또는 직경 114㎜의 HDPE 배관, U 벤드가 하나 있는 86~110m 길이의 수평 직선 관로, 상류 및 하류 끝에 일정한 수두 탱크와 자동 버터플라이 밸브로 구성된다. 공동 시각화 목적으로 관로 끝 부분에 3m 길이의 투명 PVC 배관을 설치한다. 압력 변환기는 압력변화를 기록하고, 차동 수은 마노미터로 유속을 측정한다. 밸브 폐쇄 시간은 0.2초이다. 11kw 펌프 2대를 직렬 또는 병렬로 사용할 수 있으며 최대 게이지압력 80m, 최대유량 $20l/s$, 유속범위 0.56~3.60m/s이다.

$D/t=64$의 강관 그리고 $D/t=7,\ 21,\ 32.5,\ 41$의 고밀도 폴리에틸렌 HDPE의 다양한 시험관로구성으로 파속 $a=185\sim1180m/s$, 관로주기 $t_{cr}=0.15\sim1.25s$, Joukowsky 수두 $\triangle H_J=25\sim245m$, 및 부정류 크기 $j=1\sim10$의 변화가 가능하다. 이 모델은 멕시코 산루이스포토시 시 해발 1900m에 위치하며, 이는 증기압이 대기압보다 8m 낮은 곳에 매우 가깝다는 것을 의미한다.

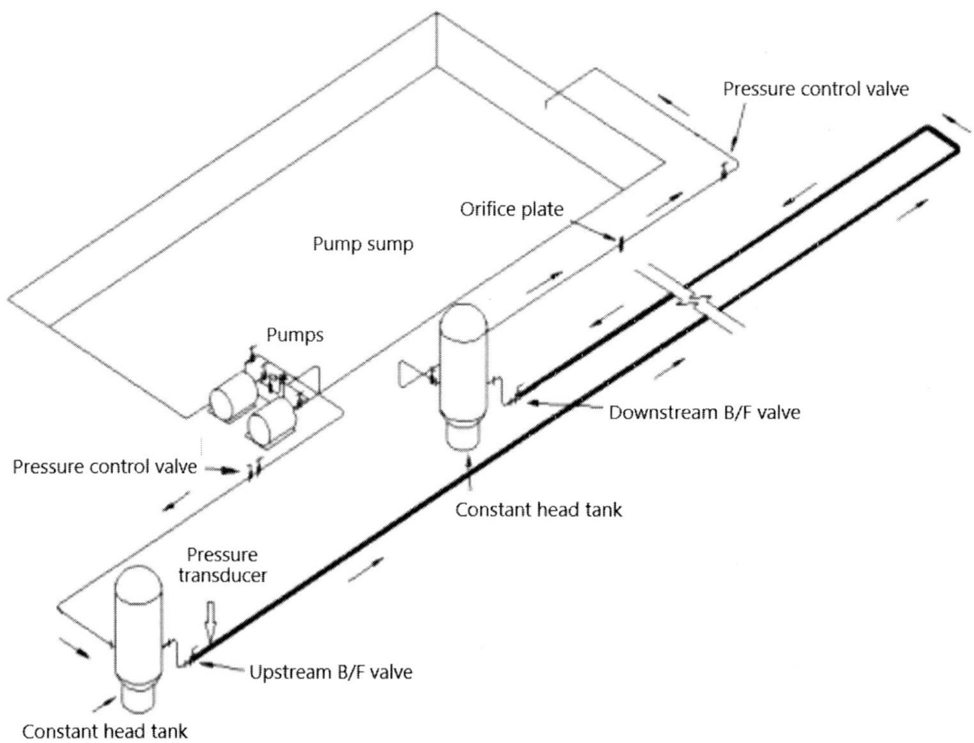


**그림 6.2** 물리적 모델 구성

## 6.5 실험

표 6.1에는 64개의 실험, 구성, 주요 변수 및 매개변수가 요약되어 있으며 압력은 절대압이며 수주 미터(m)로 표시된다. 강관은 일반 강관, 투명한 PVC 창이 있는 강관, 말단부에 길이 12m의 압력파 감쇠 폴리에틸렌 부분이 있는 강관 3개 모델로 구성된다. 또한, $D/t=7,\ 32.5,\ 41$이고 투명창을 갖는 폴리에틸렌에 대한 3개 모델 구성도 있다.

모든 모델 구성에서 유량범위는 $Q=6\sim 20l/s$, 유속범위는 $v_0=0.63\sim 3.60m/s$이다. 매우 낮은 유속에서 증기압을 얻고 광범위한 부정류 크기에 대한 수주분리현상을 연구하기 위해 하류측 압력을 대부분의 경우 낮게(대표적으로 절대수주 23m) 유지하였으며, 모든 실험에 대해 디지털 압력의 기록과 비디오 녹화를 하였다.

[표 6.1] 모델 구성 재질 및 관로 자료 범위

| Config. | 재질 | $L(m)$ | $a(m/s)$ | $v_0(m/s)$ | $H_0(m)$ |
|---|---|---|---|---|---|
| 1 | 강 | 86 | 1181 | 1.02 | 24 |
| | | | | 2.55 | 31 |
| 2 | 강 | 92 | 1041 | 0.66 | 23 |
| | | | | 2.55 | 35 |
| 3 | 강+PE, damping sections($D/t=21$) | 110 | 704 | 0.64 | 23 |
| | | | | 2.55 | 34 |
| 4 | HDPE($D/t=7$) | 110 | 488 | 1.14 | 23 |
| | | | | 3.41 | 42 |
| 5 | HDPE($D/t=32.5$) | 110 | 219 | 0.89 | 15 |
| | | | | 2.22 | 30 |
| 6 | HDPE($D/t=41$) | 110 | 186 | 1.50 | 24 |
| | | | | | 29 |

상기 표의 자료를 식 1.37, 1.80, 6.6, 6.11, 6.10에 대입하여 이론적으로 구한 결과 및 실험결과는 다음 표와 같다. 식 6.10으로 구한 $\Delta h_r$ 수치가 실험으로 구한 $\Delta h_r$ 수치보다 전반적으로 크게 나타나는 이유는 부정류 크기 $j$ 식 6.6의 자이코프스키 수두 $\Delta H_J$는 관로손실을 무시하기 때문이다. 즉, 관로손실을 고려하면 그림 1.28과 같이 라인패킹현상으로 인해 $\Delta H$가 증가하여 부정류 크기 $j$가 증가하며, 따라서 식 6.10의 $\Delta h_r$ 수치가 감소한다.

[표 6.2] 표 6.1 실험 및 계산 결과

| Config. | $\triangle H_f(m)$ | $t_{cr}(s)$ | $j$ | $t_{cro}$ | | $\triangle h_r$ | |
|---|---|---|---|---|---|---|---|
| | | | | Eq. | Exp. | Eq. | Exp. |
| 1 | 123 | 0.15 | 5.1 | 5.1 | 5.9 | 1.39 | 0.99 |
| | 307 | | 10.1 | 10.1 | 13.8 | 1.20 | 0.78 |
| 2 | 70 | 0.18 | 3.3 | 3.0 | 3.1 | 1.66 | 1.02 |
| | 270 | | 7.8 | 7.7 | 12.4 | 1.26 | 0.79 |
| 3 | 46 | 0.31 | 1.7 | 2.0 | 2.1 | 2.00 | 1.14 |
| | 183 | | 5.5 | 5.4 | 7.8 | 1.37 | 0.72 |
| 4 | 57 | 0.45 | 2.5 | 2.5 | 2.0 | 1.81 | 1.03 |
| | 170 | | 4.1 | 4.0 | 5.8 | 1.50 | 0.51 |
| 5 | 20 | 1.00 | 1.3 | 1.3 | 1.4 | 2.51 | 1.16 |
| | 50 | | 1.7 | 1.7 | 2.1 | 2.21 | 0.53 |
| 6 | 28 | 1.18 | 1.0 | 1.0 | 1.2 | 3.04 | 0.87 |
| | | | 1.2 | 1.2 | 1.5 | 2.69 | 0.83 |

또한, 표 6.3은 1987년 멕시코시티에 있는 IIUNAM의 유체 역학 연구소에서 직경 114㎜, 길이 1470m의 수평 강관의 상류 밸브 폐쇄로 수행한 12개 실험결과의 요약을 보여준다(Sánchez H., 1987). 이 모델에서 $a = 1280m/s$ 및 $t_{cr} = 2.30s$ 이며, 유속범위에 따라 실험을 그룹화하였다.

[표 6.3] Iimunam 실험 관로 자료

| 그룹 | $L(m)$ | $a(m/s)$ | $v_0(m/s)$ | $H_0(m)$ |
|---|---|---|---|---|
| UNAM 87 | 1470 | 1280 | 0.3 | 20 |
| | 1470 | 1280 | 0.4 | 45 |
| Bergant | 1470 | 1280 | 0.5 | 36 |
| | 1470 | 1280 | 0.6 | 66 |
| Martin | 1470 | 1280 | 0.7 | 52 |
| | 1470 | 1280 | 0.8 | 80 |

[표 6.4] 표 6.3 실험 및 계산 결과

| 그룹 | $t_{cr}(s)$ | $\Delta H_f(m)$ | $j$ | $t_{cro}$ | | $\Delta h_r$ | |
|---|---|---|---|---|---|---|---|
| | | | | Eq. | Exp. | Eq. | Exp. |
| UNAM 87 | 2.3 | 42 | 2.1 | 2.0 | 1.9 | 1.95 | 1.0 |
| | 2.3 | 51 | 1.1 | 1.2 | 0.9 | 2.76 | 1.7 |
| Bergant | 2.3 | 64 | 1.8 | 1.8 | 2.0 | 2.13 | 1.1 |
| | 2.3 | 76 | 1.2 | 1.2 | 1.0 | 2.74 | 1.9 |
| Martin | 2.3 | 91 | 1.8 | 1.8 | 2.1 | 2.14 | 1.0 |
| | 2.3 | 104 | 1.3 | 1.3 | 0.9 | 2.54 | 1.3 |

## 6.6 결과 분석

그림 6.3~6.6은 표 6.1~6.4에 요약된 실험 결과를 그래프로 표현한 것이다. 그림 6.3은 부정류 크기와 상대최대과압 $j-\Delta h_r$의 관계를 보여준다. 실험결과 $j$ 수치가 감소할수록 $\Delta h_r$ 수치가 증가하며 특히, $j<2$에서는 $\Delta h_r$이 급격히 증가한다. $j>4$인 경우 $\Delta h_r$은 1 미만으로 감소하고, $j$가 증가함에 따라 계속해서 감소한다. 이 그림에서의 Eq (6.10)은 $\Delta h_r$에 대한 이론적 상한을 나타낸다.

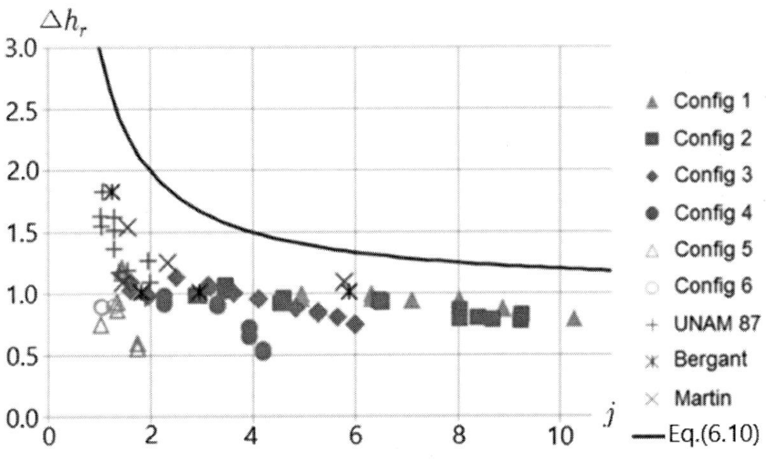


**그림 6.3** 부정류 크기-상대최대과압$(j-\Delta h_r)$

그림 6.4는 $t_{cro}$가 $j$ 보다 약간 높을 때 무차원 매개변수 $j - t_{cro}$ 관계를 보여준다. 부정류 크기 $j$가 크면 상대공동지속시간 $t_{cro}$이 길어지는 것을 의미하며, 이는 공동이 붕괴되기 전에 압력파가 여러 번 반사하여 과압이 발생하지 않는 것을 의미한다.

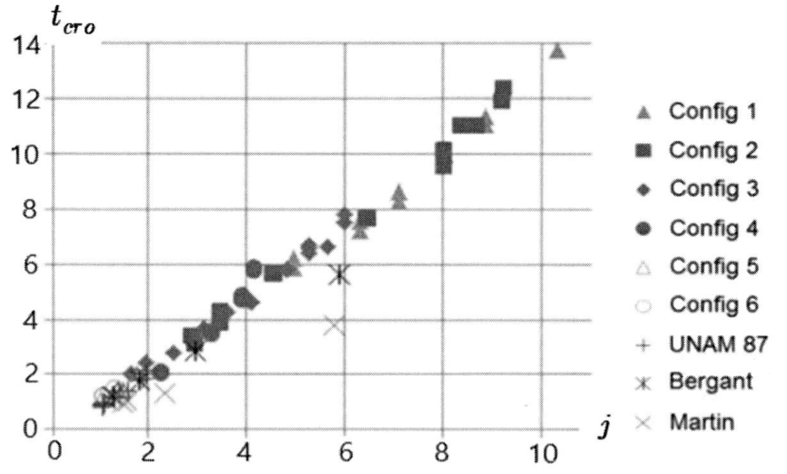


**그림 6.4** 부정류 크기–상대공동지속시간$(j - t_{cro})$

그림 6.5의 초기유속과 상대최대과압 $v_0 - \Delta h_r$ 관계는 그림 6.3 $j - \Delta h_r$의 관계와 유사한 경향을 보여준다. 이 그림에서 $v_0$와 $\Delta h_r$은 반비례하며, 다음 식으로 $\Delta h_r$를 표현할 수 있다.

$$\Delta h_r = \frac{H_{max} - H_0}{\Delta H_J} = \frac{g(H_{max} - H_0)}{av_0} = \frac{k}{v_0} \tag{6.14}$$

그림 6.5에서 낮은 유속 특히, $v_0 < 1.0m/s$에서 $\Delta h_r$ 수치가 가장 높다. 유속$v_0 > 1.5m/s$의 경우 $\Delta h_r < 1$이며, 이는 Joukowsky 수두 $\Delta H_J$에 도달하지 않았음을 의미한다. 송수시스템에서 경제적인 배관 직경의 계산은 통상적으로 무중력 구간에서 유속이 1.5m/s보다 높기 때문에 이는 중요한 사실이다.

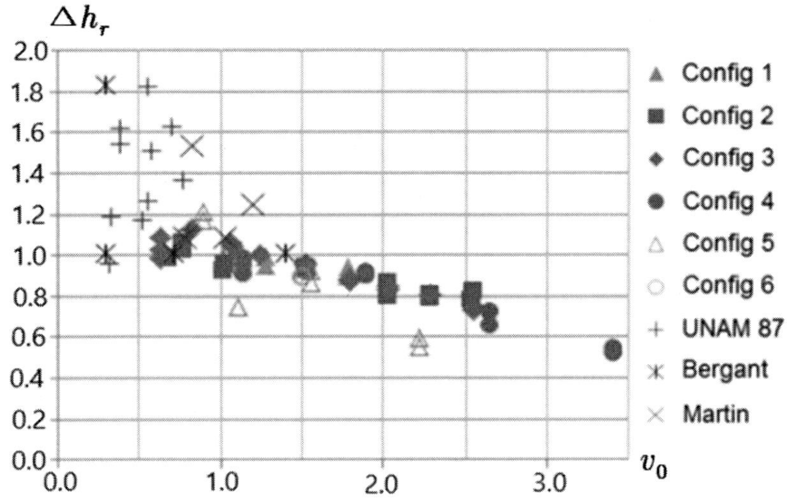


**그림 6.5** 초기유속–상대최대과압$(v_0 - \Delta h_r)$

그림 6.6은 식 6.11에서 유도된 초기유속과 상대공동지속시간 $v_0 - t_{cro}$관계를 보여주며, 특정 파속을 갖는 다른 모델 구성에서는 준직선(quasi-straight line)을 보여준다. 초기유속 $v_0$가 클수록 긴 공동지속시간을 의미한다. 그림 6.3~6.6에는 Martin(1983)의 4개 실험과 Bergant 및 Simpson(1999)의 4개 실험결과가 추가되었다.

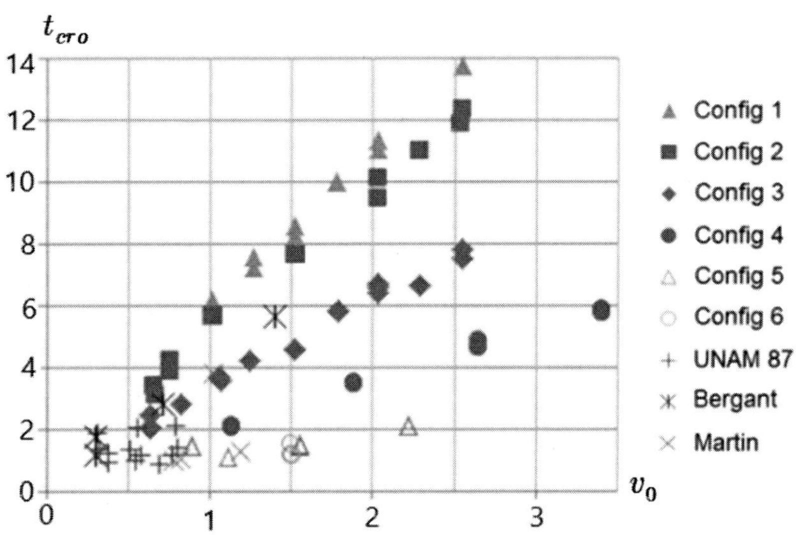


**그림 6.6** 초기유속–상대공동시간$(v_0 - t_{cro})$

그림 6.7a~6.7d는 San Luis Potosí 실험에서 다양한 구성과 부정류 크기 $j$에 대한 다양한 압력

변화를 보여준다. $j$ 수치 감소 순서로 그림을 배열하였다. 표 6.5는 각 사례에 대한 주요 변수와 매개변수를 보여준다.

그림으로부터 $j$ 수치 감소에 대한 압력변화를 관찰할 수 있다. 부정류 크기가 작은 $j = 1.32$에 해당하는 그림 6.7d에서만 업서지와 다운서지 압력파 중첩이 명확하지만 HDPE 배관에서 발생하는 강한 압력파 감쇠로 인해 $\triangle h_r$ 수치는 낮다. 다른 모델 구성에서는 큰 초기유속 $v_0$와 낮은 관로주기 $t_{cr}$로 인해 명확한 업서지 중첩이 허용되지 않았다. 각 그림의 우측 그림은 시간 확장 첫 번째 압력피크를 보여준다. 관로시스템에서 크기 측면에서 중요하지 않은 수많은 사소한 압력파의 반사와 중첩이 발생하는 것을 볼 수 있다.

최대공동성장시간 $t_{dev}$의 2배로 가정하고, 관로 마찰손실을 고려하지 않는 식 6.2를 사용하여 구한 공동지속시간 $t_{cav}$은 실제 실험결과보다 긴 것으로 나타났다. 이에 대한 원인은 실제 실험에서는 관로손실이 존재하기 때문이다. 예를 들어 다음 표의 사례 a에서 관로손실을 고려할 때 식 6.3의 $t_{dev}$는 다음과 같고, 이 식에서 $tan^{-1}$ 항은 각도가 아니라 라디안의 함수이다.

$$C_F = \frac{0.02 \times 93.7}{2 \times 9.8 \times 0.102} = 0.936$$

$$t_{dev} = \frac{93.7}{9.81\sqrt{0.936 \times 20}}\left[tan^{-1}\left(2.29\sqrt{\frac{0.936}{20}}\right)\right] = 1.01s$$

$$t_{cav} = 2t_{dev} = 2 \times 1.01 = 2.02s$$

식 6.10을 사용하여 구한 $\triangle h_r$은 전술한 바와 같이 실험결과보다 큰 것으로 나타났으며, 실험결과의 $\triangle h_r$과 식 6.8을 사용하여 구한 $H_{max}$는 그림 6.7과 정확하게 일치한다.

[표 6.5] 모델 구성에 대한 관로 자료

| 그림 6.7 | $a(m/s)$ | $v_0(m/s)$ | $L(m)$ | $H_0(m)$ |
|---|---|---|---|---|
| a | 1041 | 2.29 | 94 | 20.0 |
| b | 488 | 3.41 | 109 | 35.0 |
| c | 704 | 0.64 | 109 | 19.0 |
| d | 219 | 1.56 | 109 | 18.0 |

[표 6.6] 표 6.5 실험 및 계산 결과

| 그림 6.7 | $t_{cr}(s)$ | $\Delta H_J(m)$ | $j$ | $t_{cav}$ | | $\Delta h_r$ | | $H_{max}(m)$ |
|---|---|---|---|---|---|---|---|---|
| | | | | Eq. | Exp. | Eq. | Exp. | |
| a | 0.18 | 243.0 | 7.40 | 2.2 | 1.9 | 1.27 | 0.79 | 212 |
| b | 0.45 | 169.6 | 4.05 | 2.2 | 2.1 | 1.49 | 0.54 | 127 |
| c | 0.31 | 45.9 | 1.65 | 0.8 | 0.6 | 2.21 | 1.11 | 70 |
| d | 1.00 | 34.8 | 1.32 | 1.9 | 1.6 | 2.52 | 0.90 | 49 |

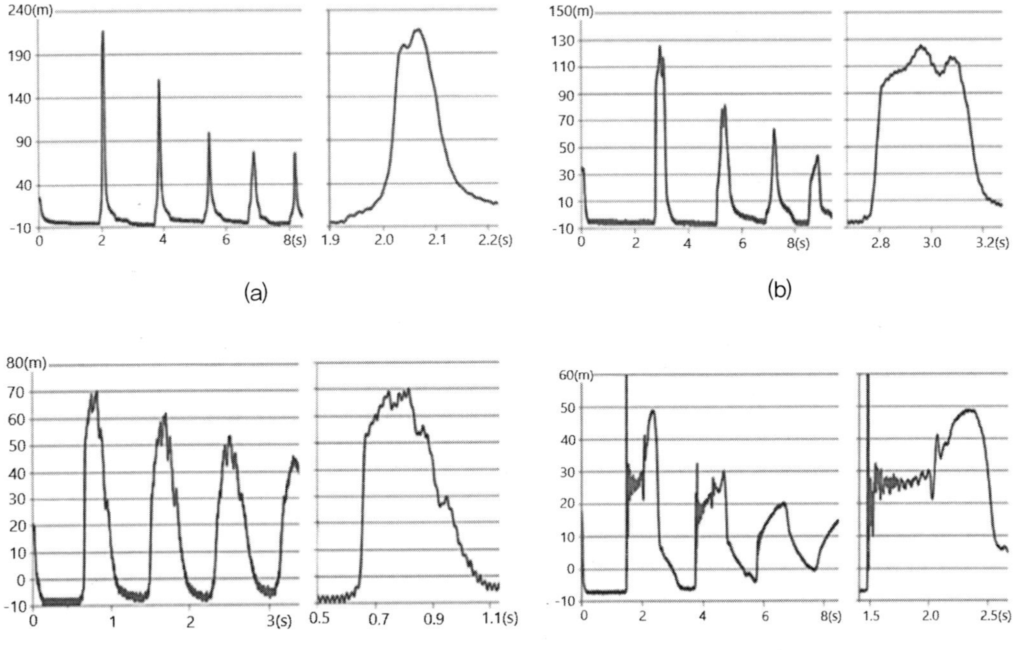


**그림 6.7** 표 6.6의 압력변화 및 첫 번째 피크 압력의 세부 정보

그림 6.8a~6.8c는 IIUNAM 실험에서 다양한 $v_0$와 $H_0$ 수치에 해당하는 압력변화를 보여준다. 이 세 그림에서는 업서지가 명확하게 중첩되어 매우 높은 $\Delta h_r$가 나타난다. 부정류 크기 $j$의 감소 순서로 그림을 배열하였으며, 표 6.7은 주요 변수와 매개변수를 보여준다. 표와 그림을 통해 작은 부정류 크기 $j$와 높은 초기유속 $v_0$에서 가장 높은 $\Delta h_r$가 발생하는 것을 확인할 수 있다.

[표 6.7] Iimunam 실험 모델 관로 자료

| 그룹 | $L(m)$ | $a(m/s)$ | $v_0(m/s)$ | $H_0(m)$ |
|---|---|---|---|---|
| a | 1470 | 1280 | 0.55 | 58 |
| b | 1470 | 1280 | 0.38 | 30 |
| c | 1470 | 1280 | 0.32 | 13 |

[표 6.8] 표 6.7 실험 및 계산 결과

| 그룹 | $\Delta H_f(m)$ | $j$ | $t_{cav}$ | | $\Delta h_r$? | | $H_{max}(m)$ |
|---|---|---|---|---|---|---|---|
| | | | Eq. | Exp. | Eq. | Exp. | |
| a | 71.8 | 1.24 | 2.8 | 2.2 | 2.6 | 1.82 | 189 |
| b | 49.6 | 1.65 | 3.8 | 2.8 | 2.2 | 1.62 | 110 |
| c | 41.8 | 3.22 | 7.4 | 5.0 | 1.6 | 0.96 | 53 |

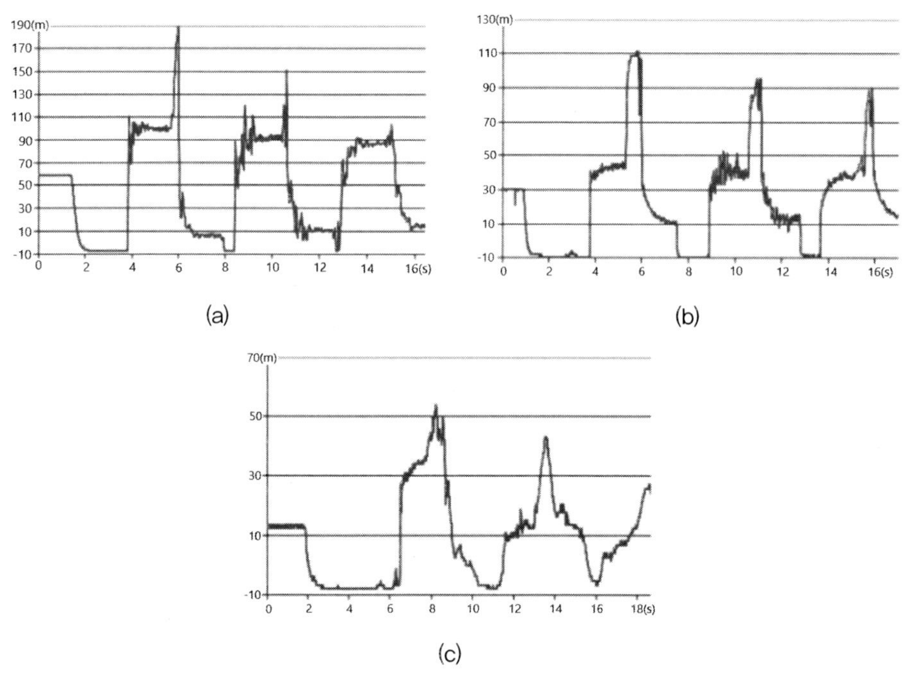


**그림 6.8** IIUNAM 실험 표 6.8의 압력변화

## 6.7 결론 및 예비 설계 권장사항

수주분리는 다음 3개의 무차원 매개변수를 사용하여 설명하고 분류할 수 있는 부정류 현상이다.

- 부정류 크기 $j = \dfrac{\triangle H_J}{H_0} = \dfrac{a}{g}\dfrac{v_0}{H_0}$
- 상대최대과압 $\triangle h_r = \triangle H_{max} / \triangle H_J = (H_{max} - H_0) / \triangle H_J$
- 상류측 밸브에서 형성된 증기공동의 상대공동지속시간 $t_{cro} = t_{cav} / t_{cr}$

부정류 크기 $j$가 작은 경우 수주분리 중에 업서지의 중첩이 발생할 수 있으며 이로 인해 Joukowsky 압력 $\triangle H_J$의 두 배에 가까운 상대최대과압 $\triangle h_r$이 발생할 수 있다. 부정류 크기 $j$가 큰 경우 에너지 손실을 고려하면 Joukowsky 압력 $\triangle H_J$에 도달하지 않는다. 그림 6.3은 $j$와 $\triangle h_r$의 명확한 반비례 관계를 보여준다. 그림에 표시된 Eq. (6.10)은 $\triangle h_r$에 대한 이론적 상한을 보여준다.

부정류 크기 $j$가 작고 낮은 초기유속 $v_0$에서 가장 높은 $\triangle h_r$이 나타난다. 큰 증기공동, 긴 공동 시간, 높은 초기유속과 관련된 중간 크기 및 큰 크기의 부정류 $j$의 경우 공동이 붕괴되기 전에 업서지가 상당히 감쇠되어 Joukowsky 압력 $\triangle H_J$ 보다 큰 압력이 발생하지 않는다. 특히, $j > 4$ 및 $v_0 > 1.5m/s$의 경우 $\triangle h_r$은 1 보다 큰 경우가 거의 없다. 그림 6.5는 $v_0$와 $\triangle h_r$의 반비례 관계를 보여준다. 송수시스템에서 발생가능한 부정류 문제와 설계 압력에 대한 첫 번째 결정을 위해 그림 6.3과 6.5를 참고 자료로 사용할 수 있다. 물론, 특정 테스트와 수치 계산을 통해 최종 설계를 검증하여야 한다.

**[예제 6.1] 수주 분리 및 재결합에 따른 공동지속시간과 최대압력수두 계산**

**문제** 그림 1.10의 저수지 수두 $H_0 = 50m$, 관로 길이 $L = 1000m$, 유속 $v = 1.5m/s$으로 정상유동 도중 말단부에 설치된 밸브 급폐쇄시 수주분리발생여부, 공동 형성시 공동지속시간, 분리된 수주 재결합시 최대압력수두를 결정하라. 단, 파속 $a = 1000m/s$이다.

**풀이** 먼저 밸브 급폐쇄에 따른 공동형성 여부를 판단하기 위해 식 1.37로부터 자이코프스키 수두를 구한다.

$$\Delta H_J = \pm 1000\frac{1.5}{9.8} = \pm 153m$$

식 1.81로부터 $t_{cr} = \dfrac{2\times 1000}{1000} = 2.0s$

만일 관로 내 손실수두를 무시하면 밸브 급폐쇄 업서지로 인해 최대압력수두는 $H_{max} = 50 + 153 = 203m$가 되지만, $t_{cr} = 2.0s$ 이후 다운서지로 인해 최저압력수두는 $H_{min} = 50 - 153 = -103m$가 되어 공동이 형성된다. 따라서 식 6.6, 6.10, 6.13, 6.8을 사용하여 다음과 같이 공동지속시간과 최대압력수두를 구할 수 있다.

식 6.6으로부터 부정류크기 $j = \dfrac{153}{50} = 3.06$

식 6.10으로부터 상대최대과압 $\Delta h_r = 1 + \dfrac{2}{3.06} = 1.65$

식 6.13으로부터 공동지속시간 $t_{cav} = 2\times 3.06 = 6.12s$

식 6.8로부터 최대압력수두 $H_{max} = 50 + 1.65\times 153 = 303m$

https://iopscience.iop.org/article/10.1088/1755-1315/15/2/022014/pdf

# 07 체크밸브에서 발생하는 문제

CHAPTER

제어밸브와 달리 체크밸브는 유동조건에 동적으로 반응하고 장기적으로 문제없는 성능을 제공하여야 한다. 용도 및 관로 매개변수를 기반으로 체크밸브를 올바르게 선택하고 크기를 조정하는 것은 시스템 신뢰성에 매우 중요하다.

체크밸브는 아마도 유량제어시스템에서 가장 오해가 많은 밸브일 것이다. 간단히 말해서, 체크밸브는 가스, 액체 또는 증기의 유동을 한 방향으로 허용하고 자동으로 역류를 방지한다. 모든 체크밸브는 유동에 민감하며 유체압력에 의존하여 열리고 내부 스프링/힌지 힘을 사용하여 닫힌다. 체크밸브는 스윙 체크, 리프트 체크, 틸팅 디스크 체크, 볼 체크, 축류 체크, 스톱 체크, 포핏 체크 등 구조와 용도에 따라 다양한 종류가 있다.

## 7.1 디스크의 채터링

디스크가 반복적으로 열리고 닫히는 것을 채터링(Chattering)이라고 하며 스윙 체크밸브 고장의 가장 일반적인 원인 중 하나이다. 체크밸브 규격이 해당 용도에 비해 너무 크고 디스크가 본체 스톱에 단단히 고정되지 않으면 채터링이 발생한다. 채터링은 소음 발생과 관련이 있으며 디스크의 반복적인 채터링은 그림 7.1과 7.2와 같이 힌지 핀과 같은 내부 부품의 조기 마모, 디스크 스터드의 전단, 스프링 고장, 포핏 손상 또는 시트 손상을 초래할 수 있다.

**그림 7.1** 채터링에 의한 디스크 스터드 고장

**그림 7.2** 체터링에 의한 시트 손상

체크밸브는 내부 정지 장치에 대해 안정된 위치, 즉 완전 개방 위치로 유지하는 유속에 적합하게 디스크 크기를 조정하여야 한다. 그림 2.21과 같이 체크밸브의 규격에 따른 임계속도 $v_{min}$이 있는데, 이는 디스크를 열린 위치로 유지하기 위해 밸브 전체에 필요한 최소 유속이다. $v_{min}$은 유동 매체(가스 또는 액체), 밀도, 온도, 디스크 무게, 모멘트 암 거리 등과 같은 다양한 매개변수에 따라 달라진다.

체크밸브 규격 선정시 $v_{min}$보다 더 높은 유속에서 개방되도록 밸브 크기를 조정하면 채터링(펄럭이는 소리 또는 과도한 진동)을 피할 수 있다. 그러나 유량이 최대~최소 범위에서 변경되므로 $v_{min}$ 이상의 일정한 유속을 보장하는 것이 항상 가능하지는 않다.

현대식 발전소는 턴다운 비율(최대 유량과 최소 유량의 비율)이 높으며, 이러한 경우 이상적인 체크밸브 규격은 최소 유량에서 디스크 개방 각도가 25° 이상을 보장하여야 한다. 또한, 체크밸브의 상류측에 유동 교란이 없고 체크밸브로 유입되는 유동이 안정적이고 균일하도록 주의하여야 한다.

그림 7.3의 힌지 핀 마모는 기계적 고장이 발생하기 전에 발견되었다. 이는 유속이 $v_{min}$ 이상으로 유지될 수 없는 중요한 서비스의 체크밸브 상태를 정기적으로 모니터링해야 할 필요성을 강조한다.

**그림 7.3** 채터링에 의한 힌지 핀의 불균등 마모

## 7.2 잘못된 디스크 재료 선택

피로 하중이 예상되는 응용 분야에서는 디스크 및 힌지 조립 재료를 올바르게 선택하는 것이 가장 중요하다. 석유 탐사와 같은 산업에서 경험하는 다상(multiphase) 및 불안정한 유동 조건의 경우 디스크 재료는 동적 하중을 견딜 수 있는 높은 피로 저항성을 가져야 한다.

해양 플랫폼에 설치된 12인치 클래스 900 체크밸브에서 디스크가 스토퍼에 반복적으로 접촉하여 그림 7.4와 같이 디스크 스터드가 전단되었다. 분석결과, 체크밸브로 선택된 디스크 재질은 충격강도가 낮아 충격하중을 견딜 수 없는 마르텐사이트계 스테인리스강(CA15)인 것으로 나타났다. 따라서 CA15 디스크를 C15보다 연성이 더 강한 탄소강 소재로 교체해 체크밸브의 수명을 연장하였다.

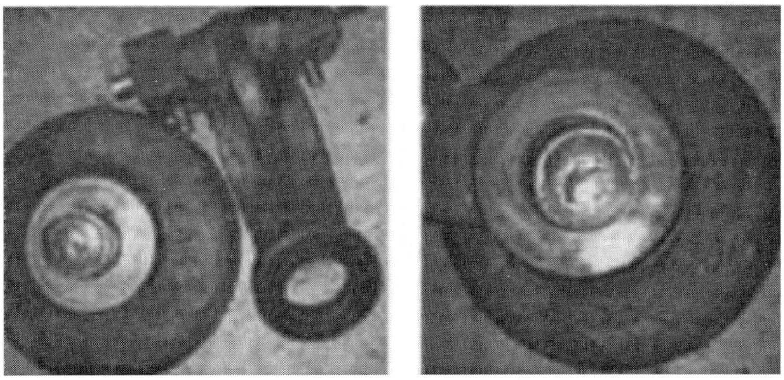

**그림 7.4** 디스크 스터드 손상

## 7.3 유동 교란

상류측과 하류측 장비의 배치 및 위치 선정도 체크밸브가 채터링 없이 작동하는 능력에 중요한 역할을 한다. 체크밸브의 상류에는 균일한 유동을 보장하기 위해 최소 배관 직경의 5배 이상의 직선 배관길이가 있어야 한다. 체크밸브 상류측에 이 보다 짧은 거리에 제어 밸브가 있으면 불균일하고 난류가 발생하여 결과적으로 채터링이 발생할 수 있다. 마찬가지로, 상류에 배치된 곡관과 리듀서는 불균일한 유동을 생성할 수 있다.

체크밸브의 하류 부분은 곡관으로 인해 배압이 발생할 수 있으므로 직선 배관 길이가 최소

10D이어야 한다. 그림 7.5는 공간 제약으로 인해 배관 규칙이 적용되지 않는 상류측과 하류측 곡관이 있는 체크밸브를 보여준다. 이 경우 굴곡부에서 나온 관로 유체가 소용돌이치는 유동을 통해 체크밸브로 유입되어 디스크 채터링과 과도한 소음이 발생한다.

**그림 7.5** 정유플랜트 내 스윙 체크밸브 오배열

## 7.4 디스크 슬래밍

잘못된 유형이나 크기의 체크밸브를 사용하면 압력 맥동으로 인해 밸브 슬래밍 문제가 발생할 수 있다. 역류 압력이나 압력 서지로 인해 디스크가 빠르게 닫히면 밸브 내부에 치명적인 영향을 미칠 수 있다. 닫힌 위치에서 열린 위치까지 이동 거리가 더 긴 스윙 체크밸브는 리프트 체크밸브나 타일링 디스크 체크밸브보다 슬램이 발생하기 쉽다.

## 7.5 디스크 태핑(tapping)

스윙 체크밸브 규격이 과대하여 이를 통과하는 유속이 너무 낮고 디스크 개방 각도가 20°미만인 경우 디스크가 밸브 시트에 부딪혀 튀어 나오는 태핑현상이 발생하는 경향이 있다. 유량 변동이 있는 가스 관로에서 이 태핑현상은 더욱 심화된다. 최근 사례에서 유량이 281kg/h인 가스관로의 경우 3인치 스윙 체크밸브의 디스크 개방 각도는 15°에 불과여 디스크 태핑 경향이 강하게 나타났다. 이 체크밸브 규격을 2인치로 변경하고 열림 각도를 25°로 증가시켜 태핑현상을 제거하였다.

## 7.6 개선 방안

### 7.6.1 올바른 규격 선정

체크밸브의 성능은 용도 및 작동 매개변수에 따른 형식 선정 및 규격에 따라 크게 달라진다. 체크밸브 형식 선정에 대한 지침은 표 7.2에서 확인할 수 있다. 밸브 규격을 결정할 때 전체 목록은 아니지만 다음 기본 매개변수를 고려하여 한다.

- 관로 유체 및 밀도
- 단상/다상
- 유체 압력 및 온도
- 최소/최대 및 평균 유량
- 상류측과 하류측 장비

스윙 체크밸브 규격은 디스크를 열린 위치에 단단히 고정할 수 있을 만큼 충분한 유속을 얻을 수 있어야 한다. 밸브 제조업체는 제4장의 밸브 형식과 규격에 대한 손실수두도표와 같이 규격 선정에 사용할 수 있는 각 밸브 규격에 대한 $v_{min}$ 데이터를 보유하고 있다.

체크밸브가 완전히 열린 위치에서 작동하는 것이 바람직하지만 플랜트의 실제 유동 조건은 낮은 유속에서 높은 유속까지 다양할 수 있다. 이 경우에는 유속이 $v_{min}$ 미만일 때에도 틸팅 디스크 체크밸브가 더 나은 성능을 발휘한다.

관로 특성에 따라 스윙 체크밸브가 필요하고, 유속 범위가 낮은 것부터 높은 것까지인 경우 디스크 태핑을 방지하기 위해 낮은 유속에서 디스크 개방 위치가 20° 이상이 되도록 적절한 밸브 규격을 선정하여야 한다. 갑작스러운 고장을 방지하려면 정기적인 유지관리 중에 밸브 성능을 모니터링하여야 한다.

상류측은 5D(최소), 하류측은 10D의 직관 길이를 준수하여 체크밸브로의 유입 유동이 균일하고 안정적인지 확인하여야 한다.

### 7.6.2 올바른 형식 선정

장기적으로 문제없는 성능을 얻으려면 용도에 맞게 체크밸브를 선택하여야 한다. 중요한 용도 및 대형 규격에 대한 체크밸브의 크기 조정 및 선택은 제어밸브의 크기 조정만큼 중요하게 처리되어야 한다.

잘못된 체크밸브 형식과 규격선정으로 인해 조기 실패가 발생할 수 있다. 본 절에서는 올바른 크기 조정을 통해 조기 고장을 방지하고 용도에 맞는 밸브 유형 및 재질을 올바르게 선택하는 데 중점을 둔다.

일반적인 스윙 체크밸브 문제에는 디스크 채터링, 슬래밍, 시트에 대한 태핑, 캐비테이션, 수격현상, 마모, 침식 등이 포함된다. 이러한 현상은 내부 부품의 기계적 고장인 힌지에서 디스크의 이탈, 힌지 핀 손상, 힌지 배열의 이탈, 디스크 샤프트의 전단 및 시트 표면의 손상을 유발할 수 있으며 이러한 고장은 작동 조건에 따라 조기에 또는 일정 기간에 걸쳐 발생할 수 있다.

역류 유속 0 인근에서 체크밸브를 최대한 신속하게 닫는 것이 체크밸브 슬램을 방지하는 완벽한 해결책처럼 들릴 수 있다. 그러나 이는 완벽한 접근 방식이 아니므로 기술자는 펌핑 시스템에 가장 적합한 체크밸브를 찾아야 한다.

관로시스템의 중요한 특성은 유체 감속이다. 유체의 평균 감속은 정상 유동시 유속과 유동이 정지하는 시간으로부터 계산된다. $v = 3m/s$의 속도로 이동하던 유동이 펌프 트립 후 유동이 0.5초 안에 멈출 것으로 나타나면 평균 감속은 $6m/s^2$이다. 이때 사용할 수 있는 체크밸브 종류는 그림 3.4로부터 볼 및 스윙 체크밸브를 제외한 모든 체크밸브를 사용할 수 있지만 슬램을 최소화하기기 위해서 노즐체크밸브를 사용하면 역류 유속 $v_r = 0.03m/s$에서 폐쇄된다.

체크밸브의 각 유형은 다양한 유체 감속 조건을 의미한다. 그림 3.4는 최대 역류 유속과 유체 감속의 그래프에서 여러 유형의 체크밸브가 어떻게 작동하는지 보여준다. 이 그림은 평균 유체 감속에 대해 체크밸브가 폐쇄되는 역류 유속을 나타낸다. 볼 또는 스윙 체크밸브와 같이 천천히 닫히는 밸브는 관로시스템의 작은 감속에서 큰 역류 유속을 나타낸다. 이중 디스크 또는 무소음 체크밸브와 같이 더 빨리 닫히는 밸브는 주어진 큰 감속에서 적은 역류 유속을 나타낸다. 이 그림에서 체크밸브가 역류 유속 $0.3m/s$를 초과할 때 폐쇄되면 심각한 슬램이 발생하는 것을 알 수 있다.

시스템에서 나타나는 유체 감속과 가장 잘 일치하는 체크밸브를 선택하면 기술자는 체크밸브 슬램을 제어하면서 역류를 효과적으로 방지할 수 있다.

**[예제 7.1] 적정 체크밸브 형식 선정**

**문제** 예제 5.2의 관로시스템에 적합한 체크밸브 형식을 선정하라.

**풀이** 예제에서 $dec = 4.3m/s^2$이므로 그림 3.4로부터 스윙 체크밸브가 폐쇄되는 역류 유속은 $v_r = 0.6m/s$ 이상이 되어 심각한 슬램현상이 발생될 것으로 예상되므로 볼 및 스윙 체크밸브 형식을 제외한 나머지 체크밸브형식을 선정하면 슬램현상을 방지할 수 있다.

부득이 스윙 체크밸브를 선정할 경우 유압 대시포트를 장착하여 슬램현상을 완화시켜야 하며 그림 3.4로부터 선호되는 체크밸브 형식의 순서는 노즐, 무소음, 서지버스터, 이중 디스크, 틸트 디스크, 스윙 플렉스 체크밸브이다.

식 6.8로부터 최대압력수두 $H_{max} = 50 + 1.65 \times 153 = 303m$

## 7.7 결론

체크밸브는 사용 용도에 맞게 형식과 규격을 결정하고 선택하여야 한다. 적절한 체크밸브 규격은 시스템 신뢰성을 향상시키고 장기적으로 문제 없는 서비스를 제공한다.

밸브 규격이 너무 크면 채터링이나 과도한 디스크 이동으로 인해 조기 마모 및 밸브 내부 고장이 발생할 수 있다. 밸브 규격이 작으면 압력 손실이 더 커지고 과도한 소음과 진동이 발생한다.

직선 배관 거리 지침을 준수하여 균일한 유동을 유지하면 유속이 $v_{min}$보다 낮더라도 밸브 성능이 향상된다. 예를 들어 틸팅 디스크 체크밸브와 같이 이동 거리가 짧은 밸브를 선택하면 슬래밍을 방지하는 데 도움이 될 수 있다.

[표 7.1] 개스 용도 3인치와 2인치 스윙 체크밸브 디스크 개방 각도 비교

| 매개변수 | 단위 | 3인치 스윙체크밸브 | 2인치 스윙체크밸브 |
|---|---|---|---|
| 유동 매체 | | | |
| 유량 | $kg/hr$ | | |
| 실제 유속 | $m/s$ | 4.1 | 9.10 |
| 디스크를 완전 개방하기 위한 최소 유속 | $m/s$ | 29 | 32.7 |
| 실제 유동에 대한 디스크 개방 각도 | 도 | 15 | 25 |

[표 7.2] 체크밸브 선정 지침

| 용도 | 스윙 | 틸트 디스크 | 리프트 |
|---|---|---|---|
| 신속 개방 및 폐쇄 | 3 | 1 | 1 |
| 유동 조건 변수 | 3 | 2 | 1 |
| 낮은 압력저하 | 1 | 2 | 2 |
| 낮은 유속과 유량 맥동에서 디스크 안정성 | 3 | 1 | 1 |
| 1 우수, 2 양호, 3 적정(권장되지 않음) | | | |

CHAPTER 08

# 체크밸브 선정기준

체크밸브의 다양한 범주와 형식을 모두 이해하더라도 여전히 어떤 형식의 체크밸브가 주어진 상황에 가장 적합한지 합리적인 결정을 내리기가 어렵다. 체크밸브를 사는 것은 자동차를 사는 것과 비슷하다. 모든 모델이 서로 다른 요구 사항을 충족하도록 설계되었기 때문에 선정할 수 있는 것이 많이 있다. 최고의 차가 반드시 가장 빠른 것은 아니다. 소비자는 소형화, 고성능, 저비용 또는 고급 기능을 원할 수 있다. 어떤 경우이든 요구 사항에 가장 적합한 자동차가 있는 것처럼 요구 사항을 가장 잘 만족시키는 체크밸브가 존재한다. 따라서 여기에서는 다양한 형식의 체크밸브를 설명하고 선정 범위를 좁히는 데 사용할 수 있는 비용 및 유체 호환성과 같은 일반적인 선정 기준을 기술한다. 마지막으로, 주어진 응용 분야를 충족하는 최상의 체크밸브를 선정하기 위해 기준에 따라 모든 체크밸브의 등급을 매겨 체계적인 체크밸브 선정법에 대해 기술한다.

상하수도 펌핑 시스템 설계의 필수 요소는 펌프 토출측에 설치할 적합한 체크밸브의 선정이며, 체크밸브의 목적은 자동으로 정방향 유동을 허락하고 펌프가 정지될 때 역류를 방지하기 위해 폐쇄된 위치로 자동으로 되돌아오는 것이다. 종종 간과되는 체크밸브의 또 다른 기능은 에너지 소비를 최소화하는 것이다. Patton은 미국은 연간 750억 kW · h의 에너지를 소비하며 그 에너지의 거의 80%가 정수두와 손실수두를 극복하기 위해 높은 펌핑 비용이 소비되는 것으로 추정하였다. 하지만 동일하게 중요한 것은 체크밸브의 갑작스런 폐쇄로 인한 서지압력으로부터 펌핑 시스템과 배관을 보호해야 한다는 것이다. 모든 펌프장 설계자는 폐쇄되는 체크밸브를 통한 역류의 갑작스러운 정지로 인해 발생하는 체크밸브 슬램을 목격하였다. 슬램을 방지하기 위해 체크밸브는 유압대시포트 장치를 사용하여 매우 빠르게 폐쇄하거나 천천히 폐쇄하여야 한다.

**그림 8.1** 스윙 체크밸브가 설치된 전형적인 펌프장

주어진 용도에 가장 적합한 형식의 체크밸브를 선정하기 위해 여러 운영 매개변수를 정의해야 한다. 이러한 선정 기준은 주어진 용도에 중요할 수도 있고 중요하지 않을 수도 있지만 모두 선정 과정에서 중요한 역할을 하며 자세히 논의할 기준은 다음 표와 같다.

[표 8.1] 체크밸브 선정 판단 기준

| 선정 기준 | 중요도 |
|---|---|
| 초기 비용 | 체크밸브 구매 비용은 크게 다르고 반드시 설치비가 포함되어야 한다. |
| 유지관리 비용 | 체크밸브가 복잡해질수록 유지관리 비용이 상승한다. |
| 손실수두와 에너지 비용 | 일부 체크밸브는 초기 비용보다 에너지 비용이 훨씬 고가일 수 있다. |
| 논슬램 특성 | 펌핑 시스템의 동적 거동과 체크밸브의 폐쇄 특성의 조화가 필수적이다. |
| 유체 호환성 | 특정 체크밸브만이 유동 내 침전물과 고형물을 허용할 수 있다. |

## 8.1 초기 비용

다양한 체크밸브의 구매 비용은 현지 유통업체 또는 제조업체 그리고 제품의 기능 및 품질 수준에 따라 크게 다를 수 있다. 구매 비용은 초기 비용의 일부일 뿐임을 이해하는 것이 중요하다. 설치 비용은 구매 비용보다 훨씬 클 수 있다. 웨이퍼 형식의 체크밸브는 매우 콤팩트하여 부설 길이가 짧아 관로 길이가 짧아지고 드라이 웰과 관로 갤러리가 작아질 수 있다. 그러나 동시에 많은 콤택트한 체크밸브 설치시 체크밸브의 진동 및 조기 마모를 방지하기 위해 $L = 3 \sim 5D$의 상류측 직선 배관 길이가 필요하다. 따라서 체크밸브 제조업체가 권장하는 추가 배관이 부설 길이에 포함되어야 한다. 일부 체크밸브는 수직 배관에 적합하지 않을 수 있으므로 이를 수용하기 위해 추가 수평 배관이 필요하다.

특정 형식의 체크밸브와 대부분의 대형 체크밸브에는 중량 지지 수단이 필요하다. 리프트 체크밸브는 일반적으로 배관 피팅처럼 지지되며 배관 자체에 의해서도 지지된다. 대형 스윙 체크밸브는 무게가 상당할 수 있으며 체크밸브 중량을 지지하기 위해 콘크리트 패드가 필요할 수 있다. 요약하자면, 체크밸브의 초기 비용은 부설 길이, 필요한 배관의 부설 길이, 설치 및 지지 비용을 포함하여야 하며 대표적인 $d = 300$㎜ 체크밸브의 초기비용은 표 8.2와 같다.

[표 8.2] $d = 300$㎜ 체크밸브 추정액(2017년 기준)

| 체크밸브 형식 | 구매비($) | 기계비($) | 설치비($) |
|---|---|---|---|
| 볼 체크밸브 | 9,000 | 300 | 9,300 |
| 무소음 체크밸브 | 4,500 | 300 | 4,800 |
| 노즐 체크밸브 | 9,500 | 500 | 10,000 |
| 이중 디스크 체크밸브 | 1,900 | 200 | 2,100 |
| 스윙 체크밸브(웨이트) | 7,500 | 500 | 8,000 |
| 탄성 힌지 체크밸브 | 5,500 | 300 | 5,800 |
| 틸팅 디스크(하단 대시포트) | 18,000 | 1,500 | 19,500 |

## 8.2 유지보수 비용

통상적으로 가동부가 많을수록 체크밸브의 유지관리 필요성이 더 커진다. 단순한 리프트 체크밸브는 디스크 스템이 영구 윤활 베어링에서 동작하기 때문에 유지보수 없이 수십 년 동안 서비스를 제공할 수 있다. 리프트 체크밸브 스프링은 통상적으로 증명된 최소 50,000회 주기 시험의 설계로 훨씬 더 오래 지속될 수 있다. 유일한 리프트 체크밸브의 유지관리는 펌프가 정지 중일 때 시트에서의 새는 소리를 정기적으로 확인하는 것이다. 누출은 쉭쉭거리는 소리처럼 들릴 수 있으며 의사의 청진기로 쉽게 감지된다. 누출이 지속되면 수 개월 후 금속 시트 트림이 침식되기 시작하여 과도한 누출이 발생한다. 누출은 국부적으로 시트를 침식하고 얇은 연마 와이어가 시트 표면을 가로질러 당겨진 것처럼 보이기 때문에 종종 와이어 드로우(wire draw)로 표현된다. 또한, 디스크가 개방 정지부(open stop)와 시트 사이에서 달그락거리는 소리를 발생시키는 채터링(chattering)은 와류 유동 또는 디스크를 개방된 위치에 고정시키기에 불충분한 유속에 기인할 수 있다. 이는 때때로 엔지니어가 손실수두를 줄이기 위해 펌프 토출 노즐보다 3배 이상 큰 체크밸브를 설치하도록 유혹한다. 이는 훌륭하지만 체크밸브는 올바른 작동을 위해 최소 유속이 필요하다. 일정한 유동 조건에서 디스크의 채터링 또는 회전(spining)은 부싱과 스프링 수명을 1년 미만으로 단축시킬 수 있다. 체크밸브의 완전 개방 및 체크밸브를 통한 더 큰 손실수두를 방지하기 위해 $v = 1.2m/s$ 미만의 유속을 형성하기 위해 때때로 가변 주파수 드라이브의 다이얼을 낮춘다.

선정한 모델에 따라 스윙 체크밸브는 패킹조정과 베어링 윤활유 주입으로 높은 비용의 정기 유지보수가 필요할 수 있다. 아니면 공장 유지보수팀과 친한 친구가 되는 것이 좋다. 어느 쪽이든, 제조업체의 권장 유지보수 계획을 검토하고 체크밸브의 생애비용을 고려하여야 한다. 대부분의 제조업체는 사용 설명서를 웹에 게시하므로 유지보수에 해당하는 부분을 검토하는 단순한 일이다. 보다 구체적으로 스윙 체크밸브에는 외부 레버와 중량 추가 있으며 이들은 몸체를 관통하기 때문에 스템 주위에 밀봉장치가 있어야 한다. 이 밀봉장치는 새는 경향이 있고 정기적인 유지관리가 필요하며 올바르게 조정되지 않으면 패킹이 너무 빡빡하여 과도한 마찰이 발생할 수 있고, 이로 인해 체크밸브 폐쇄속도가 느려져 슬램이 발생한다.

탄성 힌지 스윙 체크밸브는 힌지 핀이 탄성 디스크 내에 포함되어 있어 몸체를 관통하지 않아 패킹이 불필요한 이점을 갖는다. 이 체크밸브는 기본적으로 유일한 가동부인 유연한 디스크로 구성되므로 정기적인 유지관리가 불필요하다. 두 형식의 스윙 체크밸브 모두 볼트로 고정된 상단 액세스 포트가 있으므로 누출이 관찰되면 체크밸브를 관로에서 제거하지 않고 검사 및 수리할 수 있다.

스윙 체크밸브에 공압 또는 유압 대시프트가 장착된 경우 추가 유지관리가 필요하다. 전술한 바와 같이 가동부가 많을수록 더 많은 유지보수가 필요하다. 실린더와 컨트롤러는 외부 부식에 노출되어 고착될 수 있으므로 최소한 6개월 주기로 검사해야 한다. 유압시스템에는 종종 설정된 공압을 유지하는 어큐뮬레이터 탱크가 있다. 확장된 로드와 같은 장치 작동을 지원하기 위해 에어가 필요할 수 있으므로 공압이 손실되면 장치가 작동하지 않고 체크밸브가 슬램할 수 있다. 그리고 공기는 항상 피팅, 실린더 밀봉, 심지어 압력계 메커니즘을 포함하는 가압 시스템에서 탈출구를 찾아 누출되는 경향이 있다. 공기 배관에 비눗물을 분사하여 미세한 누출을 쉽게 감지할 수 있다.

다음 표는 $d = 300 \sim 600$㎜ 규격 범위의 다양한 체크밸브 형식의 유지관리 내용과 비용의 차이를 보여준다.

[표 8.3] 300㎜ 체크밸브 유지관리비 추정액

| 체크밸브 형식 | | 유지관리 | 년간 추정액($) |
|---|---|---|---|
| 리프트 | 볼 | 단순하고 년간 누수 확인 필요 | 150 |
| | 무소음 | 단순하고 년간 누수 확인 필요 | 150 |
| | 노즐 | 단순하고 년간 누수 확인 필요 | 150 |
| 스윙 | 이중 디스크 | 단순하고 년간 누수 확인 필요 | 150 |
| | 스윙(레버, 웨이트) | 스템 패킹과 악세사리 정기적인 유지관리 필요 | 600 |
| | 탄성 힌지 | 단순하고 년간 누수 확인 필요 | 150 |
| | 틸팅 디스크(유압대시포트) | 대시포트 시스템의 월간 윤활유 확인 및 점검 | 1800 |

## 8.3 수두 손실

펌프 토출수두는 관로시스템의 손실수두와 정수두의 합을 극복하여야 한다. 정수두는 수원과 물 저장 또는 서비스의 가장 높은 지점 사이 표고 차이를 나타낸다. 손실수두는 배관의 조도에 따른 마찰손실수두 그리고 피팅 및 밸브와 같은 국부적인 유동 교란으로 인한 미소손실수두로 인해 발생한다. 펌핑 및 배수시스템 체크밸브는 다양한 종류가 있지만 모두 약간의 손실수두를 발생시킨다. 체크밸브 본체 형상은 체크밸브를 통과하는 통상적인 유동영역을 나타내며 일부 체크밸브는 배관 단면적의 80% 이하의 유량으로 제한된다. 또한, 과도한 난류가 발생하지 않도록 몸체와 시트의 내부 윤곽은 매끄러워야 한다. 원활한 유동 패턴을 달성하기 위해 체크밸브 본체와 부설 길이는 배관 직경보다 훨씬 더 큰 경우가 있다. 포트 직경이 배관 직경과 같으면 디스크는 폐쇄시 차수를 위해 다소 커야 한다. 글로브 형식의 무소음 체크밸브와 같이 체크밸브를 통과하는 전체 유동 단면적을 달성하기 위해 몸체 형상은 디스크를 중심으로 바깥쪽으로 윤곽이 잡혀있다. 다른 체크밸브들은 탄성 힌지 체크밸브와 같이 체크밸브 몸체의 규격을 상당히 증가시키지 않고 포트를 통한 유동단면적을 유지할 수 있도록 경사진 시트의 장점을 취한다.

두 가지 이유로 손실수두를 줄이기 위해 폐쇄 요소 설계가 중요하다. 첫 번째, 디스크가 유동 경로 외부에서 스윙하거나 회전하면 손실수두가 최소가 된다. 두 번째, 디스크는 낮은 유속에서 완전히 개방되고 체크밸브를 통해 부드러운 유동 경로를 형성하는 특수한 윤곽과 모양을 가질 수 있다.

[표 8.4] 체크밸브형식에 따른 고유유량계수

| 체크밸브 형식 | 포트 규격(%) | 고유유량계수 $C_{vi}(m^3/hr)$ | 밸브손실계수 $K_v$ |
|---|---|---|---|
| 볼 체크밸브 | 100 | 2,907 | 1.50 |
| 무소음 체크밸브 | 100 | 2,056 | 3.00 |
| 노즐 체크밸브 | 100 | 3,908 | 0.83 |
| 이중 디스크 체크밸브 | 80 | 3,395 | 1.10 |
| 스윙 체크밸브/웨이트 | 100 | 2,815 | 1.60 |
| 탄성 힌지 체크밸브 | 100 | 3,981 | 0.80 |
| 틸팅 디스크, 하단 대시포트 | 140 | 4,486 | 0.63 |

체크밸브 손실수두를 평가하기 위해 사용할 또 다른 계수는 체크밸브손실계수 $K_v$로서 일반 밸브 및 피팅 유동 공식에 사용된다.

$$H_L = K_v \frac{v^2}{2g} \tag{8.1}$$

다음 식으로 밸브 고유유량계수 $C_{vi}$와 손실계수 $K_v$를 관련시킬 수 있으며 여기서 $D$는 체크밸브 직경이다.

$$K_v = 1.565 \times 10^9 \frac{D^4}{C_{vi}^2} \tag{8.2}$$

다양한 체크밸브에 대한 $K_v$의 크기는 체크밸브 규격마다 비슷하다. 예를 들어, 기하학적으로 유사한 $d = 300$㎜ 체크밸브와 $d = 1800$㎜ 체크밸브 $K_v$는 거의 동일하다. 이러한 유사성 때문에 다음 식과 같이 $K_v$를 사용하여 체크밸브와 피팅, 관로의 마찰손실수두에 상응하는 길이를 쉽게 비교할 수 있다.

$$K_v = f\frac{L}{D} \tag{8.3}$$

예를 들어 직경 $d = 0.3m$인 관로의 마찰계수 $f = 0.015$이고, 이 관로에 $K_v = 3.0$인 무소음 체크밸브가 설치될 경우 이 체크밸브에서 발생하는 손실수두에 상응하는 관로의 마찰손실로 인한 손실수두는 식 8.3으로부터 다음 관로 길이에서 발생한다.

$$L = \frac{K_v \times D}{f} = \frac{3.0 \times 0.3}{0.015} = 60m$$

여러 제조업체가 동일한 형식의 체크밸브에 대해 게시하는 $K_v$를 비교할 수 있다. 예를 들어, 미국 물 산업용 $D = 0.3m$ 체크밸브의 $K_v = 2.7 \sim 3.0$로 게시된다. 이는 관로 길이 $L = 54 \sim 60m$ 사이일 수 있는 관로시스템의 $K$와 비교할 때 이 차이의 크기는 중요하지 않다. 여기서 교훈은 체크밸브 형식 간 손실수두를 고려하는 것은 중요하지만 다양한 공급업체가 제시하는 체크밸브 형식의 손실수두는 통상적으로 시스템 운영에 큰 변화를 일으키지 않는다는 것이다. 이 사실에 기초하여 관로시스템 전산 시뮬레이션은 통상적인 체크밸브특성자료에 기초하여 시스템 동작을 정확하게 모델링한다. 브랜드별로 설계 차이가 작고 시험 방법이 다를 수 있다는 사실을 고려하면 통상적으로 제작사들이 게시한 유동 자료에서의 약간의 차이는 무시할 수 있다.

## 8.4 에너지 비용

AWWA M49의 식에 따라 펌프가 체크밸브에서 발생하는 추가 수두 손실을 극복하기 위해 필요한 전력을 체크밸브의 연간 에너지 비용으로 환산할 수 있다.

$$A = \frac{9.8\, Q_{year} H_L C_P}{\eta_t} \tag{8.4}$$

예를 들어, 펌프 토출측 관로 직경 $D = 0.3m$, 유속 $v = 3.0m/s$, 년간 송수량 $Q = 255m^3/yr$인 시스템에 $K_v = 0.63$인 틸팅 디스크 체크밸브와 $K_v = 3.0$인 무소음 체크밸브가 설치된 경우 다음과 같이 손실수두차를 계산할 수 있다.

$$\triangle H_L = (3.0 - 0.63)\frac{3.0^2}{2 \times 9.8} = 1.08m$$

전력단가 \$0.08/kWh, 펌프모터 조합효율 80%로 가정하면 체크밸브에서 발생하는 년간 전력비 차이는 다음과 같다.

$$A = \frac{9.8 \times 255 \times 1.08 \times 0.08}{0.8} = 5,292\,\$/yr$$

계산 결과에 따르면 $d = 300$㎜ 무소음 체크밸브 대신 $d = 300$㎜ 틸팅 디스크 체크밸브를 사용하면 연간 \$5,292의 에너지 비용을 절약할 수 있다. 펌프장에 체크밸브가 4대가 설치된 경우 40년 플랜트 수명 동안 총 절약액은 약 \$846,720이다. 펌핑 비용이 체크밸브 설치비용보다 더 클

수 있다는 것은 분명하다. 또한 체크밸브가 클수록 에너지 비용의 영향이 커진다. 다양한 형식의 체크밸브에 대한 40년간의 에너지 비용은 표 8.5와 같다.

## 8.5 총 비용

총 체크밸브비용은 표 8.5와 같이 단순히 초기 설치비, 체크밸브의 생애 에너지비와 유지관리비의 합이다. 40년 비용 표를 보면 체크밸브의 전체 비용에서 에너지 비용도 상당하다는 것을 알 수 있다.

[표 8.5] 300㎜ 체크밸브 40년 예상 비용

| 체크밸브 형식 | | 설치비($) | 에너지비($) | 유지관리비($) | 총 비용($) |
|---|---|---|---|---|---|
| 리프트 | 볼 | 9,300 | 55,015 | 6,000 | 70,315 |
| | 무소음 | 4,800 | 110,030 | 6,000 | 120,830 |
| | 노즐 | 10,000 | 30,442 | 6,000 | 46,442 |
| 스윙 | 이중 디스크 | 2,100 | 40,344 | 6,000 | 48,444 |
| | 스윙(레버,웨이트) | 8,000 | 58,683 | 24,000 | 90,683 |
| | 탄성 힌지 | 5,800 | 29,346 | 6,000 | 41,141 |
| | 틸팅 디스크 (유압 대시포트) | 19,500 | 23,106 | 72,000 | 14,306 |

* 전력단가 $0.08/kWh, $v = 3.0m/s$, $Q = 255m^3/yr$, 밸브 4대

## 8.6 논 슬램 특성

펌핑 시스템은 종종 체크밸브 슬램 문제 및 시스템 압력서지로 인해 골치거리가 된다. 볼, 스윙, 틸팅 디스크, 탄성 힌지, 이중 디스크 및 무소음 체크밸브(Ballun)를 포함한 다양한 체크밸브의 동적 폐쇄 특성을 이해하기 위해 상당한 연구가 수행되었다. 체크밸브 슬램은 2단계로 발생한다. 첫째, 펌프 정지 후 유동이 역전되고, 체크밸브가 완전히 폐쇄되기 전에 체크밸브를 통해 역류가 형성된다. 둘째, 폐쇄 요소가 갑자기 역류를 차단한다. 관로시스템에서 유속이 갑자기 변화하면 유동 유체의 운동에너지는 압력으로 바뀌는 수격현상이 발생하며 이때, 유속변화에 따

른 압력수두변화는 자이코프스키식으로 표현된다.

자이코프스키식에서 배관 내 파속 $a$는 배관 재질, 직경, 구속조건에 따라 다르나 여기에서는 단순화하기 위해 $a = 1000m/s$로 가정하면, $\triangle v = 0.3m/s$마다 약 $\triangle H = 30m$의 압력 스파이크가 발생한다. 그림 3.4로부터 유속변화 $\triangle v = 0.15m/s$ 또는 수두변화 $\triangle H = 15m$는 가벼운 슬램을 유발하지만 유속변화 $\triangle v = 0.3m/s$ 또는 수두변화 $\triangle H = 30m$는 건물 전체에 운영 직원이나 이웃집까지 전달되는 성가신 가청 소음을 생성하는 심각한 슬램을 유발할 수 있다. 슬램이 관찰되면 폐쇄 요소가 시트와 충돌하여 소음이 발생하는 것처럼 들린다. 그러나 실제로 슬램 소음은 수격현상의 압력파가 배관 벽을 순간적으로 팽창시킬 때 발생하는 가청음파로 인해 발생한다. 역류의 갑작스러운 정지와 그에 따른 압력 스파이크가 슬램의 원인임을 알면 이상적으로 체크밸브는 역류 유속이 형성되기 전에 폐쇄되어야 하지만 불행히도, 모든 체크밸브는 관로시스템의 역학에 따라 약간의 역류 유속을 허용한다.

체크밸브 형상을 고려하면 다양한 체크밸브의 슬램 가능성과 역류 방지 기능을 이해할 수 있다. 전술한 바와 같이 슬램을 방지하는 가장 좋은 방법은 체크밸브를 매우 빠르게 닫는 것이다. 그러나 무엇이 체크밸브를 빨리 닫게 할까?

관로 정상 운영시 체크밸브 디스크 위치는 폐쇄와 크게 관계된다. 개방시 디스크가 유동 스트림 외부에서 동작하거나 회전하면 역류가 체크밸브를 빠르게 닫는 것이 어려울 것이다. 전술한 3개 리프트 체크밸브 중에서 볼 체크밸브의 폐쇄 요소는 유동에 의해 경사진 채널 위 유동 스트림 외부로 밀려나고 무소음 체크밸브의 디스크는 유동 스트림에 남아 있는다. 따라서 유동이 역전되면 역류하는 유동은 즉각적으로 무소음 체크밸브 디스크에 힘을 가하여 볼 체크밸브보다 더 빨리 폐쇄된다. 무소음 체크밸브가 1/10초 만에 닫혀도 여전히 체크밸브를 통해 역류가 흐르고 있지만 그 유량은 무시할 수 있다. 모든 스윙 체크밸브는 폐쇄 요소가 유동 스트림 내에 있어 빠른 폐쇄에 도움이 된다. 체크밸브와 관련된 기하학적 특징은 이동거리이다. 디스크의 이동거리가 길수록 폐쇄 시간이 길어진다. 리프트 체크밸브 중 무소음 및 노즐 체크밸브의 이동거리는 $L = 1/4D$로 가장 짧고 볼 체크밸브는 $L = 1D$로 가장 길다. 스윙 체크밸브 중 탄성 힌지 체크밸브의 35°이동거리가 가장 짧고 전통적인 스윙 체크밸브의 60~90°이동거리가 가장 길다.

전산 프로그램을 사용하여 부정류 해석시 펌핑 시스템의 순방향 유동의 감속 $dec$를 예측할 수 있으므로 다양한 체크밸브의 슬래밍 가능성을 예측할 수 있다. 다양한 시스템 감속 $dec$에 대한 체크밸브의 논슬램 특성은 그림 3.4와 같다. 가장 오른쪽에 있는 곡선의 체크밸브는 최상의 논슬램 특성을 갖는다. 체크밸브 크기가 클수록 역류 유속 $v_r$ 및 그에 따른 슬램은 더 높을 수 있다.

마지막으로 체크밸브의 논슬램 특성은 설치 방향에 따라 영향을 받을 수 있다. 설계와 관계없이 약간 경사진 관로에도 모든 체크밸브를 수평으로 설치할 수 있다. 그러나 체크밸브가 수직으로 설치되는 경우에는 특별한 고려가 필요하다. 수직 상승 관로의 경우 수직 수주가 빠르게 역전되기 때문에 슬래밍 문제가 증폭된다. 또한, 수직 상승 관로의 경우 디스크가 유동과 평행하게 위치하면 폐쇄시 중력의 도움을 받을 수 없을 수 있다. 레버는 디스크의 균형을 잡아주는 반면 추가된 관성으로 인해 급격한 역류가 발생하며 이는 디스크에 힘을 가해 시트에 격렬하게 집어넣는다. 수직 상승 관로에서는 짧은 선형 이동거리 또는 경사진 시트의 체크밸브가 가장 적합하다.

## 8.7 유체 호환성

체크밸브 선정시 관로 내 유체의 확인이 중요하다. 부유 고형물이 있는 조건에서 체크밸브 선정에 관한 경험 법칙은 부유 물질의 농도가 높을수록 체크밸브를 선정할 때 더 많은 주의가 필요하다는 것이다. 오늘날 시장에 나와 있는 모든 체크밸브는 물 또는 처리된 폐수에서 사용할 수 있지만, 음용수에서 원수, 폐수, 스크린을 거친 오수, 미처리 오수로 이동함에 따라 많은 체크밸브의 사용이 제한되며 몇 가지 요소를 고려해야 한다. 부유 물질이 있는 경우 체크밸브 시트가 제대로 작동할까? 축, 스템, 스포크(spoke) 또는 디스크가 유동 스트림 내에 위치하나? 체크밸브 내 빈 공간에 고형물이 갇힐 수 있으면 작동을 방해할 수 있기 때문에 체크밸브 몸체의 형상도 중요하다. 고체 함량이 높을수록 막힘을 방지하기 위해 전체 포트(full port) 설계가 더욱 바람직하다. 체크밸브에 직선적이고 부드러운 유동 경로가 있으면 막힘 가능성이 최소화된다. 이러한 개념을 고려하면 노즐, 무소음, 이중 디스크 및 틸팅 디스크 체크밸브는 고형물이 많은 폐수에 사용해서는 안된다.

[표 8.6] 체크밸브 용도

| 체크밸브 형식 | | 유체 호환성 | 비고 |
|---|---|---|---|
| 리프트 | 볼 | 물 또는 하수 | |
| | 무소음 | 정수 | |
| | 노즐 | 정수 | |
| 스윙 | 이중 디스크 | 정수 | |
| | 스윙(레버,웨이트) | 물 또는 하수 | |
| | 탄성 힌지 | 물 또는 하수 | |
| | 틸팅 디스크(유압 대시포트) | 정수 | |

## 8.8 체크밸브 선정법

다양한 형식의 체크밸브에 대한 선정기준인 전체비용, 논슬램, 유체 호환성을 이해함으로써 설계 엔지니어는 사용 가능한 체크밸브를 확인하고 주어진 응용 분야에 가장 적합한 체크밸브를 식별하기 위한 합리적인 선정법을 사용할 수 있다.

표 8.7은 주어진 응용 프로그램에 대해 상기 세 기준에 가중치를 할당하여 체크밸브를 선정하기 위한 가능한 방법론을 보여준다. 이 표에서 다양한 기준이 표 상단 행에 나열되어 있고, 고려중인 체크밸브 형식은 표 좌측 칸 아래에 나열되어 있다. 그림에 표시된 예에서 체크밸브 설치 장소가 소음이 허용되지 않는 주거 지역에 있기 때문에 논슬램에 가장 높은 가중치(5)가 할당되었다. 다음으로 체크밸브 자료를 기반으로 각 범주의 각 체크밸브에 등급이 부여되었다. 마지막으로 각 체크밸브 등급에 기준 가중치를 곱하고 오른쪽으로 합산하면 엔지니어는 주어진 용도의 체크밸브에 대해 가장 적합한 체크밸브를 선정할 수 있다.

이 예에서 엔지니어는 스프링이 있는 탄성 힌지 체크밸브를 선정할 수 있으나 가중치와 등급이 달라지면 결과가 달라진다.

[표 8.7] 샘플 가중치와 등급을 이용한 체크밸브 선정표

| 체크밸브 형식 \ 가중치 | 3 | 5 | 2 | 합계 |
|---|---|---|---|---|
| | 전체 비용 | 논슬램 | 유체 호환성 | |
| 볼 체크밸브 | 5 | 1 | 5 | 30 |
| 무소음 체크밸브 | 5 | 5 | 2 | 44 |
| 노즐 체크밸브 | 5 | 5 | 2 | 44 |
| 이중 디스크 체크밸브 | 5 | 4 | 2 | 39 |
| 스윙 체크밸브/웨이트 | 4 | 2 | 5 | 32 |
| 탄성 힌지 체크밸브 | 5 | 3 | 5 | 40 |
| 탄성 힌지 체크밸브(스프링) | 4 | 5 | 5 | 47 |
| 틸팅 디스크(바닥 대시포트) | 3 | 5 | 2 | 38 |

## 8.9 결론

이제 체크밸브의 형식과 성능 특성에 대한 이해도가 더 향상되었다. 개인 선호도와 시스템 매개변수를 충족시키는 특정 용도에 대한 체크밸브를 선정하기 위한 합리적인 의사결정과정을 적용할 수 있다. 모든 용도에 가장 적합한 체크밸브는 없다. 모든 설치에는 서로 다른 가중치를 부여하는 선정기준이 필요하고, 이에 따라 적용 프로그램에 가장 적합한 체크밸브 형식을 선정할 수 있다.

# CHAPTER 09 유압식 볼 체크밸브

## 9.1 기존 펌프장 배관시스템

유압식 볼 체크밸브를 사용하기 이전 대표적인 펌프 토출측 배관 시스템은 다음 그림과 같이 펌프 상류측으로부터 ① 유입밸브, ② 펌프, ③ 체크밸브, ④ 유량제어밸브, ⑤ 차단밸브로 구성되며 이 구성요소의 역할은 다음과 같다.

- ① 유입밸브와 ⑤ 차단밸브는 펌프 설치, 교체, 분해시 펌프를 상·하류측 관로로부터 분리하기 위해 사용된다.
- ③ 체크밸브는 펌프장 정전시 펌프를 통한 지속적인 역류로 인한 펌프의 장시간 역회전을 방지하여 펌프와 모터를 보호한다. 이 체크밸브는 통상적으로 펌프장 정전시 수격현상을 완화하기 위해 그림 9.2와 같이 유속변화가 없는 개도에서는 급속하게 폐쇄되고, 유속변화가 크게 발생하는 최종 약 30% 개도부터는 천천히 폐쇄될 수 있도록 그림 9.3의 유압 대시포트가 장착된 완폐식 스윙 체크밸브가 사용된다.
- ④ 유량제어밸브는 원심펌프의 경우 펌프 기동시에는 완전폐쇄된 상태에서 펌프를 기동하여 과부하로부터 모터를 보호하고, 펌프 정지시에는 급속한 유속변화로 인한 수격의 영향과 정격전류보다 적은 전류에서 펌프를 정지시키기 위해 약 최종 10~30% 개도까지 유량제어밸브를 폐쇄한 후 펌프를 정지시킨다. 또한, 정상적인 펌프 운영 중에는 펌프의 과도한 유량 송수시 이 유량제어밸브를 교축하여 유량을 조정한다. 통상적으로 사용되는 유량제어밸브의 형식은 버터플라이밸브이며, 그 이유는 버터플라이밸브가 긴 관로에 설치된 경우 이 밸브의 유효유량계수 특성상 볼 또는 게이트 밸브와 상대적으로 넓은 개도 범위에서 유량을 제어할 수 있는 장점을 갖고 있기 때문이며, 상세한 내용은 후술하기로 한다.

**그림 9.1** 대표적인 펌프장 배관시스템

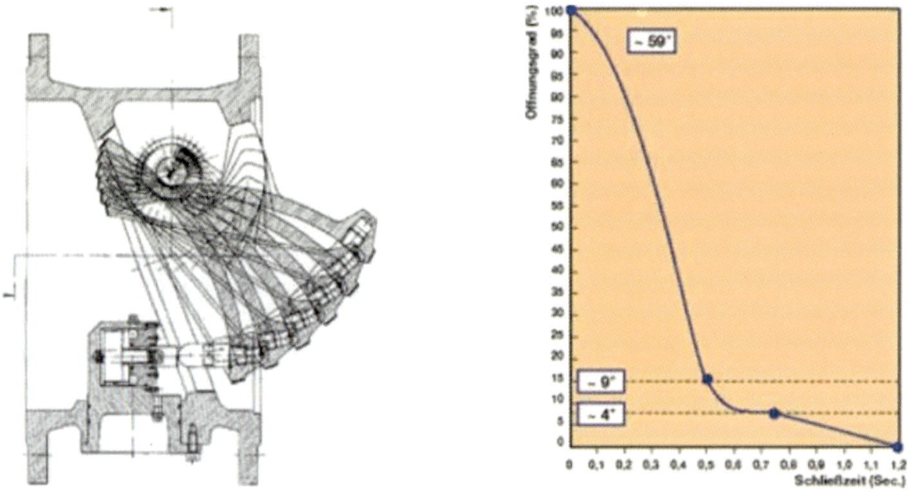


**그림 9.2** 완폐식 스윙 체크밸브의 댐핑동작과 폐쇄특성

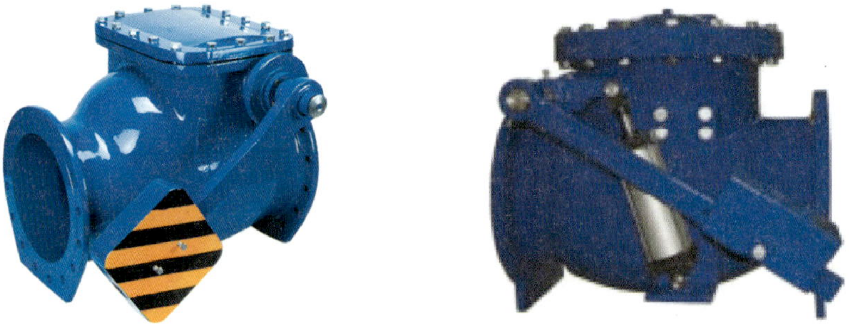

**그림 9.3** 직폐식과 대시포트가 부착된 완폐식 스윙 체크밸브

## 9.2 유압식 볼 체크밸브 사용 목적

그림 9.4의 유압식 볼 체크밸브는 상기 그림 9.1의 ③ 체크밸브와 ④ 유량제어밸브의 기능을 조합하여 하나의 밸브로 대체한 것으로 이 체크밸브의 주된 목적은 다음과 같다.

- **펌프동력절감.** 볼밸브 전개시 밸브의 손실계수 $K_v$가 다른 밸브 형식의 $K_v$에 비해 현저하게 적어 펌프가 정상적인 운영시 밸브에서 발생하는 손실수두 $H_{LV}$가 적어 펌프 동력을 절감할 수 있다.
- **슬램방지.** 정전시 그림 9.3의 기존 스윙식 체크밸브의 경우 디스크가 최종 폐쇄될 때 상대적은 큰 역류 유속에서 폐쇄되면서 상당한 충격량이 발생하는 동시에 디스크가 체크밸브 몸체와 충돌하면서 금속 소음과 함께 폐쇄되는 슬램(Slam)현상이 발생한다. 그러나 유압식 볼밸브는 유압으로 작동하여 개방 및 폐쇄되므로 슬램현상이 발생하지 않는다.
- **구조적 안정성.** 볼밸브는 다른 밸브 형식에 비해 구조적으로 튼튼하여 높은 관로 압력에서도 구조적 문제가 발생하지 않는다.

상기와 같은 유압식 볼 체크밸브의 장점으로 인해 국내 서울시, 부산시, Kwater의 대형 펌프장에는 이 밸브가 많이 사용되고 있다.

**그림 9.4** 유압식 볼 체크밸브가 설치된 펌프장

## 9.3 유압식 볼 체크밸브 문제점

전술한 바와 같이 유압식 볼 체크밸브 사용의 장점을 요약하면 다음과 같이 크게 펌프 동력의 감소, 슬램현상 미발생, 구조적 안정성이다. 이와 같은 장점은 기술자에게 상당히 어필할 수 있지만 현재 중동지역에서는 유압식 볼 체크밸브의 사용이 감소되고 있는 추세이고, 국내에서도 이 체크밸브의 사용에 대한 불신감이 고조되고 있는 것이 현실이다.

- 볼밸브 전개시 밸브의 손실계수 $K_v$가 다른 밸브에 비해 현저하게 적어 펌프 동력을 절감할 수 있다.
- 유압식 볼 체크밸브는 유압으로 작동하여 개방 및 폐쇄되므로 슬램현상이 발생하지 않는다.
- 볼밸브는 다른 밸브 형식에 비해 구조적으로 튼튼하여 높은 수압에도 문제가 발생하지 않는다.

### 9.3.1 밸브 개도별 유동 단면적

다음 그림은 수도사업장에 사용되는 대표적인 4개 밸브 형식의 개도별 유동단면적비를 나타내기 위한 밸브 형식과 개도별 유동단면적을 보여준다.

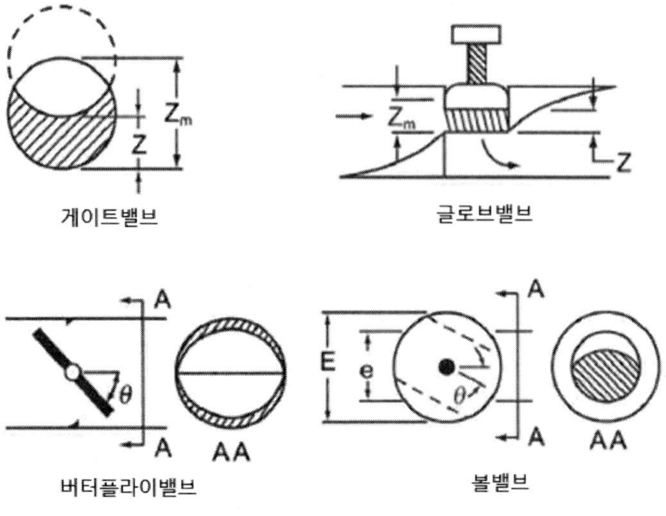


**그림 9.5** 밸브 형식별 유동단면적

밸브 단면적비 $A_0/A_F$와 밸브 스템 선형이동비 $Z/Z_m$ 또는 회전이동비 $\theta/\theta_m$의 상관관계를 얻기 위해 각 밸브에 대한 기하학적 상관관계를 분석한 결과는 다음과 같다(Wood et al, 1973).

### ① 원형 게이트밸브

그림 9.5의 원형 게이트밸브는 개구부를 통과하는 유동 단면적을 보여주며 밸브의 단면적비는 다음 식으로 주어진다.

$$\frac{A_0}{A_F} = 1 - \frac{2}{\pi}\left[cos^{-1}\left(\frac{Z}{Z_m}\right) - \frac{Z}{Z_m}\sqrt{1-\left(\frac{Z}{Z_m}\right)^2}\right] \tag{9.1}$$

### ② 글로브밸브

그림 9.5의 글로브밸브는 개구부를 통과하는 링 형상 유동 단면적을 보여주며 높이는 밸브 스템의 위치에 의해 결정된다. 개방 단면적비는 다음 식과 같이 단순하게 선형적으로 변화한다.

$$\frac{A_0}{A_F} = \frac{Z}{Z_m} \tag{9.2}$$

### ③ 버터플라이밸브

그림 9.5의 버터플라이밸브는 개구부를 통과하는 유동 단면적을 보여주며, 이 밸브의 회전각도 $\theta$에 따른 단면적비는 다음 식으로 주어진다.

$$\frac{A_0}{A_F} = 1 - cos\left(\frac{\pi}{2} - \theta\right) \quad 0 \le \theta \le \pi/2 \tag{9.3}$$

### ④ 볼밸브

그림 9.5의 볼밸브는 개구부를 통과하는 유동 단면적을 보여주며, 이 밸브의 회전각도 $\theta$에 따른 단면적비는 다음 식으로 주어진다. 또한, 다음 식을 해결하여 볼밸브를 완전하게 폐쇄하기 위해 밸브 스템이 회전하여야 하는 각도 $\theta_m$을 구할 수 있다.

$$\begin{aligned}\frac{A_0}{A_F} &= \frac{1+cos\theta}{2} + \frac{cos\theta}{\pi}\left[sin^{-1}(x) + \frac{2sin^{-1}(x)}{2}\right] \\ &\quad - \frac{1}{\pi}\left[\frac{sin^{-1}(x) + sin(2sin^{-1}(x))}{2}\right]\end{aligned} \tag{9.4}$$

$$x = sin\theta \frac{\sqrt{\left(\frac{E}{e}\right)^2 - 1}}{1 + cos\theta} \tag{9.5}$$

$$\frac{sin\theta_m}{1 + cos\theta_m} = \frac{1}{\sqrt{\left(\frac{E}{e}\right)^2 - 1}} \tag{9.6}$$

다음 그림은 상기 식에 따라 계산된 개도별 유동단면적을 정규화하여 표현한 것이다.

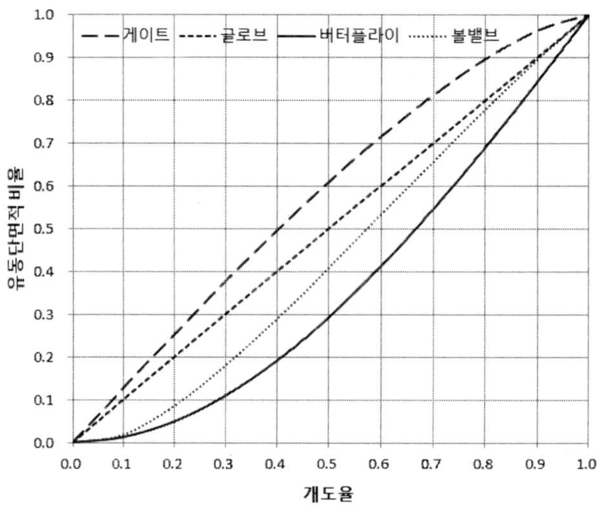


**그림 9.6** 밸브 형식과 개도별 정규화된 유동단면적

## 9.3.2 밸브 유량계수

밸브 유량계수 $C_v$ 란 밸브의 특정 개도에서의 손실계수 $K_v$, 밸브 상·하류측에서의 특정 손실수두 $H_{LV}$ 형성시 특정 시간 동안 밸브를 통과하는 유량으로 정의되며 고유유량계수와 유효유량계수로 분류된다.

### ① 고유유량계수

수송매체가 물인 경우 고유유량계수란 다음 식과 같이 밸브가 설치된 관로에서 밸브에서 발생하는 손실수두 $H_{LV} = 10m$만을 고려할 때 1 시간 동안 밸브를 통과하는 유량을 말한다.

$$C_{vi} = 3{,}600A\sqrt{\frac{2gH_{LV}}{K_v}} \tag{9.7}$$

다음 그림은 다음 표의 밸브 형식과 개도별 손실계수 $K_v$ 및 $H_{LV}=10m$, 배관 직경 $D=0.4m$ 인 관로 조건에서 식 9.7을 사용하여 구한 고유유량계수 $C_{vi}$를 정규화한 그래프를 보여주며, 그림 9.6과 9.7은 개도별 유동단면적과 고유유량계수가 동일한 패턴으로 나타나는 것을 보여준다.

[표 9.1] 밸브 형식과 개도별 손실계수 $K_v$

| 개도(%) | $K_{v\_B/F}$ | $K_{v\_gate}$ | $K_{v\_ball}$ | $K_{v\_globe}$ |
|---|---|---|---|---|
| 100 | 0.17 | 0.30 | 0.10 | 7.00 |
| 90 | 0.30 | 0.33 | 0.13 | 8.71 |
| 80 | 0.64 | 0.37 | 0.17 | 11.02 |
| 70 | 1.80 | 0.46 | 0.25 | 14.43 |
| 60 | 4.20 | 0.59 | 0.36 | 19.57 |
| 50 | 10.90 | 0.81 | 0.57 | 28.21 |
| 40 | 29.00 | 1.22 | 1.07 | 44.21 |
| 30 | 101.00 | 2.12 | 2.42 | 78.15 |
| 20 | 724.00 | 4.69 | 7.75 | 175.81 |
| 10 | 13549.00 | 18.57 | 54.08 | 700.20 |
| 0 | 5.E+08 | 5.E+08 | 5.E+08 | 5.E+08 |

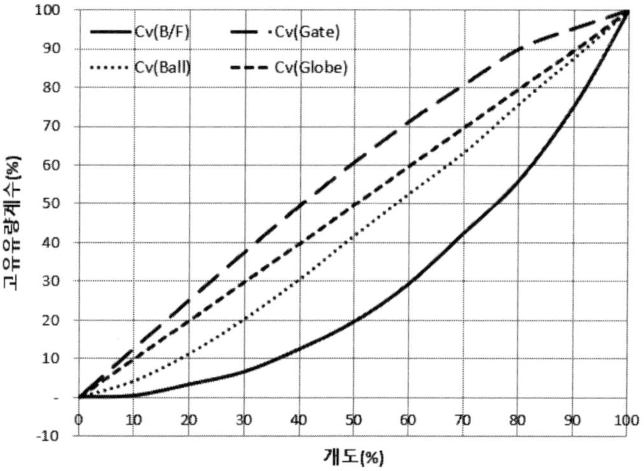


**그림 9.7** 개도별 정규화된 고유유량계수 $C_{vi}$

② **유효유량계수**

수송매체가 물인 경우 유효유량계수란 다음 식과 같이 밸브가 설치된 관로에서 밸브와 관로에서 발생하는 전체손실수두를 고려할 때 1 시간 동안 밸브를 통과하는 유량을 말한다.

$$C_{ve} = 3,600A\sqrt{\frac{2gH_L}{K_{system}}}\, m^3/hr \tag{9.8}$$

상기 식의 관로시스템 손실계수 $K_{system}$은 다음 식과 같다.

$$K_{system} = K_p + K_v \tag{9.9}$$

상기 식의 관로손실계수 $K_p$는 다음 식과 같이 미소손실계수와 마찰손실계수의 합이다.

$$K_p = K_m + K_f \tag{9.10}$$

상기 식의 관로 마찰손실계수 $K_f$는 다음 식과 같다.

$$K_f = f\frac{L}{D} \tag{9.11}$$

식 9.8로부터 특정 관로조건에서 임의 유량을 보내기 위한 밸브의 손실계수를 다음과 같이 유도할 수 있다.

$$K_v = -K_p + \frac{2gH_R}{\left(\frac{C_{ve}}{3600A}\right)^2} \tag{9.12}$$

식 9.8을 사용하여 동일한 관로조건이지만 관로 직경 $D = 0.4m$, 마찰계수 $f = 0.018$, 길이 $L = 1000m$일 때 관로손실계수 $K_p$와 밸브 개도별 손실계수 $K_v$를 고려한 유효유량계수 $C_{ve}$를 구한 후 정규화하면 다음 그림과 같고, 그림 9.7과 9.8로부터 다음 사실을 알 수 있다.

- 상기 관로조건인 길이 $L = 1000m$에서도 각 밸브 형식별 유량을 제어할 수 있는 개도범위가 상당히 축소되며, 관로가 길수록 더욱 축소된다.
- 4개 밸브 형식 중 버터플라이밸브의 유량제어범위가 50%로 가장 커서 유량제어용으로 버터플라이밸브가 적합하다.
- 유량제어범위는 볼 밸브의 경우 최종 개도 20%, 게이트와 글로브밸브의 경우 최종 개도

10%로 제한된다.

- 예를 들어 게이트와 글로브밸브 작동기의 전체동작시간이 $t_{ct} = 30s$ 인 경우 개방시 실제 유속변화가 발생하는 시간은 10%인 $t_{ce} = 3.0s$ 이고 이후 4~30초 동안 유속변화가 거의 발생하지 않는다. 반대로 폐쇄시에는 약 27초 동안 유속변화가 거의 발생하지 않고 10%인 3초(28~30)초 동안 유속변화가 발생한다.

[표 9.2] 밸브 형식과 개도별 유효유량계수와 정규화된 유효유량계수

| 개도 (%) | 유효유량계수 $C_{ve}$ | | | | 정규화된 유효유량계수 $C_{ve}$ | | | |
|---|---|---|---|---|---|---|---|---|
| | B/F 밸브 | 게이트 | 볼 | 글로브 | B/F 밸브 | 게이트 | 볼 | 글로브 |
| 100 | 942 | 941 | 943 | 943 | 100 | 100 | 100 | 100 |
| 90 | 941 | 940 | 942 | 942 | 100 | 100 | 100 | 100 |
| 80 | 937 | 940 | 942 | 942 | 99 | 100 | 100 | 100 |
| 70 | 925 | 939 | 941 | 942 | 98 | 100 | 100 | 100 |
| 60 | 902 | 938 | 940 | 941 | 96 | 100 | 100 | 100 |
| 50 | 847 | 935 | 938 | 939 | 90 | 99 | 99 | 100 |
| 40 | 736 | 931 | 933 | 937 | 78 | 99 | 99 | 99 |
| 30 | 524 | 922 | 919 | 932 | 56 | 98 | 98 | 99 |
| 20 | 228 | 898 | 872 | 918 | 24 | 95 | 92 | 97 |
| 10 | 54 | 794 | 636 | 854 | 6 | 84 | 67 | 91 |
| 0 | 0 | 0 | 0 | 0 | 0 | 0 | 0 | 0 |

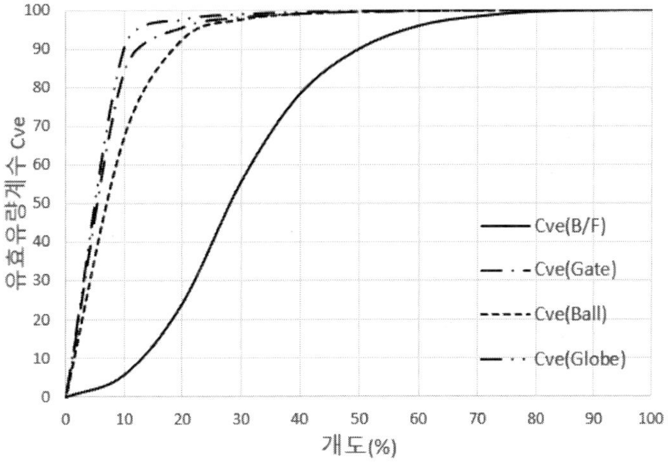


**그림 9.8** 개도별 정규화된 유효유량계수 $C_{ve}$

**[예제 9.1] 유량제어를 위한 밸브 개도 결정**

**문제** 그림 1.10의 관로에서 마찰손실계수 $f=0.018$, 미소손실계수 $K_m=1.5$, 수두차 $H_R=10m$, 직경 $D=0.4m$, 길이 $L=1000m$ 인 말단부에 표 9.1의 4개 밸브가 설치된 경우 유량 $Q=500\,m^3/hr$로 제어하기 위한 개도를 결정하라.

**풀이** 표 9.2로부터 $Q=500\,m^3/hr$로 제어하기 위한 각 밸브형식별 개도는 다음과 같다.

버터플라이 : 20~30%, 게이트 : 0~10%, 볼 : 10~0%, 글로브 : 0~10%

정확한 개도를 구하기 위해서 식 9.10과 9.11을 사용하면

$$K_p=1.5+0.018\frac{1000}{0.4}=46.5,\ A=\frac{3.14\times0.4^2}{4}=0.1256m^2,\ C_{ve}=500\,m^3/hr$$

상기 수치를 식 9.12에 대입하여 구한 밸브 손실계수는 다음과 같다.

$$K_v=-46.5+\frac{2\times9.8\times10}{\left(\dfrac{500}{3600\times0.1256}\right)}=115$$

표 9.1로부터 상기 $K_v=115$에 해당하는 정확한 개도를 구하기 위해 다음 선형보간법을 사용한다.

$$x=x_1-10\left(\frac{K_{v1}-K_v}{K_{v2}-K_{v1}}\right) \tag{9.13}$$

여기서 $x$ : $K_v=115$에 해당하는 개도

$x_1$ : $K_v=115$ 보다 한 단계 큰 개도

$K_{v1}$ : $K_v=115$에 한 단계 작은 개도에서의 손실계수

$K_{v2}$ : $K_v=115$에 한 단계 큰 개도에서의 손실계수

식 9.13을 사용하여 보간법으로 구한 $K_v=115$에 해당하는 밸브형식별 개도는 다음 표와 같으며, 버터플라이밸브가 다른 형식의 밸브보다 유량제어범위가 넓어 유량제어용도로 사용되는 이유를 알 수 있다.

| 밸브 형식 | 버터플라이 | 게이트 | 볼 | 글로브 |
|---|---|---|---|---|
| 밸브 개도(%) | 29.8 | 10 | 10 | 10 |

## 9.3.3 유압식 볼 체크밸브 문제점

### ① 펌프 동력 절감

펌프가 정상적으로 운전시 소요동력은 펌프의 운전점에 따라 결정된다. 통상적으로 펌프장

용량은 20~30년 목표년도 도달시 설계유량에서 운영되도록 설계된다. 따라서 목표연도에 도달할 때까지는 전체 펌핑유량이 설계유량보다 적어 설계된 펌프운영 댓수 보다 적은 펌프 조합으로 운영시 펌프 1대의 송수량이 과대해진다. 또한, 목표연도에 도달하여도 1일 24시간 마다 수요량이 변화하므로 펌프 토출측 유량제어밸브를 필히 교축하여야 한다.

예를 들어 다음 좌측 그림과 같이 펌프 3대를 병렬로 운전시 조합특성곡선은 우측 그림과 같다.

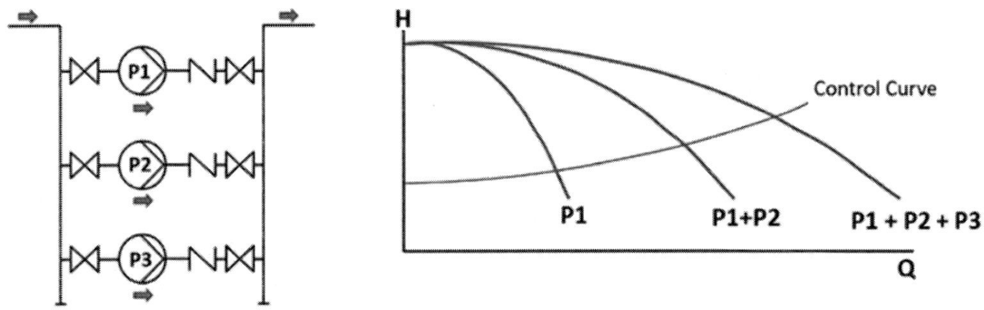


**그림 9.9** 펌프 3대 펌프운전시 펌프특성곡선

ⓐ 펌프 3대 병렬 운전시

다음 그림과 같이 펌프 3대 병렬 운전시 펌프 운전점은 ①이고, 이때 개별 펌프의 운전점은 ②가 된다. 예를 들어 30년 후 목표연도 도달시 전체수요량 $Q = 300,000m^3/d$인 경우 각 펌프는 설계유량 $Q_d = 100,000m^3/d$에서 운전된다. 따라서 펌프의 설계유량 $Q_d = 100,000m^3/d$ 송수시에는 토출측 체크밸브가 완전 개방된 상태에서 운전된다.

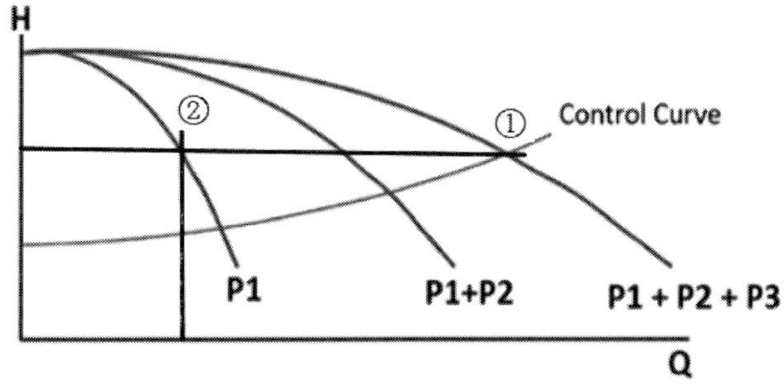


**그림 9.10** 펌프 3대 펌프운전시 펌프 운전점

ⓑ 펌프 2대 병렬 및 1대 단독 운전시

다음 그림과 같이 펌프 2대 병렬 운전시 펌프 운전점은 ③이 되고, 이때 개별 펌프의 운전점은 ④가 된다. 운전점 ④에서의 유량(예들 들어 $Q=110,000m^3/d$)은 운전점 ②에서의 설계유량 $Q_d=100,000m^3/d$ 보다 커서 반드시 유량제어밸브를 교축하여 유량 $Q=10,000m^3/d$을 감소시켜야 한다.

또한, 펌프 1대 단독 운전시 펌프 운전점은 ⑤가 되고 이 운전점에서 유량(예들 들어 $Q=120,000m^3/d$)은 운전점 ②에서의 설계유량 $Q_d=100,000m^3/d$보다 커서 반드시 유량제어밸브를 교축하여 유량 $Q=20,000m^3/d$을 감소시켜야 한다.

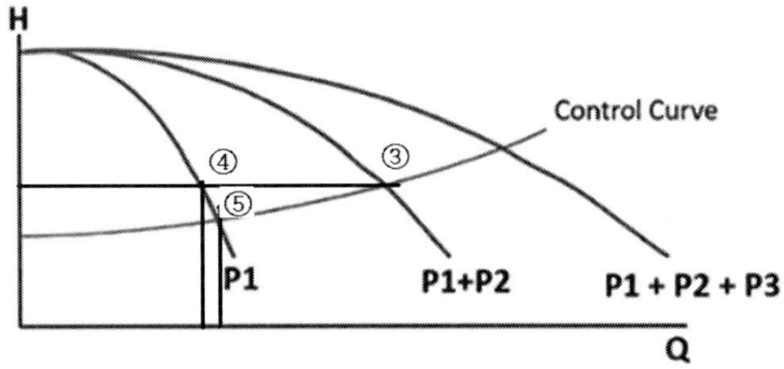


**그림 9.11** 펌프 2대 병렬, 1대 단독운전시 운전점

상기와 같이 펌프 운전 댓수에 따라 그리고 1일 24시간 수요량 변화에 따라 펌프는 빈번하게 설계 유량이 아닌 유량에서 운전되는 것이 현실이다. 따라서 목표연도에 도달하고 1일 24시간 수요량 변화가 없을 때는 볼밸브 사용에 따른 손실수두/펌프동력 저감효과를 기대할 수 있지만 계절별 그리고 1일 24시간별 수요량의 변화가 발생하는 현실을 고려할 때 빈번하게 유량제어밸브를 교축하여야 하므로 당초 볼 밸브 100% 개방에 따른 손실수두와 동력절감 효과를 기대할 수 없다.

### ② 슬램 방지

유압식 볼 체크밸브를 사용할 경우 식 9.8 $C_{ve}$의 관로손실계수 $K_{system}$이 클수록 밸브 손실계수 $K_v$가 유효유량계수 $C_{ve}$에 미치는 영향이 감소한다. 따라서 밸브를 교축하여 유량을 변화시키기 위해서는 $K_v$가 $K_p$ 보다 커져야 하므로 밸브의 유량제어범위가 제한된다. 식 9.8을 사용하여 버터플라이밸브와 볼밸브의 관로손실계수 $K_p$의 크기에 따라 개도별 정규화된 $C_v$를 계산한 결과는 다음 그림과 같으며 상세한 수치는 부록 A를 참조한다.

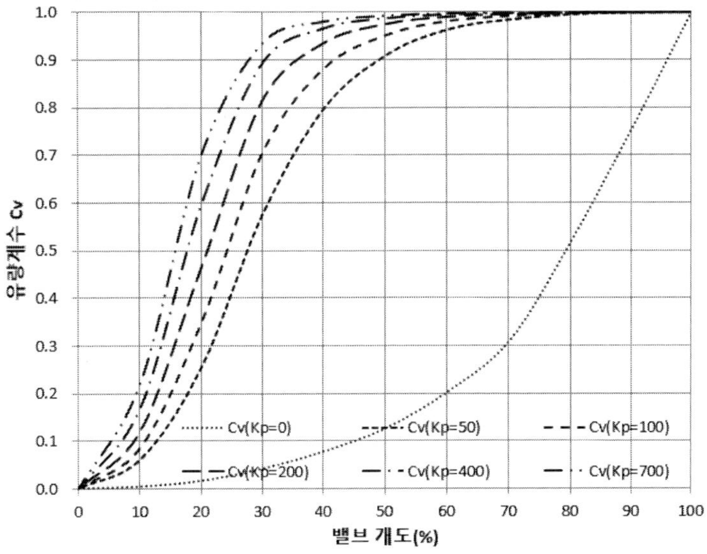


**그림 9.12** B/F밸브 개도와 관로손실계수 $K_p$별 유효유량계수

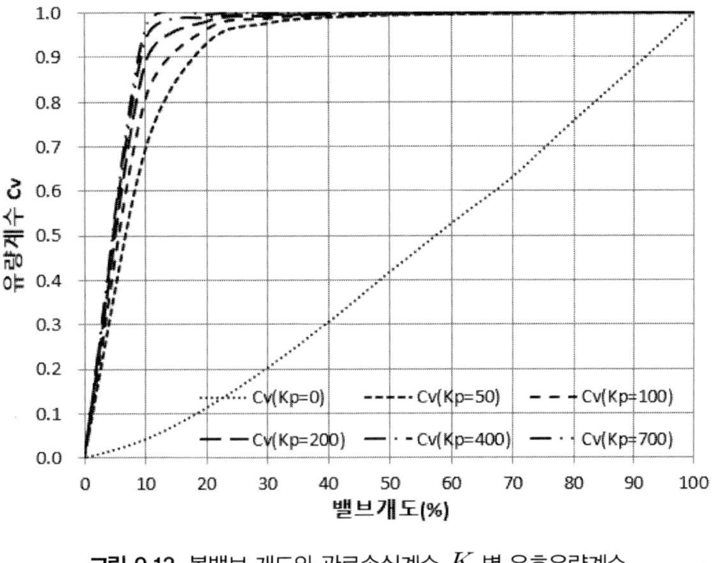


**그림 9.13** 볼밸브 개도와 관로손실계수 $K_p$별 유효유량계수

전술한 밸브의 유효유량계수 $C_{ve}$, 펌프 트립시 역류유속 $v_r$과 역방향 정상류 형성시간 $t_{ro}$ 그리고 유압식 볼 체크밸브의 유효 개방 또는 폐쇄 시간 $t_c$에 따라 유압식 볼 체크밸브의 폐쇄에 따른 슬램현상이 발생할 수 있으며, 단지 운영자는 유압식 볼 체크밸브 완전 폐쇄시"쿵" 소리가 나지 않기 때문에 슬램현상이 발생하지 않는 것으로 착각할 수 있으며 다음 예제를 통해 이러한 사례를 증명한다.

**[예제 9.2] 슬램현상 발생 여부**

**문제** 배관 직경 $D = 0.4m$, 마찰손실계수 $f = 0.018$, 미소손실계수 $K_m = 1.0$, 펌프 토출 관로의 길이 $L = 4000m$에 설치된 유압식 볼 체크밸브의 전체 동작 시간 $t_c = 10s$, 수두차 $H_R = 30m$이다. 그리고 펌프 트립 후 2초 후에 관로 내 유동이 정지되어 역류가 시작되며, 유압식 볼 체크밸브는 펌프 트립 즉시 폐쇄되기 시작할 때 슬램현상 발생여부를 검토하라. 단 파속은 $a = 1000m/s$이다.

**풀이** 식 1.28로부터 $K_p = 1.0 + 0.018\dfrac{4000}{0.4} = 181$

그림 9.13으로부터 $K_p = 181$인 경우 유압 볼 체크밸브 유속변화가 발생하는 개도는 약 10% 정도이고, 이를 시간으로 환산하면 다음과 같고, 이는 체크밸브가 폐쇄되기 시작하여 약 9초 후부터 10초까지 1초 동안 대부분의 유속변화가 발생하는 것을 의미한다. 식 1.81로부터 관로주기는 다음과 같다.

$$t_{cr} = \frac{2 \times 4000}{1000} = 8.0s$$

펌프 트립 2초 후부터 역류가 시작하므로 체크밸브 폐쇄 시작 9초는 역류 시작 7초의 시점과 동일하다. 따라서 식 5.16~5.19로부터 7초 후 역류유속 $v_r$을 구할 수 있다.

$$v_{ro} = \sqrt{\frac{2 \times 9.8 \times 30}{181}} = 3.58m/s$$

역류 개시 $t = 7s$ 후 유속은 다음과 같다.

$$x = \frac{2 \times 7 \times 9.8 \times 30}{1000 \times 3.58} = 1.15, \qquad v_r = 3.58\left(\frac{e^{1.15} - 1}{e^{1.15} + 1}\right) = 1.86m/s$$

체크밸브는 최종 1초 폐쇄 동안 대부분의 유속이 변화한다. 이와 같은 조건에서 슬램과 수격현상 발생유무를 확인하기 위해 식 5.23의 다음 조건이 위배되므로 이와 같은 밸브폐쇄조건에서는 슬램은 발생하지 않는다.

$$t_c(10s) \le 0.5t_{cr}(4s), \quad \text{관로 길이 } L/a(4000/1000) \le 1$$

이와 같은 밸브폐쇄조건에서 최대수두를 구하기 위해서는 식 1.33을 사용하여야 한다. 그러나 표 1.2와 그림 1.30으로부터 $dV/dt$의 기울기에 따라 최대수두는 식 5.25로 구한 최대수두보다 클 것으로 예상된다.

$$\Delta H_J = \frac{1000 \times 3.58}{9.8} = 190m$$

유압식 볼 체크밸브는 유압에 의해 볼이 제어되면서 폐쇄되므로 볼이 시트에 안착되면서"꽝(slam)"하는 소음은 발생하지 않지만 실제로는 수격에 의한 수두상승 $\Delta H_J = 190m$으로 인한 충격은 발생한다. 결론적으로 유압식 볼 체크밸브를 사용하면 슬램 소음은 발생하지 않지만 슬램 충격은 발생한다.

### ③ 구조적 안정성

전술한 바와 같이 유압식 볼 체크밸브 사용시 관로 조건 및 체크밸브 폐쇄 시퀀스에 따라 슬램 발생 여부가 결정된다. 식 5.23으로부터 볼 체크밸브의 유효폐쇄시간$t_{ce}$가 식 5.22의 $t_c$보다 적으면 수격 보다 더욱 심각한 압력변화가 발생하는 슬램현상이 발생한다. 높은 압력변화가 발생하면 볼밸브는 다른 형식의 밸브보다 구조적으로 안전하여 볼밸브 자체의 파괴 또는 파손이 발생하지 않더라도 볼밸브가 설치된 관로시스템 내 구성요소의 압력이 이 보다 적게 설계되면 이 구성요소들이 파괴될 수 있으므로 주의하여야 한다.

## 9.4 유압식 볼 체크밸브 개선방안

국내 유압식 볼 체크밸브 제작사는 펌프장에 설치할 유압식 볼 체크밸브 설계시 제1장에서 기술한 수격과 슬램 이론 및 전술한 밸브형식별 유효유량계수 특성을 고려한 전산모의결과로부터 최적의 밸브 개방/폐쇄 시퀀스를 개발하여 슬램 또는 수격현상을 완화시켜야 한다.

현재 사용되고 있는 유압식 볼 체크밸브 폐쇄 시퀀스는 그림 9.2와 같이 유속변화가 무의미한 초기 개도에서는 신속하게 폐쇄되고, 유속변화가 유의미한 최종 개도에서는 완만하게 폐쇄되는 댐핑동작을 사용하는 것이 아니라 충격량식 1.9에 따라 전체 개도에 걸쳐 동일한 속도로 긴 시간 동안 폐쇄하여 슬램을 방지하고 있고 있는 실정이다.

슬램을 방지하기 위한 유압식 볼 체크밸브 폐쇄 시퀀스를 개발하기 위해서는 다음 절차를 준수하여야 한다.

① 관로시스템 특성을 분석하여 강성주이론 또는 탄성주이론 중 타당한 이론을 선택 한다.

② 선택된 이론에 따라 전산모의를 통해 그림 9.2와 같이 유속변화가 무의미한 초기 개도에서는 급폐쇄되고 유의미한 최종 개도에서는 완폐쇄되는 폐쇄시퀀스를 개발한다.

③ 개발된 시퀀스에 따라 전산모의로 밸브 폐쇄시 최대수두와 최저수두가 허용범위 안에 들어오는지 확인한다.

④ 현장시험을 통해 ③ 항의 만족여부를 확인한다.

**[예제 9.3] 유압식 볼 체크밸브 시퀀스 개발**

**문제** 5.1.2절 펌핑유동정지의 펌프 1대 단독운전 트립시 슬램을 방지하기 위한 유압식 볼 체크밸브의 폐쇄시퀀스를 구성하라. 단, 관로시스템 설계수두는 100m, 관로길이 $L = 5{,}000m$, 파속 $a = 1{,}000m/s$, 실수두 $H_A = 60m$ 이다.

**풀이** 식5.1.2절로부터 펌프 1대 운전시 주송수관로 유속은 $Q = 1.1m^3/s$로 주어지므로 펌프 토출관로 내 유속은 다음과 같다.

$$v = \frac{Q}{A} = \frac{4 \times 1.1}{3.14 \times 1.0^2} = 1.4m/s$$

관로 내 수주가 정지하는 시간은 $t = 4.5s$로 주어지고, 식 1.28~1.30을 사용하여 수주 정지 후 정상류 역류유속과 이 역류유속이 형성되는 시간을 다음과 같이 구할 수 있다.

$$K_p = 1 + 0.17 + 0.018\frac{5{,}000}{0.4} = 46.17$$

$$v_{ro} = \sqrt{\frac{2 \times 9.8 \times 60}{46.17}} = 5.0m/s$$

$$t_{ro} = \frac{5{,}000}{5.0 \times 46.17} ln\left(\frac{5.0 + 0.99 \times 5.0}{5.0 - 0.99 \times 5.0}\right) = 32.2s$$

표 1.3으로부터 밸브 완폐쇄로 수격을 완화시키기 위한 밸브폐쇄시간은 $t_c > 2t_{cr}$이 되어야 하므로 $t_c > 20.0s$가 되어야 한다.

$$t_{cr} = \frac{2 \times 5000}{1000} = 10.0s$$

자이코프스키식 1.37로부터 설계수두 $H_d = 100m$로 제한하기 위한 유속변화는 다음과 같다.

$$v = \frac{9.8 \times 100}{1000} = 0.98m/s$$

식 1.30의 유속비율 $V$는 다음과 같다.

$$V = \frac{0.98}{5.0} = 0.19\,V_0$$

상기 수치를 식 1.30에 대입하여 유속 $v = 0.98m/s$이 형성되는 시간을 구하면 다음과 같다.

$$t = \frac{5{,}000}{5.0 \times 46.17} ln\left(\frac{5.0 + 0.19 \times 5.0}{5.0 - 0.19 \times 5.0}\right) = 1.7s$$

펌프 트립 후 관로 내 수주가 정지되는 시간 $t = 4.5s$이므로 유압식 볼 체크밸브의 폐쇄 시퀀스를 다음과 같이 설정한다.

① 유압식 볼 체크밸브는 펌프 트립 후 관성에 의한 감속을 증가시키지 않기 위해 즉, 식 1.37에서 유속변화 크기 증가에 따른 수두변화를 증가시키지 않기 위해 100% 개도에서 $t = 4.5s$까지 대기한다.

② 펌프 트립 직후 $t = 4.5s$ 이후부터 $t = 1.7s$ 동안 밸브 특성표 9.2로부터 유속변화가 무의미한 구간인 개도 50%까지 급폐쇄한다.

③ 펌프 트립 $t = 5.9s$ 이후부터 $t = 20.0s$ 동안 유속변화가 유의미한 개도구간을 표 1.3에 따라 $2t_{cr}(20s)$ 동안 완전 폐쇄한다.

**[표 1]** 슬램 및 수격 방지를 위한 유압식 볼 체크밸브 시퀀스

| 펌프 트립 이후 시간 경과 | $t = 0.0s$ | $t = 4.5s$ | $t = 6.2s$ | $t = 26.2s$ |
|---|---|---|---|---|
| 밸브 동작 시간(초) | 0 | 0 | 1.7 | 20 |
| 체크밸브 동작 | 대기 | 대기 | 급폐쇄 | 완폐쇄 |
| 체크밸브 개도(%) | 100 | 100 | 50 | 0 |

# 10 체크밸브 보호 및 지지

CHAPTER

본장에서는 체크밸브의 슬램현상 및 수격현상으로 인한 추력 발생시 체크밸브의 미소한 이동을 허용하여 체크밸브에 작용하는 응력을 완화시키고, 추력 크기에 따라 체크밸브를 지지하기 위한 콘크리트 보호공 규격에 대해 기술한다.

신축관은 구조적 손상 없이 열에 의한 팽창을 허용하는 구조로서 기계 등의 두 부분 사이의 접합부로 정의된다. 신축관은 열팽창을 흡수하거나, 극저온 라인의 수축을 흡수하고 관로시스템의 진동을 줄이는 데에도 사용할 수 있다. 특히, 상수도사업장에서는 체크밸브의 슬램 또는 수격에 따른 추력이 관로시스템의 부하/응력을 가중시키는 것을 방지하기 위해 사용된다.

배관설치 작업시 배관 길이의 불일치를 신축관으로 교정하여 신축관의 신량과 축량이 부족하여 수격 발생시 신축관 이탈로 인한 사고가 종종 발생하고 있고, 또한 신축관의 수축과 팽창이 올바르게 동작하기 위해서 신축관 설치 방향에 대해 주의하여야 하므로 이에 대한 검토가 필요하다.

## 10.1 신축관 종류

### 10.1.1 벨로우즈 신축관

벨로우즈 신축관의 타이 로드 기능은 정상 작동 중에 축방향의 신축(lateral deflection)만 허용하면서 지속적으로 전체 압력 추력을 억제하는 것이다. 제한 로드(limit rod)는 벨로우즈의 과도한 압축을 방지하기 위해 축방향 팽창 또는 압축으로 인한 이동을 제한하는 데 사용된다. 제한 로드는 앵커가 파손될 경우 확장 조인트의 압력 추력을 흡수하도록 설계되었다.

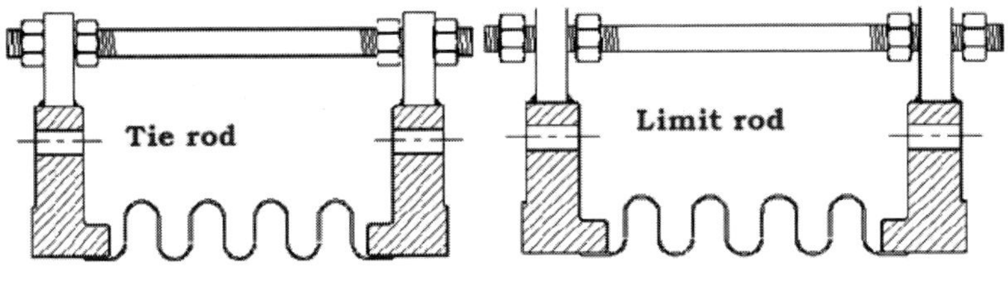


**그림 10.1** 벨로우즈 신축관의 tie rod와 limit rod

## 10.1.2 텔레스코픽 신축관

이 신축관은 망원경(telescope)의 사물 확대를 위한 슬리브의 슬라이딩 기능을 이용한 신축관이다. 이 신축관 설치시 다음 그림과 같이 압력 작용부가 신축하도록 방향에 주의하여야 한다.

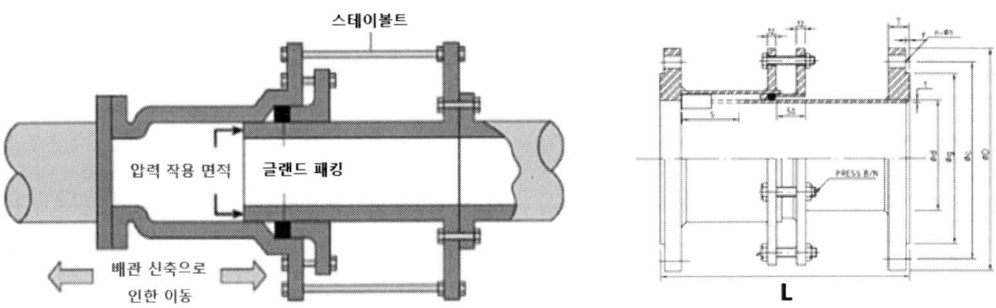


**그림 10.2** 텔레스코픽 신축관 압력작용 및 신축 방향

## 10.1.3 드레서형(슬립형) 신축관

이 신축관은 배관 시스템과 일직선으로 설치되며 파이프가 확장되면서 압축되며, 이 확장은 외부 쉘에 들어가는 슬리브에 의해 수용된다. 슬립 조인트를 통한 누출을 방지하기 위해 쉘 내부 슬리브 주위에 밀봉재가 내장되어 있다.

슬립 조인트는 매우 견고한 부품이므로 조인트를 제거하지 않고도 수리가 가능하도록 설계될 수 있다. 드레서형 신축관은 다양한 유형과 구성으로 제공되지만, 다음 사항에 주의하여야 한다.

- 슬립 조인트는 축방향 움직임(압축 및 신장)만 수용할 수 있다. 측면 또는 각도 움직임으로 인해 내부 슬리브가 쉘 내부에 고착되어 열응력을 흡수하는 능력이 제한될 수 있다.
- 정기적으로 패킹을 관리하고 교체하여 누수를 방지해야 한다. 이러한 유지 관리가 무시되

는 경우가 너무 많아 증기나 기타 매체 누출로 인해 손실이 발생한다. 볼 조인트는 각도 운동을 처리하도록 설계되었다는 점을 제외하면 슬립 조인트와 유사하다. 볼 조인트 역시 누출을 방지하기 위해 패킹을 정기적으로 관리해야 한다. 다양한 움직임을 수용할 수 있는 누출 없는 연결에 대한 필요성으로 인해 신축관에 대한 수요가 증가하고 있다.

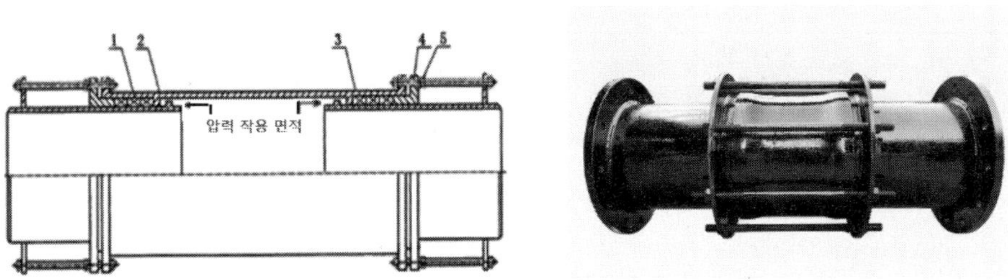


**그림 10.3** 드레서형 신축관 압력작용 및 신축 방향

## 10.2 신축관 이탈

### 10.2.1 신축관 이탈 원인

대표적인 세 종류의 신축관 특징을 요약하면 다음 표와 같고, 다음과 같은 원인으로 인해 신축관이 이탈되어 펌프장이 침수되는 사고로 이어질 수 있으므로 주의하여야 한다.

- 벨로우즈 신축관의 경우 limit rod의 너트를 약 나사부 길이의 30% 정도 풀어주어 신축관이 자유롭게 신축하도록 하여 벨로우즈의 좌굴을 방지하여야 한다.
- 일방향인 신축관 설치시 압력이 작용하는 부분의 하류측으로 신축하도록 방향에 주의하여야 하며, 반대로 설치하면 신축관의 역할을 하지 못 한다.
- 현장 설치시 정확한 배관 길이의 불일치를 보상하기 위해 신축관의 길이를 조정할 경우 배관 내 압력상승시 신축허용량이 감소하여 신축관이 이동/이탈로 인한 침수사고로 이어질 수 있다.

[표 10.1] 신축관 종류에 따른 압력작용방향과 신축허용량

| 종류 | | 방향성 | 신축허용량(㎜) | |
|---|---|---|---|---|
| | | | 신량 | 축량 |
| 벨로우즈 | 단식 | 양방향 | 10 | 25 |
| | 복식 | 양방향 | 20 | 50 |
| 텔레스코픽 | | 일방향 | 120 | 200 |
| 드레서 | 싱글 | 일방향 | 90 | 90 |
| | 더블 | 양방향 | 140 | 140 |

### 10.2.2 개선 방안

- 현장 조사시 신축관의 설치방향이 올바른지 육안으로 확인한다.
- 현장 조사시 신축관의 설계 길이 L(그림 10.2 참조)를 측정하여, 적정한 신축허용량의 확보여부를 확인한다.
- 신축관의 설치된 길이가 설계 길이 L보다 긴 경우 신축허용량을 확인하기 위해 신축관 중첩부의 x-ray 촬영을 권장한다.

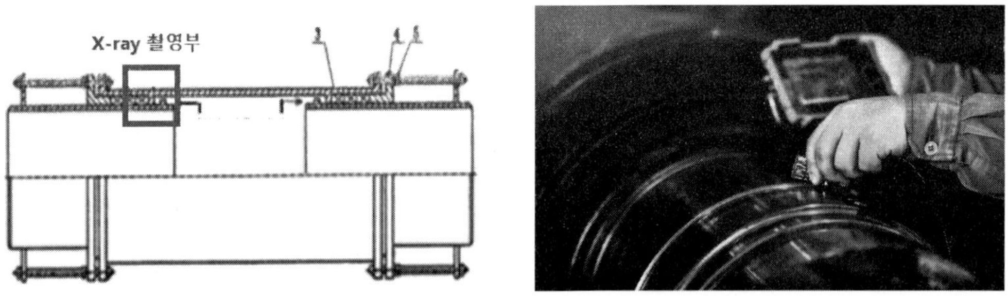


**그림 10.4** 신축관 중첩부 X–ray 촬영

## 10.3 신축관 설치 방향

그림 10.3의 드레서형 신축관은 슬램 또는 수격으로 인한 추력 발생시 신축관 양쪽 단면에 작용하는 힘이 동일하여 양방향으로 신축이 발생하는 반면, 그림 10.2의 텔레스코픽 신축관은 좌측 단면적이 우측 단면적보다 약간 커서 추력이 좌측에서 우측으로 작용한다.

따라서 신축관 설치시에는 상기와 같이 추력이 작용하는 방향에 주의하여 설치하여야 한다. 텔레스크픽 신축관 설치시 펌프-체크밸브-신축관 순서로 설치하면 펌프 트립시 발생하는 추력은 신축관 이후 하류측 배관을 인장시키므로 신축으로 인한 완화효과가 업다. 반대로 펌프-신축관-체크밸브 순서로 설치하면 추력으로 인해 신축관과 체크밸브가 일시적으로 인장되어 신축으로 인한 완화효과가 발생한다.

## 10.4 체크밸브 지지

매설된 관로의 직선 길이가 안전구속길이 $L_C$ 보다 길면 흙의 마찰력으로 추력을 충분히 구속할 수 있어 보호공을 설치할 필요가 없다. 그러나 매설된 관로의 직선길이가 충분하지 않은 곳, 관로의 피팅부가 노출된 곳, 밸브실에 설치된 밸브, 대기에 노출된 복선관로의 타이부와 같은 곳에서는 온도응력에 의한 추력 $F_t$와 수압에 의한 추력 $F_h$를 동시에 받기 때문에 반드시 보호공을 설치하여야 한다.

또한, 매설관로의 곡관부를 노출시켜 보수작업을 한 후 신속하게 통수시키기 위해 흙으로 되메우기를 하지 않아 지지력이 감소된 상태에서 관로를 부분 통수시키면 곡관부에서 과도한 추력이 작용하여 곡관 이음부가 이탈되는 사고가 빈번하게 발생하므로 주의하여야 한다.

### 10.4.1 수압에 따른 추력

추력이란 배관 시스템 내에서 정수압 및 동수압 또는 배수지 유입밸브의 급폐쇄시 발생하는 수격 그리고 계절별 온도차에 의해 발생한 힘들이 균형을 이루지 못하고 한쪽 방향으로 작용하는 힘들을 말한다.

통상적으로 상하수도 배관에서 사용하는 압력 범위 내 그리고 유속범위 내에서는 동수압에 인한 추력은 정수압에 의한 추력과 비교하면 미소하므로 무시할 수 있다 그러나 배관 시스템 내에서 물이 통과하는 방향 또는 벤드 레듀서 티, wye, 사수부 그리고 밸브와 같이 단면적이 변화하는 곳에서 상당한 추력이 발생한다.

통상적으로 매설 관로에서 추력은 중력추력블록 또는 지지(bearing), 구속 조인트 시스템, 또는 이러한 방법들의 조합으로 평형을 이루도록 설계한다. 내부 정수압은 압력 $P$에 평면단면적 $A$를 곱한 힘을 갖고 임의 평면에 수직으로 작용한다. 배관 내 모든 요소들에서 반경방향으로 작용하는 이러한 힘들은 배관 벽 내에서 원주방향으로 작용하는 인장력과 평형을 이룬다. 배관 길이방향의 수직인 면에 작용하는 축방향 추력요소들은 배관의 양 측면에 작용하는 힘에 의해 내부적으로 평형을 이루며 이때 수압추력 $F_h$는 다음 식으로 나타낸다.

$$F_h = PA \tag{10.1}$$

다음 그림과 같은 곡관부를 고려하면 각도가 $\theta$인 곡관부의 각 leg(곡관부에 접속되는 직선 배관)에 따라 축방향으로 작용하는 힘은 평형을 이루지 못하며 다음 식으로 이때 발생하는 추력 $F_h$를 나타낼 수 있다.

$$F_h = 2PAsin\frac{\theta}{2} \tag{10.2}$$

예를 들어 완전 폐쇄된 밸브와 사수부 그리고 90°와 45°엘보에 특정 수압 $P$가 작용할 때 발생하는 추력은 다음 식과 같고, 직경과 수압 $P = 5,\ 10,\ 15kg_f/cm^2$에 따라 계산한 추력은 다음 그림과 같고, 상세한 수치는 부록 B를 참조한다.

$$F_{vavle} = PA$$

$$F_{90°elbow} = 2PAsin45 \tag{10.3}$$

$$F_{45°elbow} = 2PAsin22.5$$

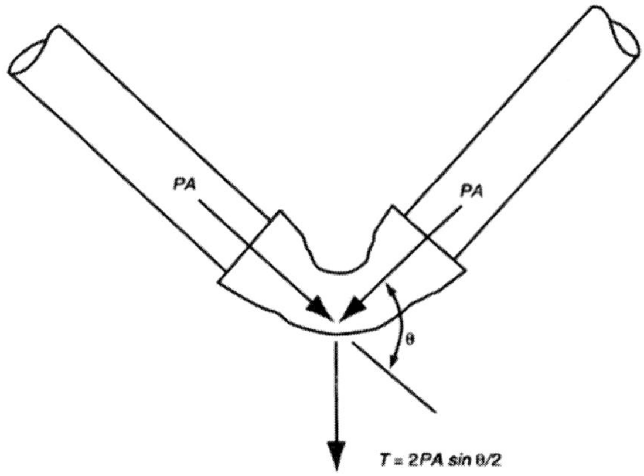


**그림 10.5** 90도 엘보에 작용하는 추력

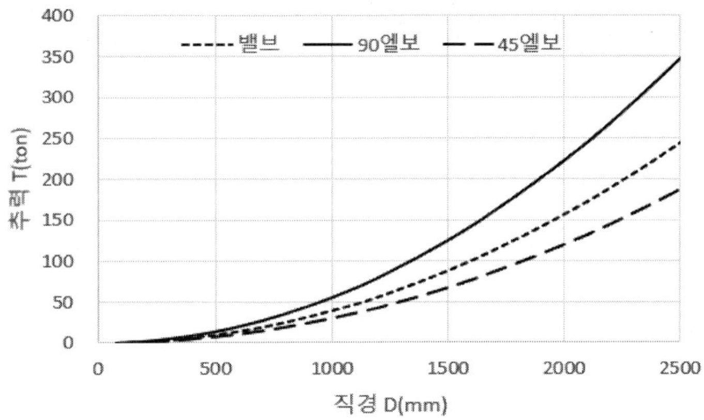


**그림 10.6** 수압 $P = 5kg_f/cm^2$ 작용시 발생 추력

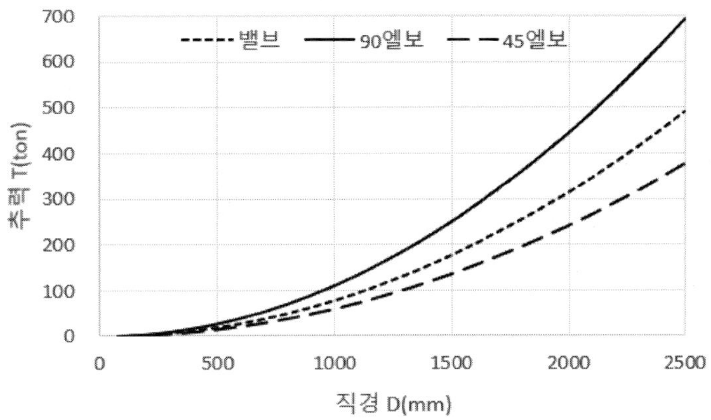


**그림 10.7** 수압 $P = 10kg_f/cm^2$ 작용시 발생 추력

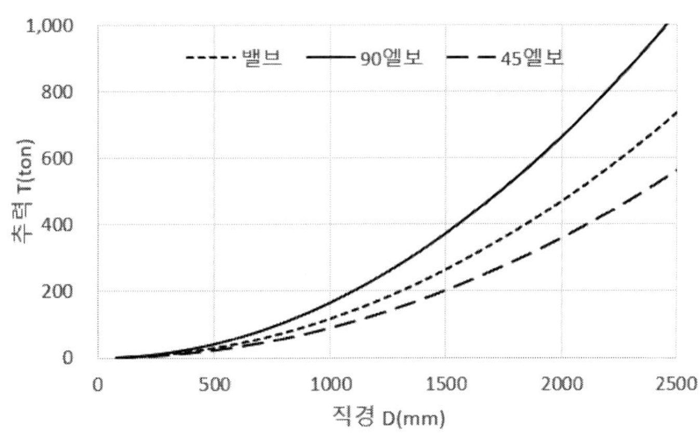


**그림 10.8** 수압 $P = 15kg_f/cm^2$ 작용시 발생 추력

**[예제 10.1] 수압에 의한 추력**

**문제** 직경 $D=1.0m$ 관로에 설치된 90°와 45°엘보 및 관로 말단 사수부에 수격으로 인한 수압 $P=15kg_f/cm^2$ 작용시 추력을 구하라.

**풀이** 표 B.1 또는 그림 10.3으로부터 직경 $D=1.0m$의 관로에 수압 $P=15kg_f/cm^2$이 작용시 추력은 다음과 같다.

$F_{90elbow}=166 \quad F_{45elbow}=90 \quad F_{end}=118$

## 10.4.2 매설관로 지지

상하수도 매설관로의 경우 추력이 작용하는 곡관부에 그림 10.9와 같은 토양 보호공을 설치하여 추력을 토양보호공에 전달하여 곡관 이음부가 이탈되는 것을 방지하여야 한다. 보호공의 규격을 계산하기 위해 표 10.2의 예상 토양 지지하중을 사용할 수 있다.

[표 10.2] 예상 토양 지지하중

| 토양 형식 | 토양 지지하중 $kg_f/m^2(lb_f/ft^2)$ |
|---|---|
| Muck, peat, etc. | 0(0) |
| 연성 점토(soft clay) | 240(500) |
| 모래 | 4,900(1,000) |
| 모래와 자갈 | 7,300(1,500) |
| 점토가 섞인 모래와 자갈 | 9,800(2,000) |
| sand and gravel cemented with clay | 19,000(4,000) |
| hard pan | 24,000(5,000) |

표 10.2의 토양 지지하중은 0.6m 이상 깊이에 매설된 배관의 수평 추력에 대한 추정치이다. 의심스러울 경우 토양 지지력 시험을 통해 안전한 지지하중을 확립하여야 하며 이 표에서 hard pan이란 점토층이 압밀되어서 경화하여 이암화(泥岩化) 한 것이다.

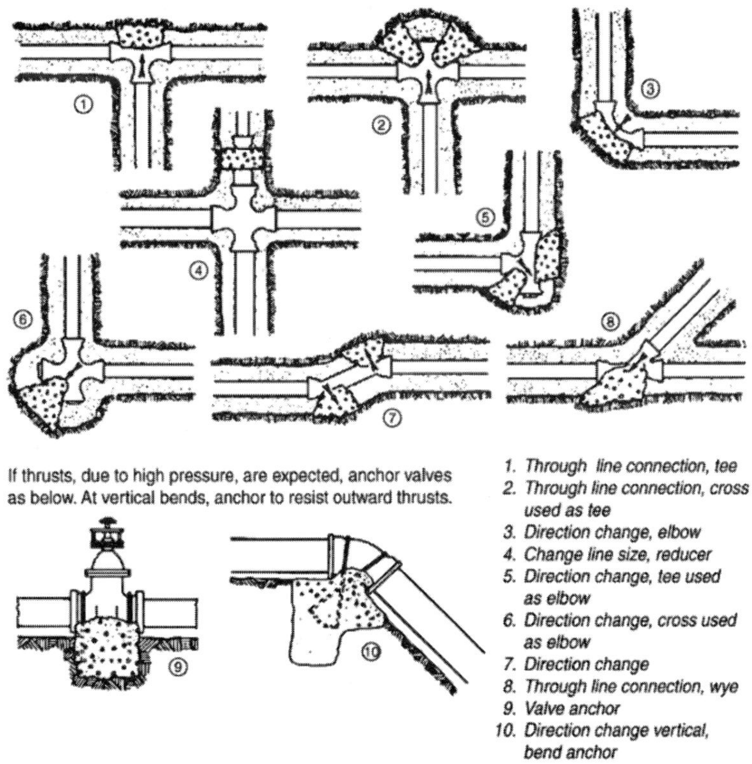


**그림 10.9** 보호공 형식

**[예제 10.2] 매설관로 보호공 규격**

**문제** 수격을 고려한 최대 수압이 $P = 15kg_f/cm^2$일 때 직경 $D = 0.3m$, 90°엘보를 지지하기 위해 필요한 보호공의 크기를 결정하라. 단, 보호공의 토양 형식은 점토가 섞인 모래와 자갈이며 온도변화에 따른 추력과 매설된 관로의 마찰력은 무시한다.

**풀이** 표 B.1으로부터 직경 $D = 0.3m$, 최대압력 $P = 15kg_f/cm^2$, 90°엘보에 작용하는 추력은 $F_h = 15ton$이다. 표 10.2로부터 점토가 섞인 모래와 자갈의 경우 안전한 지지하중은 $9{,}800kg_f/m^2$이므로 필요한 전체 보호공 지지면적은 다음과 같고, 그림 10.9로부터 형식 3을 선정한다.

$$A_{thrust} = \frac{15{,}000}{9{,}800} = 1.53m^2$$

통상적으로 상기 방법은 보수적인 결과를 보여준다. 만일 점착력을 고려하여 이를 포함시키면 더욱 보수적인 결과를 얻을 수 있지만 점착력은 시간이 경과하면서 감소하므로 무시할 것을 권장한다.

### 10.4.3 체크밸브 지지

대기에 노출된 펌프장 체크밸브를 지지하기 위해 토양 대신 콘크리트 추력 보호공을 사용할 수 있으며 이때 사용되는 콘크리트는 양생 28일 후 최소압축강도는 $f_c' = 13.8MPa$ 이상이 되어야 한다. 콘크리트 면적은 교란되지 않는 지반에 직접 타설되어야 한다. 향후 굴착에 의해 토양이 교란될 수 있는 위치(구내 배관, 상업지역 등)에서는 추력 보호공에 의지하는 것은 좋은 방법은 아니지만 구속 조인트와 토양 마찰력에 의한 것 보다는 개선된 방법이다.

펌프장 구내 배관과 같이 배관이 외부에 노출된 경우 이형관에서 발생하는 추력으로 인한 콘크리트 보호공의 규격을 결정하기 위해서 추력으로 인해 보호공에 굽힘응력과 전단응력이 동시에 작용하는 가정하여 보의 사인장응력으로 인한 파괴에 적용되는 다음 식을 적용한다.

$$F_C = \frac{\lambda'}{6}\sqrt{f_c'}\,b_c d_c g \tag{10.4}$$

**[예제 10.3] 체크밸브 콘크리트 지지대**

**문제** 예제 10.1의 펌프장 관로에 직경 $D = 0.3m$ 체크밸브가 설치된 경우 콘크리트 보호공의 크기를 결정하라. 단, 일반 콘크리트이고, $f_c' = 24MPa$로 가정한다.

**풀이** 추력 $F_h = 15{,}000kg_f$이므로 식 10.4로부터 $b_w d > 180{,}000$㎟이 되어야 한다.

$$b_w d = \frac{6F_h g}{\sqrt{f_c'}} = \frac{6 \times 15{,}000 \times 9.8}{\sqrt{24}} = 180{,}000\text{㎟}$$

체크밸브를 콘크리트 지지대로 지지할 경우 콘크리트 규격은 다음과 같다.

$b_w = 425$㎜, $d = 425$㎜

최종적으로 여유를 고려하여 상기 수치의 1.25배 규격으로 결정한다.

$b_w = 530$㎜, $d = 530$㎜

# A 버터플라이밸브와 볼밸브 특성

APPENDIX

[표 A.1] 버터플라이밸브 관로손실계수 $K_p$와 개도별 유속 $v(m/s)$

| 개도(%) | $v(m/s)$ | | | | | |
|---|---|---|---|---|---|---|
| | $K_p=0$ | $K_p=50$ | $K_p=100$ | $K_p=200$ | $K_p=400$ | $K_p=700$ |
| 100 | 75.9 | 4.4 | 3.1 | 2.2 | 1.6 | 1.2 |
| 90 | 57.2 | 4.4 | 3.1 | 2.2 | 1.6 | 1.2 |
| 80 | 39.1 | 4.4 | 3.1 | 2.2 | 1.6 | 1.2 |
| 70 | 23.3 | 4.3 | 3.1 | 2.2 | 1.6 | 1.2 |
| 60 | 15.3 | 4.3 | 3.1 | 2.2 | 1.6 | 1.2 |
| 50 | 9.5 | 4.0 | 3.0 | 2.2 | 1.5 | 1.2 |
| 40 | 5.8 | 3.5 | 2.8 | 2.1 | 1.5 | 1.2 |
| 30 | 3.1 | 2.5 | 2.2 | 1.8 | 1.4 | 1.1 |
| 20 | 1.2 | 1.1 | 1.1 | 1.0 | 0.9 | 0.8 |
| 10 | 0.3 | 0.3 | 0.3 | 0.3 | 0.3 | 0.3 |
| 0 | 0.0 | 0.0 | 0.0 | 0.0 | 0.0 | 0.0 |

※ 단, 수두차는 $H_R=50m$ 의 조건

[표 A.2] 버터플라이밸브 관로손실계수 $K_p$와 개도별 유량계수 $C_v(m^3/hr)$

| 개도(%) | $C_v(m^3/hr)$ | | | | | |
|---|---|---|---|---|---|---|
| | $K_p=0$ | $K_p=50$ | $K_p=100$ | $K_p=200$ | $K_p=400$ | $K_p=700$ |
| 100 | 34,331 | 1,998 | 1,414 | 1,000 | 708 | 535 |
| 90 | 25,843 | 1,996 | 1,413 | 1,000 | 707 | 535 |
| 80 | 17,694 | 1,989 | 1,411 | 999 | 707 | 535 |
| 70 | 10,550 | 1,967 | 1,403 | 996 | 706 | 534 |
| 60 | 6,907 | 1,923 | 1,387 | 991 | 704 | 533 |
| 50 | 4,287 | 1,814 | 1,344 | 975 | 698 | 531 |
| 40 | 2,628 | 1,593 | 1,246 | 935 | 683 | 524 |
| 30 | 1,408 | 1,152 | 998 | 816 | 632 | 500 |
| 20 | 526 | 509 | 493 | 466 | 422 | 375 |
| 10 | 122 | 121 | 121 | 121 | 120 | 119 |
| 0 | 0 | 0 | 0 | 0 | 0 | 0 |

※ 단, 수두차는 $H_R=50m$의 조건

[표 A.3] 버터플라이밸브 관로손실계수 $K_p$와 개도별 정규화된 유량계수 $C_v$

| 개도(%) | 정규화된 $C_v$ | | | | | |
|---|---|---|---|---|---|---|
| | $K_p=0$ | $K_p=50$ | $K_p=100$ | $K_p=200$ | $K_p=400$ | $K_p=700$ |
| 100 | 1.00 | 1.00 | 1.00 | 1.00 | 1.00 | 1.00 |
| 90 | 0.75 | 1.00 | 1.00 | 1.00 | 1.00 | 1.00 |
| 80 | 0.52 | 1.00 | 1.00 | 1.00 | 1.00 | 1.00 |
| 70 | 0.31 | 0.98 | 0.99 | 1.00 | 1.00 | 1.00 |
| 60 | 0.20 | 0.96 | 0.98 | 0.99 | 1.00 | 1.00 |
| 50 | 0.12 | 0.91 | 0.95 | 0.97 | 0.99 | 0.99 |
| 40 | 0.08 | 0.80 | 0.88 | 0.93 | 0.97 | 0.98 |
| 30 | 0.04 | 0.58 | 0.71 | 0.82 | 0.89 | 0.93 |
| 20 | 0.02 | 0.25 | 0.35 | 0.47 | 0.60 | 0.70 |
| 10 | 0.00 | 0.06 | 0.09 | 0.12 | 0.17 | 0.22 |
| 0 | 0.00 | 0.00 | 0.00 | 0.00 | 0.00 | 0.00 |

※ 단, 수두차는 $H_R=50m$의 조건

[표 A.4] 볼밸브 관로손실계수 $K_p$와 개도별 유속 $v(m/s)$

| 개도(%) | $v(m/s)$ | | | | | |
|---|---|---|---|---|---|---|
| | $K_p=0$ | $K_p=50$ | $K_p=100$ | $K_p=200$ | $K_p=400$ | $K_p=700$ |
| 100 | 99.0 | 4.4 | 3.1 | 2.2 | 1.6 | 1.2 |
| 90 | 86.8 | 4.4 | 3.1 | 2.2 | 1.6 | 1.2 |
| 80 | 75.0 | 4.4 | 3.1 | 2.2 | 1.6 | 1.2 |
| 70 | 62.6 | 4.4 | 3.1 | 2.2 | 1.6 | 1.2 |
| 60 | 52.2 | 4.4 | 3.1 | 2.2 | 1.6 | 1.2 |
| 50 | 41.5 | 4.4 | 3.1 | 2.2 | 1.6 | 1.2 |
| 40 | 30.3 | 4.4 | 3.1 | 2.2 | 1.6 | 1.2 |
| 30 | 20.1 | 4.3 | 3.1 | 2.2 | 1.6 | 1.2 |
| 20 | 11.2 | 4.1 | 3.0 | 2.2 | 1.6 | 1.2 |
| 10 | 4.3 | 3.1 | 2.5 | 2.0 | 1.5 | 1.1 |
| 0 | 0.0 | 0.0 | 0.0 | 0.0 | 0.0 | 0.0 |

※ 단, 수두차는 $H_R = 50m$ 의 조건

[표 A.5] 볼밸브 관로손실계수 $K_p$와 개도별 유량계수 $C_v(m^3/hr)$

| 개도(%) | $C_v(m^3/hr)$ | | | | | |
|---|---|---|---|---|---|---|
| | $K_p=0$ | $K_p=50$ | $K_p=100$ | $K_p=200$ | $K_p=400$ | $K_p=700$ |
| 100 | 44,762 | 2,000 | 1,415 | 1,001 | 708 | 535 |
| 90 | 39,258 | 1,999 | 1,415 | 1,001 | 708 | 535 |
| 80 | 33,934 | 1,998 | 1,414 | 1,000 | 708 | 535 |
| 70 | 28,310 | 1,997 | 1,414 | 1,000 | 708 | 535 |
| 60 | 23,591 | 1,995 | 1,413 | 1,000 | 707 | 535 |
| 50 | 18,749 | 1,990 | 1,411 | 999 | 707 | 535 |
| 40 | 13,684 | 1,981 | 1,408 | 998 | 707 | 535 |
| 30 | 9,099 | 1,955 | 1,399 | 995 | 706 | 534 |
| 20 | 5,085 | 1,863 | 1,364 | 982 | 701 | 532 |
| 10 | 1,925 | 1,387 | 1,140 | 888 | 664 | 515 |
| 0 | 0 | 0 | 0 | 0 | 0 | 0 |

※ 단, 수두차는 $H_R = 50m$ 의 조건

[표 A.6] 볼밸브 관로손실계수 $K_p$와 개도별 정규화된 유량계수 $C_v$

| 개도(%) | 정규화된 $C_v$ | | | | | |
|---|---|---|---|---|---|---|
| | $K_p=0$ | $K_p=50$ | $K_p=100$ | $K_p=200$ | $K_p=400$ | $K_p=700$ |
| 100 | 1.00 | 1.00 | 1.00 | 1.00 | 1.00 | 1.00 |
| 90 | 0.88 | 1.00 | 1.00 | 1.00 | 1.00 | 1.00 |
| 80 | 0.76 | 1.00 | 1.00 | 1.00 | 1.00 | 1.00 |
| 70 | 0.63 | 1.00 | 1.00 | 1.00 | 1.00 | 1.00 |
| 60 | 0.53 | 1.00 | 1.00 | 1.00 | 1.00 | 1.00 |
| 50 | 0.42 | 1.00 | 1.00 | 1.00 | 1.00 | 1.00 |
| 40 | 0.31 | 0.99 | 1.00 | 1.00 | 1.00 | 1.00 |
| 30 | 0.20 | 0.98 | 0.99 | 0.99 | 1.00 | 1.00 |
| 20 | 0.11 | 0.93 | 0.96 | 0.98 | 0.99 | 0.99 |
| 10 | 0.04 | 0.69 | 0.81 | 0.89 | 0.94 | 0.96 |
| 0 | 0.00 | 0.00 | 0.00 | 0.00 | 0.00 | 0.00 |

※ 단, 수두차는 $H_R=50m$의 조건

APPENDIX

# B 수압에 의한 추력

| 직경 $D$(㎜) | 수압 $P=5kg_f/cm^2$ | | | 수압 $P=10kg_f/cm^2$ | | | 수압 $P=15kg_f/cm^2$ | | |
|---|---|---|---|---|---|---|---|---|---|
| | 밸브 | 90°엘보 | 45°엘보 | 밸브 | 90°엘보 | 45°엘보 | 밸브 | 90°엘보 | 45°엘보 |
| 80 | 0.3 | 0.4 | 0.2 | 0.5 | 0.7 | 0.4 | 0.8 | 1.1 | 0.6 |
| 100 | 0.4 | 0.6 | 0.3 | 0.8 | 1.1 | 0.6 | 1.2 | 1.7 | 0.9 |
| 125 | 0.6 | 0.9 | 0.5 | 1.2 | 1.7 | 0.9 | 1.8 | 2.6 | 1.4 |
| 150 | 0.9 | 1.2 | 0.7 | 1.8 | 2.5 | 1.4 | 2.6 | 3.7 | 2.0 |
| 200 | 1.6 | 2.2 | 1.2 | 3.1 | 4.4 | 2.4 | 4.7 | 6.7 | 3.6 |
| 250 | 2.5 | 3.5 | 1.9 | 4.9 | 6.9 | 3.8 | 7.4 | 10.4 | 5.6 |
| 300 | 3.5 | 5.0 | 2.7 | 7.1 | 10.0 | 5.4 | 10.6 | 15.0 | 8.1 |
| 350 | 4.8 | 6.8 | 3.7 | 10 | 14 | 7.4 | 14 | 20 | 11 |
| 400 | 6.3 | 8.9 | 4.8 | 13 | 18 | 10 | 19 | 27 | 14 |
| 450 | 7.9 | 11.2 | 6.1 | 16 | 22 | 12 | 24 | 34 | 18 |
| 500 | 10 | 14 | 8 | 20 | 28 | 15 | 29 | 42 | 23 |
| 600 | 14 | 20 | 11 | 28 | 40 | 22 | 42 | 60 | 32 |
| 700 | 19 | 27 | 15 | 38 | 54 | 29 | 58 | 82 | 44 |
| 800 | 25 | 36 | 19 | 50 | 71 | 38 | 75 | 107 | 58 |
| 900 | 32 | 45 | 24 | 64 | 90 | 49 | 95 | 135 | 73 |
| 1000 | 39 | 55 | 30 | 79 | 111 | 60 | 118 | 166 | 90 |
| 1100 | 47 | 67 | 36 | 95 | 134 | 73 | 142 | 201 | 109 |
| 1200 | 57 | 80 | 43 | 113 | 160 | 86 | 170 | 240 | 130 |
| 1350 | 72 | 101 | 55 | 143 | 202 | 109 | 215 | 303 | 164 |

| 직경 $D$(㎜) | 수압 $P=5kg_f/cm^2$ | | | 수압 $P=10kg_f/cm^2$ | | | 수압 $P=15kg_f/cm^2$ | | |
|---|---|---|---|---|---|---|---|---|---|
| | 밸브 | 90°엘보 | 45°엘보 | 밸브 | 90°엘보 | 45°엘보 | 밸브 | 90°엘보 | 45°엘보 |
| 1500 | 88 | 125 | 68 | 177 | 250 | 135 | 265 | 375 | 203 |
| 1600 | 100 | 142 | 77 | 201 | 284 | 154 | 301 | 426 | 231 |
| 1650 | 107 | 151 | 82 | 214 | 302 | 163 | 321 | 453 | 245 |
| 1800 | 127 | 180 | 97 | 254 | 360 | 195 | 382 | 539 | 292 |
| 1900 | 142 | 200 | 108 | 283 | 401 | 217 | 425 | 601 | 325 |
| 2000 | 157 | 222 | 120 | 314 | 444 | 240 | 471 | 666 | 360 |
| 2100 | 173 | 245 | 132 | 346 | 489 | 265 | 519 | 734 | 397 |
| 2200 | 190 | 269 | 145 | 380 | 537 | 291 | 570 | 806 | 436 |
| 2300 | 208 | 294 | 159 | 415 | 587 | 318 | 623 | 881 | 477 |
| 2400 | 226 | 320 | 173 | 452 | 639 | 346 | 678 | 959 | 519 |
| 2500 | 245 | 347 | 188 | 491 | 694 | 375 | 736 | 1040 | 563 |

# 찾아보기

저자 **박한영박사**

- 공학박사/기술사/겸임교수/저자
- 부산시, 대전시, 경주시 등 기술심의위원
- 한국상하수도협회 전문위원(2024)
- Texas Tech University at Lubbok 기계공학석사(1993년)
- University of Wisconsin at Madison 방문연구원(2003년)
- KYPIPE 프로그램 교육자격인증서 취득(Dr. D.J. Wood, University of Kentucky)
- 한국수자원공사 정년퇴직(1987~2022)
- 한영관망유동연구소 대표(2022~현재)

저술활동(총 25권)

- **상하수도설비관련 8권**
  - 펌프핸드북(2002년)
  - 밸브핸드북(2005년)
  - 펌프장설계(2007년)
  - 정수설비핸드북(2009년)
  - 배관핸드북(2010년)
  - 밸브, 작동기 A to Z(2013년)
  - 최신펌프핸드북(2018년)
  - 밸브포켓북(2020년)

- **수충격해석관련 7권**
  - 그림으로 푸는 수충격해석(2004년)
  - 전산기로 푸는 수충격해석 입문(2005년)
  - 전산기로 푸는 수충격해석 완성(2005년)
  - Pipe2008을 이용한 관망해석 · 설계(2008년)
  - Pipe2010을 이용한 관망해석 · 설계(2010년)
  - 엑셀로 푸는 부정류해석(2018년)
  - 부정류일반(2020년)

- **유체역학관련 2권**
  - 전산유체 따라잡기(2010년)
  - 유체기계에서의 공동화현상(2015년)

- **최적화 및 수요예측관련 2권**
  - 최적화 이론 및 실제(2011년)
  - 물수요예측(2011년)

- **관망해석 및 운영관련 6권**
  - 상하수도 관망해석 · 설계(2007년)
  - 배.급수시스템 핸드북(2011년)
  - 배.급수시스템 최적 설계 · 운영(2013년)
  - 물손실제어(2014년)
  - 엑셀로 푸는 관망해석 · 설계(2017년)
  - 관망 정상류해석설계(2020년)

# 체크밸브 A to Z

2024년 9월 30일 1판 인쇄
2024년 10월 14일 1판 발행

**대표저자** • 박한영박사, 수원과학대학교 이태희교수
**공동저자** • ㈜대영밸브, ㈜플로우테크, ㈜리벤타코리아
**발 행 자** • 이영애
**발 행 처** • 공감북스
**주　　소** • 02011 서울시 중랑구 중랑천로 256
**전　　화** • 02-971-9683
**팩　　스** • 02-972-9683
**등　　록** • 제 25100-2015-18호
**등 록 일** • 2015년 7월 15일
**e-mail** • sympathybook@naver.com

ISBN 979-11-86898-76-5(93550)
**정　가** 30,000원